高职高专自动化类专业系列教材

单片机应用技术项目式教程

（C 语言版）

新形态教材，配套精品在线课程

主　编　胡相彬　李丽荣
副主编　张亚超　陈翠英

西安电子科技大学出版社

内 容 简 介

本书是根据职业技术教育教学要求，秉承“立德树人，德技并修”的教学理念，以单片机开发应用为主线，以培养岗位职业能力为目标，以项目导向、任务驱动为架构，以企业工程实例为载体，按照新形态教材来编写的。书中配套了相应的信息化教学资源。

本书共有八个项目，分别介绍了基础知识、霓虹点亮、数码显示、抢答控制、报警控制、电子时钟、串行通信、STM32 应用等内容，每个项目都由若干个任务组成，循序渐进、由浅入深地把知识、技能和素质渗透到学习全过程，最终实现该项目中具体电子产品的开发。每个项目末均配有一定数量的思考练习题。

本书可作为应用型本科和高职高专自动化类、电子信息类、通信类、机械制造类、汽车类等专业的教材，也可作为成人教育、自学考试和单片机工程师的培训教材，还可作为标准件企业和智能制造相关企业培养高端技能人才的参考书。

图书在版编目(CIP)数据

单片机应用技术项目式教程：C 语言版 / 胡相彬，李丽荣主编. --西安：西安电子科技大学出版社，2024.5
ISBN 978-7-5606-7224-3

Ⅰ. ①单… Ⅱ. ①胡… ②李… Ⅲ. ①微控制器—C 语言—程序设计—教材
Ⅳ. ①TP368.1②TP312.8

中国国家版本馆 CIP 数据核字(2024)第 067771 号

责任编辑 明政珠 孟秋黎
出版发行 西安电子科技大学出版社(西安市太白南路 2 号)
电　　话 (029)88202421 88201467　　邮　　编 710071
网　　址 www.xduph.com　　电子邮箱 xdupfxb001@163.com
经　　销 新华书店
印刷单位 陕西天意印务有限责任公司
版　　次 2024 年 5 月第 1 版 2024 年 5 月第 1 次印刷
开　　本 787 毫米×1092 毫米 1/16 印 张 14.25
字　　数 333 千字
定　　价 49.00 元
ISBN 978-7-5606-7224-3/TP
XDUP 7526001-1
* * * 如有印装问题可调换 * * *

前 言

Preface

本书是邯郸职业技术学院单片机应用技术课程组教师综合多年教学经验和教改成果，同时吸取其他高职院校的教学成果和经验编写而成的。本书是河北省“提质培优”项目建设成果之一，对课程思政、教学内容、教学模式及课程考核评价等方面做了全方位的创新。

根据单片机应用技术课程就业岗位的调研报告，本书在分析岗位职业能力要求的基础上，重构了课程教学内容，将全部内容整合成 8 个具有递进性和连贯性的项目。除基础知识外，每个项目都对应一个具体的产品开发，以项目带动教学，由浅入深地把知识、技能和素质渗透到项目全过程。为适应各类职业技能大赛要求，项目 7 的硬件平台采用了 STM32 单片机，以引导大家从 51 单片机过渡到 32 单片机，为深入学习、参加大赛以及就业奠定基础。

本书的主要特点有以下几个方面：

(1) 课程思政建设。本书秉承“立德树人，德技并修”的教学理念，以“科技强国，学习报国”为价值引领，深度挖掘并提炼各项目任务中所蕴含的思政元素，将思政元素在书中润物细无声地与专业知识技能有机融合，构建出模块化、系统化的课程教学体系。

(2) 岗课赛证融通。本书按照实际生产和岗位工作流程，结合岗位能力需求、职业技能大赛技能要求以及 1+X 职业技能证书要求，重构课程教学内容，以企业实际项目为载体，整理序化出 8 个项目、23 个任务。

(3) 线上线下混合教学模式。本书依托“单片机应用技术”精品在线开放课程平台完成课前的线上预习、测试、答疑互动等环节以及课后的作业和虚拟仿真平台的实操练习，依托“单片机教学做一体化教室”完成课中的线下课堂教学、电子产品的设计制作与调试等内容，真正实现了线上线下混合教学。

(4) 多元化的课程考核评价。本书包括过程性考核和期末考核，过程性考核以每个项目为考核单元，包括课程思政育人成效、精品在线课程学习和课堂学习，期末考核包括课程思政考核、线上理论和实操考核以及线下技能考核三个部分，实现了多元化课程考核评价。

本书由邯郸职业技术学院胡相彬和李丽荣担任主编，郑州科技学院张亚超、邯郸科技职业学院陈翠英担任副主编。本书项目0、项目1和项目4由胡相彬编写，项目2、项目7由李丽荣编写，项目3、项目5由张亚超编写，项目6由李丽荣和陈翠英共同编写，全书由胡相彬负责统稿。河北博昊自控设备股份有限公司的刘延平、大唐集团马头发电厂的胡海强为本书的编写提供了大力的支持和帮助，谨此表示衷心感谢。本书在编写过程中参考了许多文献资料，在此向各文献资料的作者表示感谢。

由于时间仓促加之编者水平有限，书中难免会有不妥之处，恳请广大读者批评指正。

本书配有电子课件，如有教学需要，可到西安电子科技大学出版社官网下载。

编　者
2024年2月

目录

CONTENTS

项目0 基础知识——蓄势待发

情境导入

随着计算机技术的发展，各种设备的小型化、智能化成为行业发展趋势。单片机因其体积小、功能强、价格低、使用灵活等特点，在手机、汽车导航设备、PDA、智能家电、医疗设备等领域得到了广泛应用。很多行业都需要精通单片机应用技术的人才。本项目从单片机的概念、发展历程、分类及应用等方面入手初步认识单片机芯片，通过生动的实例可快速掌握Keil软件和Proteus软件的使用方法，再结合仿真训练与实际调试，进一步激发学生的学习兴趣，助其快速入门单片机应用技术。

学习目标

1. 知识目标

(1) 了解单片机的概念及发展史；
(2) 掌握Keil软件的使用方法；
(3) 掌握Proteus软件的使用方法。

2. 能力目标

(1) 掌握MCS-51单片机系统程序的执行过程；
(2) 掌握单片机的开发流程；
(3) 能够进行联机调试。

3. 素质目标

(1) 彰显爱国主义情怀；
(2) 增强民族自豪感；
(3) 锻炼持之以恒、坚持不懈的意志力。

任务0.1 认识C51单片机

1. 单片机的概念

单片微型计算机(Single Chip Microcomputer)简称单片机，它的结构及功能均按工业控制要求设计，也被称为单片微型控制器(Single Chip Micro-controller)。

单片机是一种采用超大规模集成电路技术把具有数据处理能力的中央处理器(CPU)、随机存取存储器(RAM)、只读存储器(ROM)、多种I/O口和中断系统、定时/计数器等(可能还包括显示驱动电路、脉宽调制电路、模拟多路转换器、A/D转换器等)，集成到一块硅片上构成的一个小而完善的计算机系统。

2. 单片机的发展史

单片机诞生于20世纪70年代末，经历了SCM、MCU、SoC三大阶段。

SCM(Single Chip Microcomputer)即单片微型计算机阶段，是单片机的诞生探索阶段。以Intel公司的MCS-48为代表，其主要是寻求最佳的单片形态及嵌入式系统的最佳体系结构，这种创新模式的成功，奠定了单片机与通用计算机完全不同的发展道路。

MCU(Micro Controller Unit)即微控制器阶段，这一阶段主要技术发展方向是不断扩展满足嵌入式应用要求的各种外围电路与接口电路，凸显其智能化控制能力。在发展MCU方面，最著名的厂家当数Philips公司，Philips公司以其在嵌入式应用方面的巨大优势，将MCS-51从单片微型计算机迅速发展到微控制器。

SoC(System on Chip)即嵌入式应用系统阶段，这一阶段主要技术发展方向是寻求应用系统在芯片上的最大化解决方案。因此，专用单片机的发展自然形成了SoC化趋势。使用SoC技术设计系统的核心思想就是要把整个应用电子系统全部集成在一个芯片中。随着微电子技术、IC设计、EDA工具的发展，基于SoC的单片机应用系统设计会有较大的发展。因此，对单片机的理解可以从单片微型计算机、单片微控制器延伸到单片嵌入式应用系统。

3. 单片机的分类

按单片机的适用范围不同，可将其分为通用型单片机和专用型单片机。通用型单片机不是为某种专用用途设计的，例如80C51是通用型单片机，它不是为某种专用用途设计的。专用型单片机是针对某一类产品甚至某一个产品设计生产的，例如为了满足电子体温计的要求，在片内集成了具有ADC接口等功能的温度测量控制电路。

按单片机是否提供并行总线，可将其分为总线型单片机和非总线型单片机。总线型单片机普遍设置有并行地址总线、数据总线、控制总线，这些总线用以扩展并行外围器件，并且这些总线都可通过串行口与单片机连接。非总线型单片机将所需要的外围器件及外设接口集成在一块芯片内，基本可以不要并行扩展总线，从而大大节省了封装成本和芯片体积。

按单片机的应用领域不同，可将其分为工控型单片机和家电型单片机。工控型单片机寻址范围大，运算能力强。家电型单片机的特点是小封装、低价格，外围器件和外设接口集成度高。

按单片机的数据总线位数不同，可将其分为4位单片机、8位单片机、16位单片机和32位单片机。

4位单片机结构简单，价格便宜，非常适合用丁控制单一的小型电子类产品，如PC用的输入装置(鼠标、游戏杆)、电池充电器、遥控器、电子玩具、小家电等。

8位单片机是目前品种最为丰富、应用最为广泛的单片机。目前，8位单片机主要分为51系列和非51系列单片机。51系列单片机以其典型的结构、众多的逻辑位操作功能以及丰富的指令系统，堪称一代“名机”。目前，51系列单片机的主要生产厂商有Atmel(爱特梅尔)、Philips(飞利浦)、Winbond(华邦)等。非51系列单片机在中国应用较广的有Microchip(微芯)的PIC单片机、Atmel的AVR单片机、义隆EM78系列单片机、Motorola(摩托罗拉)的68HC05/11/12系列单片机等。

16位单片机的操作速度及数据吞吐能力在性能上比8位单片机有较大提高，目前应用较多的有TI的MSP430系列、凌阳的SPCE061A系列、Motorola的68HC16系列、Intel的MCS-96/196系列等。

32位单片机主要由ARM公司研制，因此32位单片机一般指ARM单片机。严格来说，ARM不是单片机，而是一种32位处理器内核(主要有ARM7、ARM9、ARM9E、ARM10等)，由英国ARM公司开发，但ARM公司自己并不生产芯片，而是由授权的芯片厂商如Samsung(三星)、Philips(飞利浦)、Atmel(爱特梅尔)、Intel(英特尔)等制造的。芯片厂商可以根据自己的需要对ARM进行结构与功能的调整，因此，实际中使用的ARM芯片有很多型号。常见的ARM芯片主要有Philips的LPC2000系列、Samsung的S3C/S3F/S3P系列等。

4. 单片机的应用及发展趋势

1) 单片机的应用

如今单片机已渗透到我们生活的各个领域，几乎很难找到哪个领域没有单片机的踪迹。从导弹的导航装置，飞机上各种仪表的控制，计算机的网络通信与数据传输，工业自动化过程的实时控制和数据处理，广泛使用的各种智能IC卡，民用豪华轿车的安全保障系统，录像机、摄像机、全自动洗衣机的控制，到程控玩具、电子宠物等，这些都离不开单片机，更不用说自动控制领域的机器人、智能仪表、医疗器械以及各种智能机械了。

某些专用单片机是为实现特定功能而设计的，这些功能可以方便地在各种电路中进行模块化应用，使用人员无需深入了解其内部结构。例如音乐集成单片机，看似简单的功能，微缩在纯电子芯片中(有别于磁带机的原理)，就需要复杂的类似于计算机的原理。又如音乐信号以数字的形式存储于存储器中(类似于ROM)，由微控制器读出，转化为模拟音乐电信号(类似于声卡)。在大型电路中，这种模块化应用极大地缩小了体积，简化了电路，降低了损坏率、错误率，也方便了更换。

单片机在汽车电子中的应用非常广泛，例如汽车中的发动机控制器、基于CAN总线的汽车发动机智能电子控制器、GPS导航系统、ABS防抱死系统、制动系统等。

此外，单片机在工商、金融、科研、教育、国防、航空航天等领域都有着十分广泛的用途。

2) 单片机的发展趋势

(1) 低功耗CMOS化。

MCS-51系列的8031推出时的功耗达630 mW，而现在的单片机功耗普遍都在100 mW左右。随着对单片机功耗的要求越来越低，现在的各个单片机制造商基本都采用了CMOS(互补金属氧化物半导体)工艺。80C51采用了HMOS(高性能金属氧化物半导体)工艺和CHMOS(互补高性能金属氧化物半导体)工艺。CMOS虽然功耗较低，但其物理特征决定了其工作速度不够高，而随着技术和工艺水平的提高，出现了HMOS和CHMOS工艺。目前生产的CHMOS电路传输延迟时间小于2 ns。低功耗化的效应不仅是功耗低，而且带来了产品的高可靠性、高抗干扰能力以及产品的便携化。

(2) 微型单片化。

现在常规的单片机普遍都是将CPU、RAM、ROM、并行和串行通信接口、中断系统、定时电路、时钟电路集成在一块单一的芯片上。增强型的单片机集成了A/D转换器、PMW(脉宽调制电路)、WDT(看门狗)等，有些单片机还将LCD(液晶)驱动电路都集成在单一的芯片上，这样单片机包含的单元电路更多，功能也更强大。甚至单片机厂商还可以根据用户的要求量身定做，制造出具有自己特色的单片机芯片。

此外，现在的产品不仅要求单片机功能强和功耗低，还要求其体积小、重量轻。现在的许多单片机都具有多种封装形式，其中SMD(表面封装)越来越受欢迎，使得由单片机构成的系统正朝着微型化方向发展。

(3) 主流与多品种共存。

目前，虽然单片机的品种繁多，各具特色，但仍以80C51为核心的单片机占主流，兼容其结构和指令系统的有Philips公司的产品、Atmel公司的产品和Winbond系列单片机。而Microchip公司的PIC精简指令集(RISC)也有着强劲的发展势头；Holtek公司近年的单片机产量与日俱增，以其低价质优的优势，占据一定的市场份额。此外还有Motorola公司的产品，以及日本几大公司的专用单片机也在不断发展壮大。在一定时期内，这种情形将得以延续，以后也许不存在某个单片机一统天下的垄断局面，单片机将朝着依存互补、相辅相成、共同发展的道路前进。

5. MCS-51系列单片机

51系列单片机是Intel公司于20世纪80年代推出的8位单片机，目前已经有十多个品种，包括51子系列、52子系列。该系列单片机在制造时，一般采用HMOS工艺和CHMOS工艺，产品型号中凡是带C的为CHMOS工艺芯片，如80C51；不带C的为HMOS工艺芯片，如8051。

在功能上，51系列单片机有基本型和增强型两类，以芯片型号的末位数字来区分。“1”表示基本型，如8031/8051/8751/8951或者80C31/80C51/87C51/89C51；“2”表示增强型，如8032/8052/8752/8952或者80C32/80C52/87C52/89C52。不同厂家MCS-51系列单片机的型号及性能指标如表0-1所示。

表0-1 不同厂家 MCS-51 系列单片机的型号及性能指标

公司	型号	片内存储器		I/O口线	串行口	中断源	定时器	看门狗	工作频率/MHz	A/D通道/位数	引脚与封装
		ROM EPROM FLASH	RAM/B								
Intel	80(C)31	—	128	32	UART	5	2	N	24	—	40
	80(C)51	4 KB ROM	128	32	UART	5	2	N	24	—	40
	87(C)51	4 KB EPROM	128	32	UART	5	2	N	24	—	40
	80(C)32	—	256	32	UART	6	3	Y	24	—	40
	80(C)52	8 KB ROM	256	32	UART	6	3	Y	24	—	40
	87(C)52	8 KB EPROM	256	32	UART	6	3	Y	24	—	40
Atmel	AT89C51	4 KB FLASH	128	32	UART	5	2	N	24	—	40
	AT89C52	8 KB FLASH	256	32	UART	6	3	N	24	—	40
	AT89C1051	1 KB FLASH	64	15	—	2	1	N	24	—	20
	AT89C2051	2 KB FLASH	128	15	UART	5	2	N	25	—	20
	AT89C4051	4 KB FLASH	128	15	UART	5	2	N	26	—	20
	AT89S51	4 KB FLASH	128	32	UART	5	2	Y	33	—	40
	AT89S52	8 KB FLASH	256	32	UART	6	3	Y	33	—	40
	AT89S53	12 KB FLASH	256	32	UART	6	3	Y	24	—	40
	AT89LV51	4 KB FLASH	128	32	UART	6	2	N	16	—	40
	AT89LV52	8 KB FLASH	256	32	UART	8	3	N	16	—	40
Philips	P87LPC762	2 KB EPROM	128	18	I^{2}C,UART	12	2	Y	20	—	20
	P87LPC764	4 KB EPROM	128	18	I^{2}C,UART	12	2	Y	20	—	20
	P87LPC768	4 KB EPROM	128	18	I^{2}C,UART	12	2	Y	20	4/8	20
	P8XC591	16 KB ROM/EPROM	512	32	I^{2}C,UART	15	3	Y	12	6/10	44
	P89C51RX2	16～64 KB FLASH	1K	32	UART	7	4	Y	33	—	44
	P89C66X	16～64 KB FLASH	2K	32	I^{2}C,UART	8	4	Y	33	—	44
	P8XC554	16 KB ROM/EPROM	512	48	I^{2}C,UART	15	3	Y	16	8/10	64

美国 Atmel 公司推出的 AT89 系列单片机是一种 8 位 Flash 单片机。其中“AT”表示公司代码，“C”表示 CMOS 工艺产品，“LV”表示低电压，“S”表示该器件具有在系统可编程功能(ISP)，其中 AT89C1051/AT89C2051 只有 20 引脚。AT89 系列芯片采用 PDIP、PLCC、TQFP 等封装形式。AT89C51 芯片实物图如图 0-1 所示。AT89 系列单片机与 MCS-51 系列单片机完全兼容，已成为使用者的首选主流机型，其特征为片内 Flash 是一种高速 E^{2}PROM，可在内部存放程序，能方便地实现单片系统、扩展系统、多机系统。

图 0-1　AT89C51 芯片实物图

荷兰 Philips 公司推出的 89 系列单片机也是一种 8 位的 Flash 单片机，与 Atmel 的 89 系列产品类似。

任务 0.2　Keil 软件的使用

Keil 软件是目前最流行的开发 MCS-51 系列单片机的软件，它提供了包括 C 编译器、宏汇编、连接器、库管理和功能强大的仿真调试器等在内的一个完整开发方案，通过一个集成开发环境(μVision)将这些部分组合在一起。通过 Keil 软件可将 C 语言编写的源程序变为 CPU 可以执行的机器码。

运行 Keil 软件需要 Pentium 或以上的 CPU、16 MB 或以上的 RAM、20 MB 以上的硬盘空间和 Windows 98/NT/2000/XP 等操作系统。下面将通过实例来学习 Keil 软件的使用，在这一部分将学习如何输入源程序、建立工程、工程的详细设置，以及如何将源程序变为目标代码。

1. μVision4 概述

双击 μVision4 启动图标，出现如图 0-2 所示的启动信息提示界面。启动后的界面如图 0-3 所示，可以看到有 3 个窗口，分别是项目窗口、源程序编辑窗口、输出窗口。μVision4 允许同时打开、浏览多个文件。

项目窗口：包含 3 个页面(Files、Regs、Books)，默认为 Files，用来显示项目中包含的工程和文件名。

源程序编辑窗口：用于编辑源程序。

输出窗口：包含 3 个页面(Build、Command、Find in Files)，默认为 Build 页面，用来显示工程文件编译时的结果。

μVision4 的工具栏包括文件操作工具栏、编辑工具栏、视图工具栏、调试工具栏、项目操作工具栏。

文件操作工具栏包含的各个按钮图标及其功能，如图 0-4 所示。

编辑工具栏包含的各个按钮图标及其功能，如图 0-5 所示。

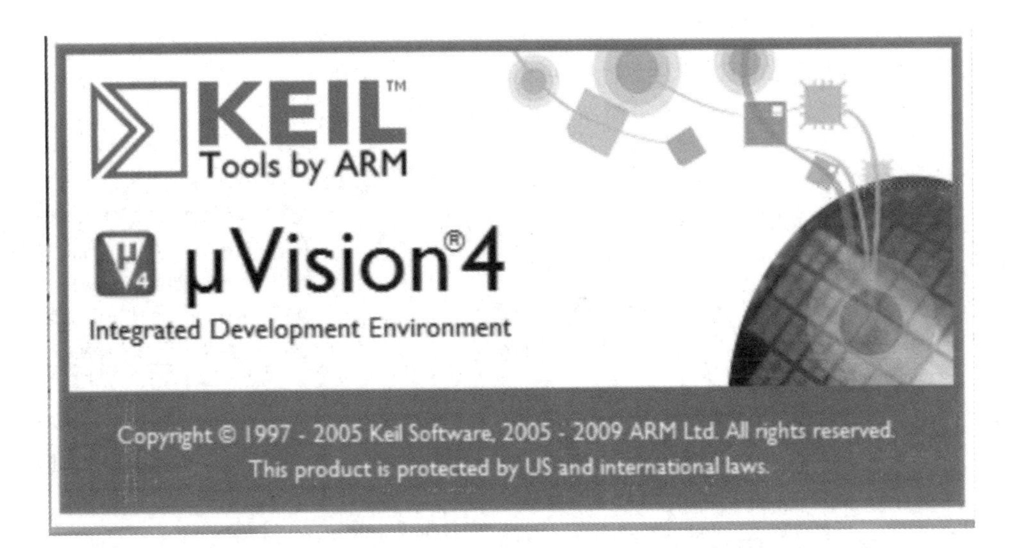

图0-2　启动信息提示界面

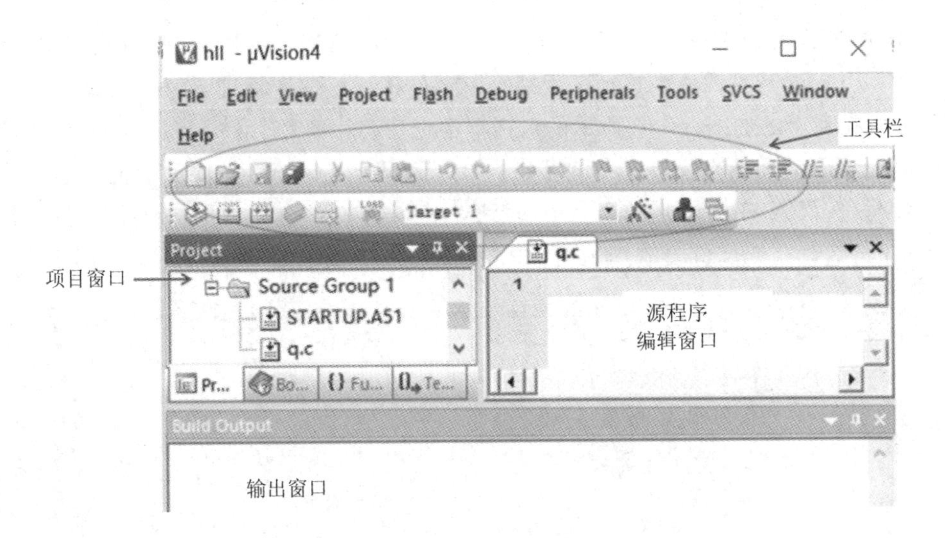

图0-3　启动后界面

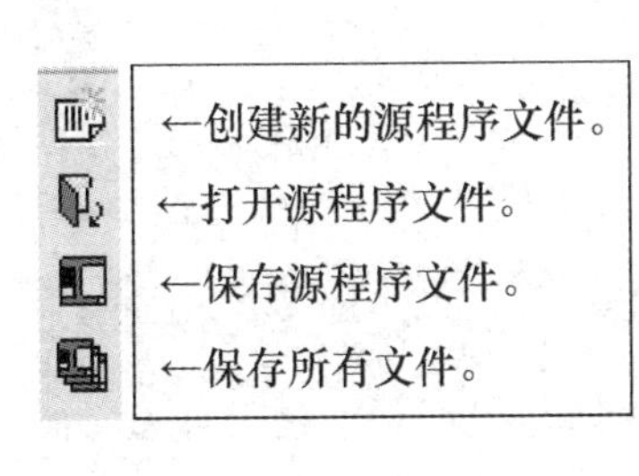

图0-4　文件操作工具栏

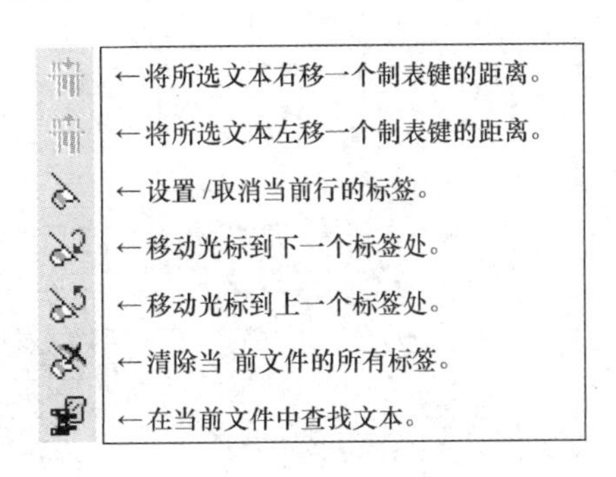

图0-5　编辑工具栏

视图工具栏包含的各个按钮图标及其功能，如图 0-6 所示。

调试工具栏包含的各个按钮图标及其功能，如图 0-7 所示。

项目操作工具栏包含的各个按钮图标及其功能，如图 0-8 所示。

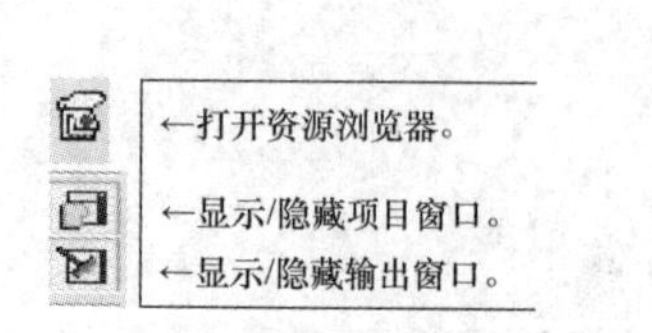

图 0-6 视图工具栏

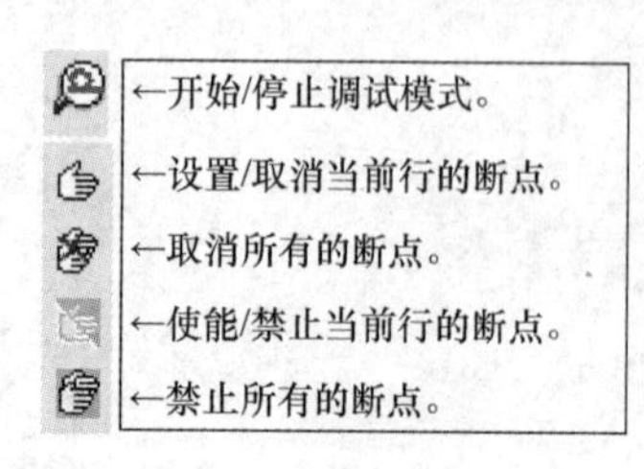

图 0-7 调试工具栏

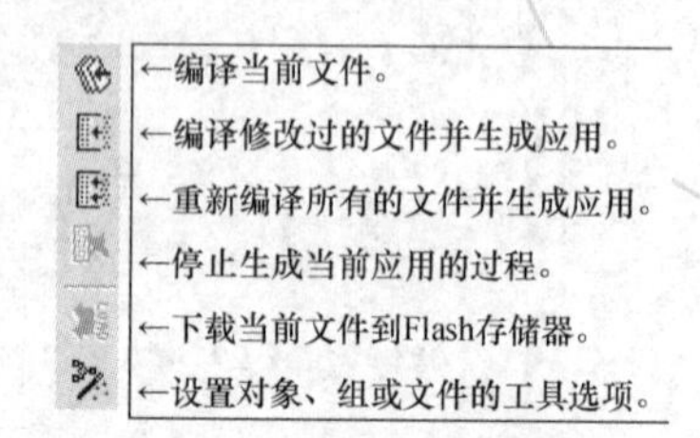

图 0-8 项目操作工具栏

2. Keil 软件的使用过程

1) Keil 工程项目的建立

(1) 新建工程文件。

单击菜单“Project”→“New Project...”命令新建工程，在弹出的如图 0-9 所示的“Creat New Project”对话框中选择工程路径，输入工程文件名字(假设为 dll)。单击“保存”按钮，可以在弹出的如图 0-10 所示的对话框中选择芯片型号。Keil 支持的 CPU 很多，选择 Atmel 公司的芯片。在图 0-10 的“Data base”列表框中单击“Atmel”前面的“+”号，选择芯片型号“AT89C51”，然后单击“OK”按钮，则会出现如图 0-11 所示的信息框，询问是否将 8051 的启动代码文件复制到工程中，单击“是”按钮即可。

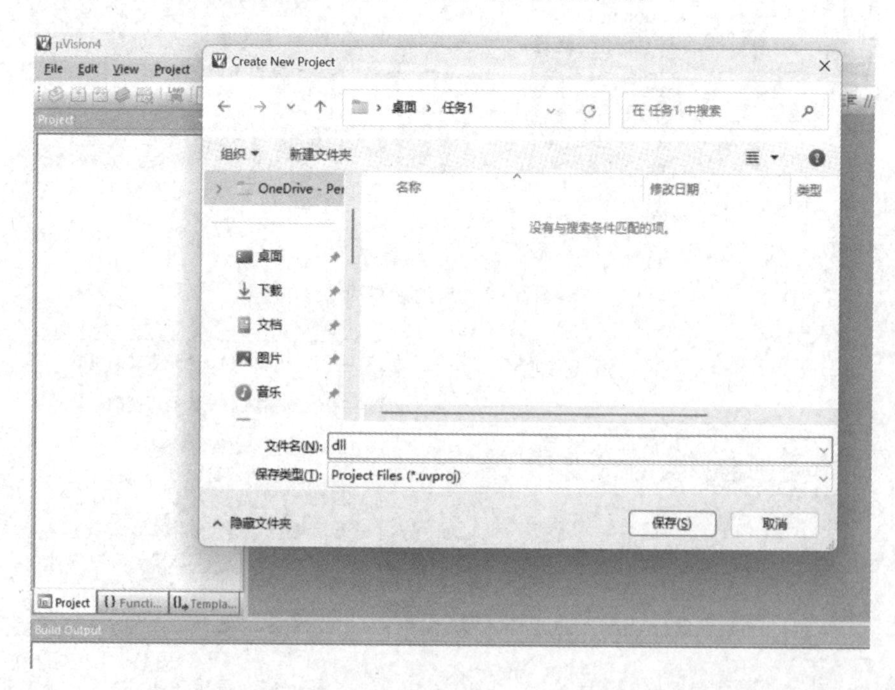

图 0-9 “Create New Project”对话框

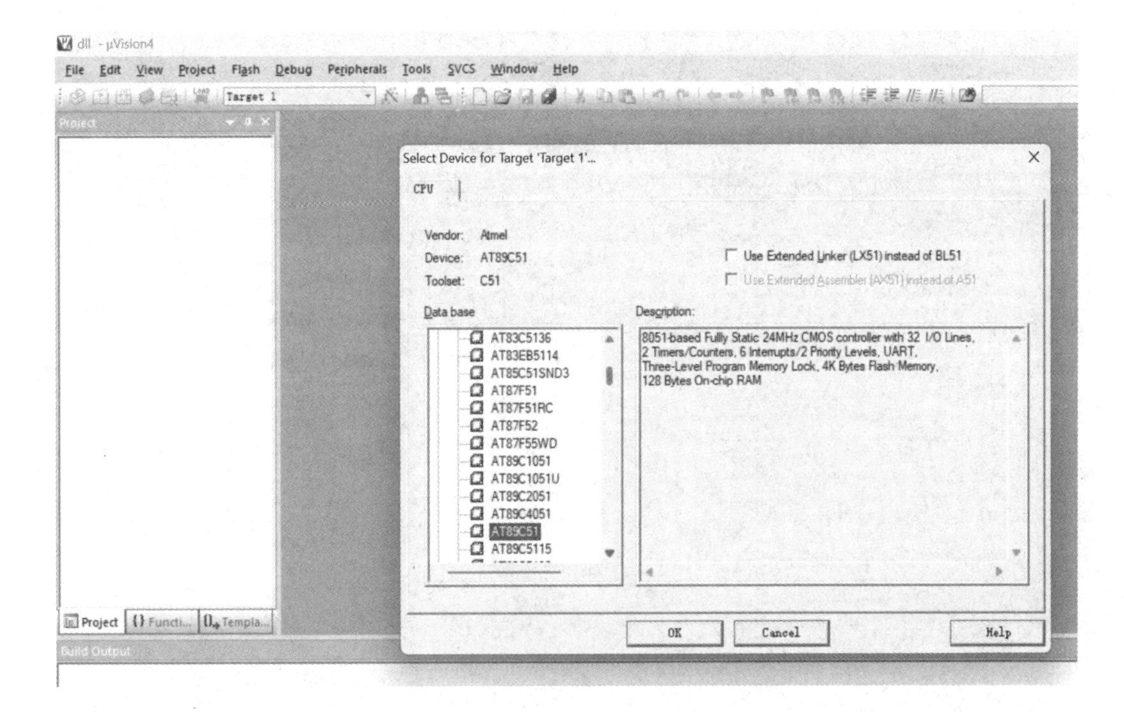

图 0-10　选择芯片型号

图 0-11　信息框

(2) 新建源程序文件。

单击菜单“File”→“New...”命令或者单击工具栏的新建文件按钮，即可在项目窗口的右侧打开一个新的文本“Text1”编辑窗口(新建源程序文件界面)，如图 0-12 所示。单击保存按钮，则会弹出如图 0-13 所示的对话框(保存源程序文件界面)，在该对话框中输入源程序文件名字，注意必须加上扩展名(C语言源程序的扩展名一般用 .c)，这里假定将文件保存为 8d.c(以点亮 8 只灯设计为例)。单击“保存”按钮，即可在该编辑窗口中输入 C 语言源程序。

(3) 添加源程序文件到工程。

将上一步中保存的源程序文件 8d.c 添加到工程项目 dll 中。在如图 0-14 所示的添加源程序到工程界面中，用鼠标右键单击项目窗口中的“Source Group 1”，选择“Add Files to Group‘Source Group 1’”命令，然后在如图 0-15 所示的选择源程序文件对话框界面中找到上一步中所保存的源程序文件路径，选择“8d.c”文件，单击“Add”命令，即可完成文件的添加。

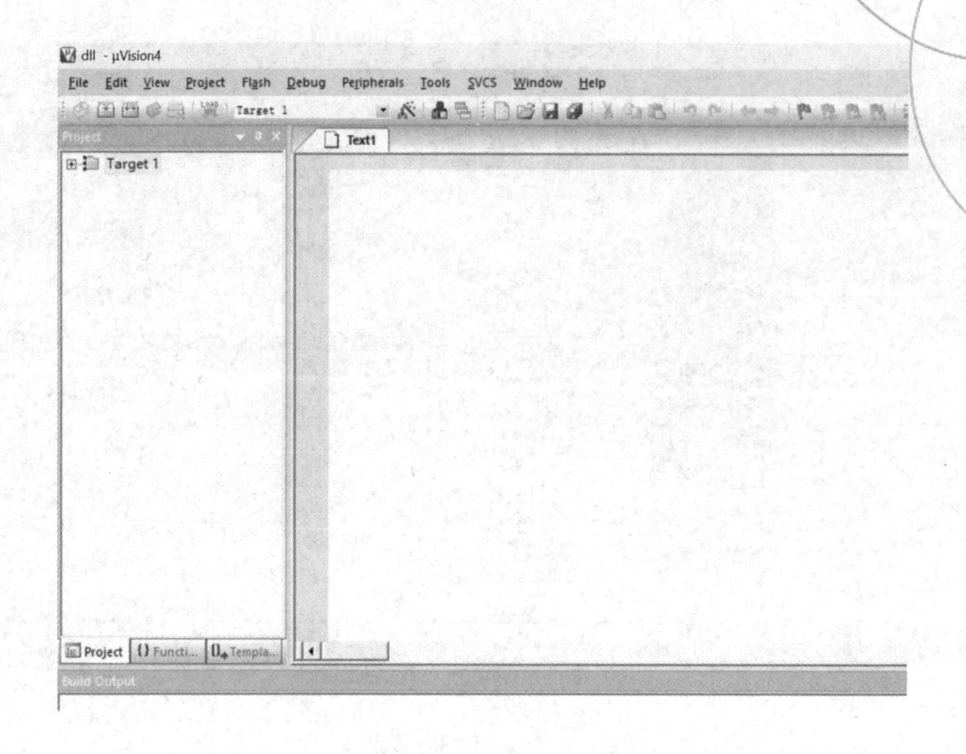

图 0-12 新建源程序文件界面

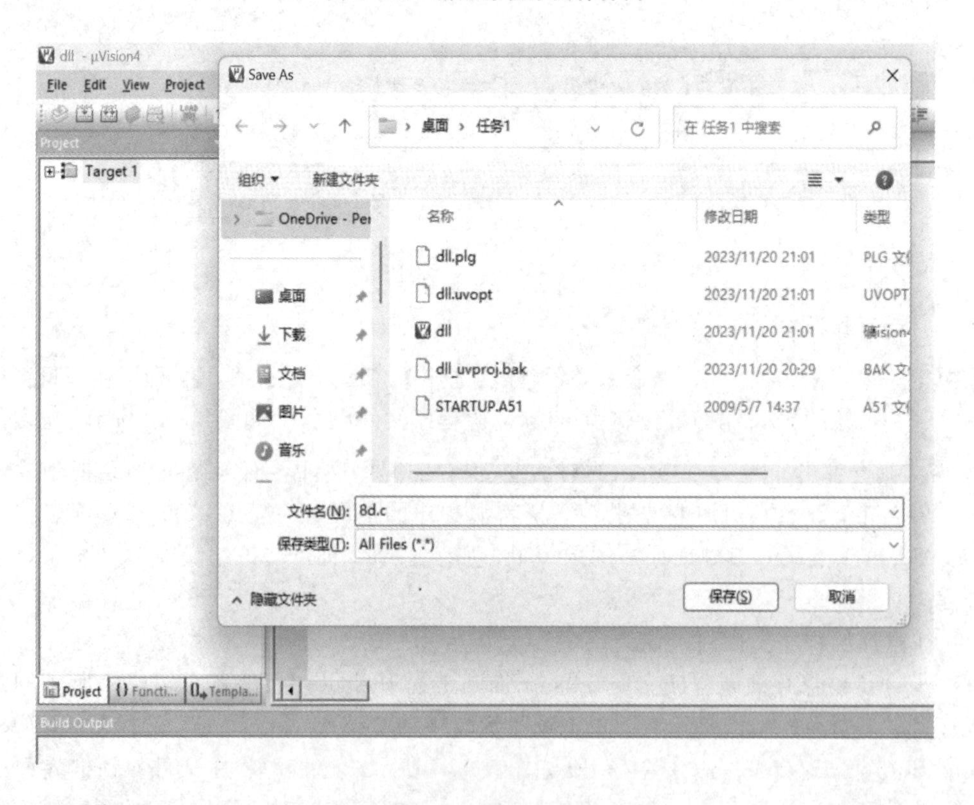

图 0-13 保存源程序文件界面

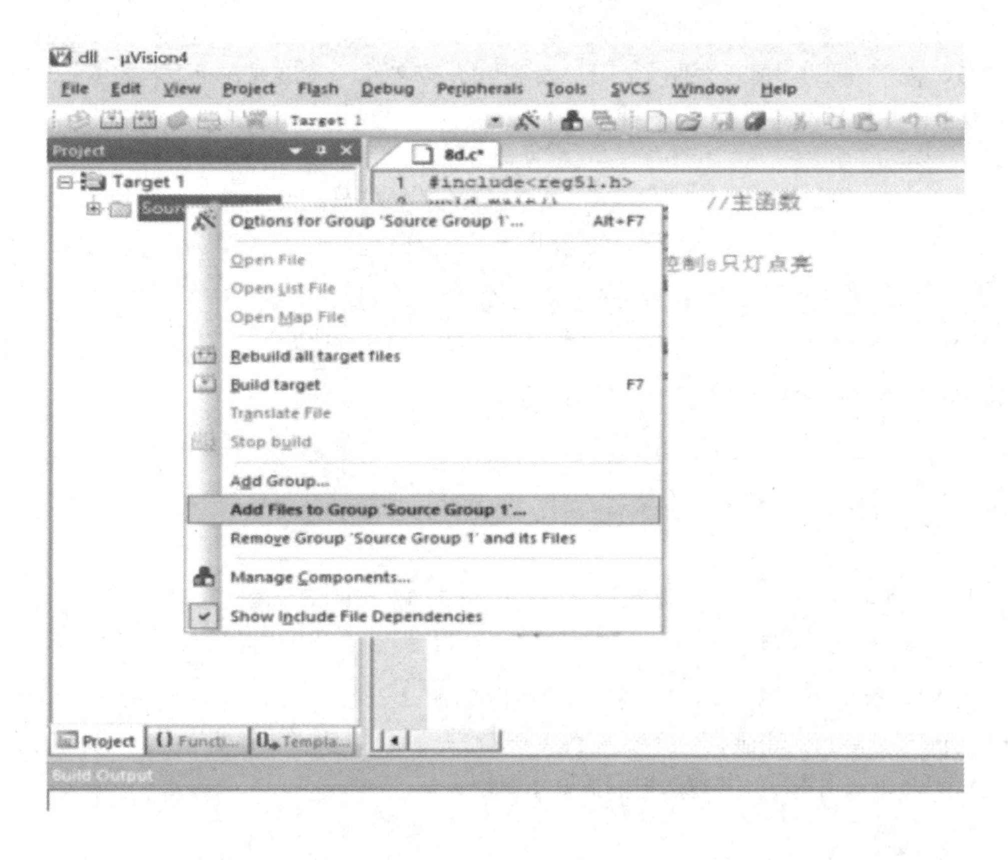

图 0-14　添加源程序文件到工程界面

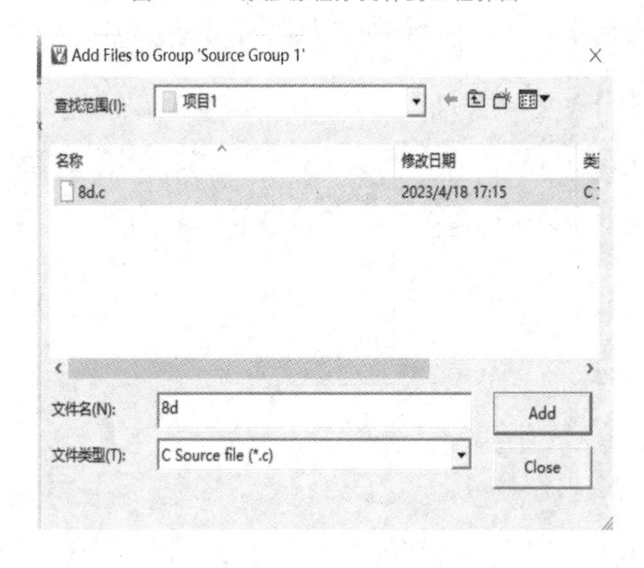

图 0-15　选择源程序文件对话框界面

将文件添加到工程中后，添加源程序文件对话框并不会自动关闭，而是等待继续添加其他文件，初学者往往以为没有添加成功，将再次单击“Add”按钮，此时则会弹出如图 0-16 所示的提示对话框，表示该文件不再加入目标，单击“确定”按钮关闭该对话框即可。

当给工程添加成功源程序文件后，工程窗口中的“Source Group 1”文件前面会出现一个“+”号，单击“+”号，展开文件夹，可以看到“8d. c”文件已经出现在里面，如图 0 - 17 所示，双击即可打开该文件。

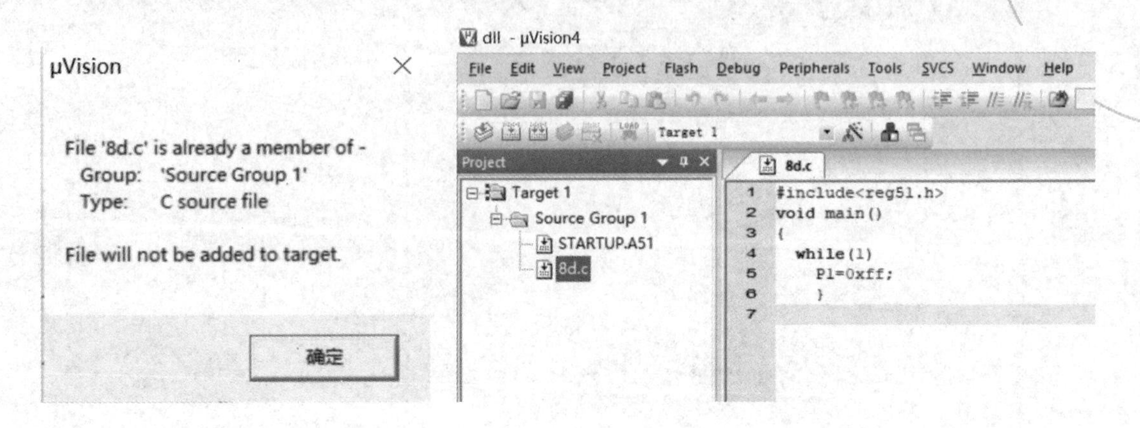

图 0 - 16　添加同一源程序文件时的提示　　　　图 0 - 17　8d. c 已经添加到工程界面

2) 工程的详细设置

工程建立后，还要对工程进行进一步设置，以满足要求。单击菜单“Project”→“Options for Target ‘Target 1’”命令，弹出如图 0 - 18 所示的对话框。该对话框中除“Target”“Output”两个选项卡外，其他选项卡取默认值即可。

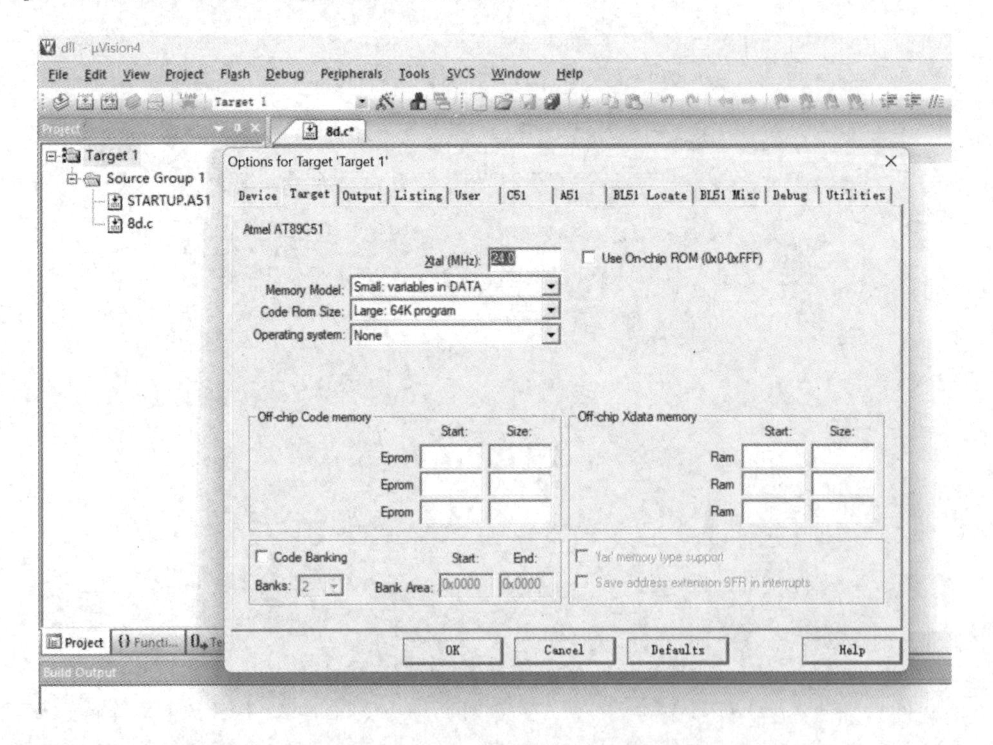

图 0 - 18　“Options for Target ‘Target 1’”对话框

单击图 0 - 18 中的“Target”选项卡，可进行工程目标属性的设置。在该选项卡中修改

“Xtal(MHz)”后面的数值(单片机晶振频率值)，由于所选的AT89C51芯片晶振频率为12 MHz，因此将“Xtal(MHz)”文本框输入的数值改为12.0，如图0-19所示。

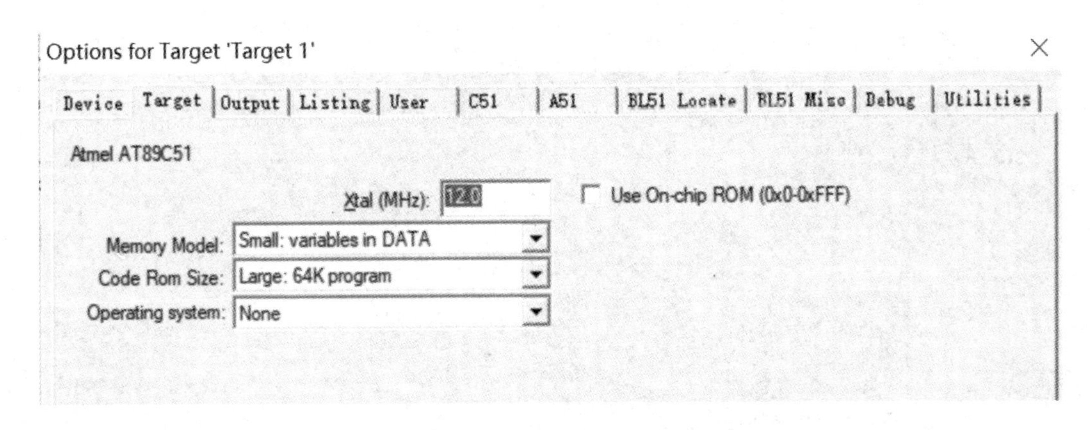

图0-19 “Target”选项卡

单击图0-18中的“Output”选项卡，如图0-20所示，选择“Create Executable：.\dll”项，并勾选其下的“Create HEX File”项，才能在源程序编译后生成HEX格式的可执行代码文件(文件的扩展名为.hex)，即目标程序。完成设置后单击“OK”按钮。

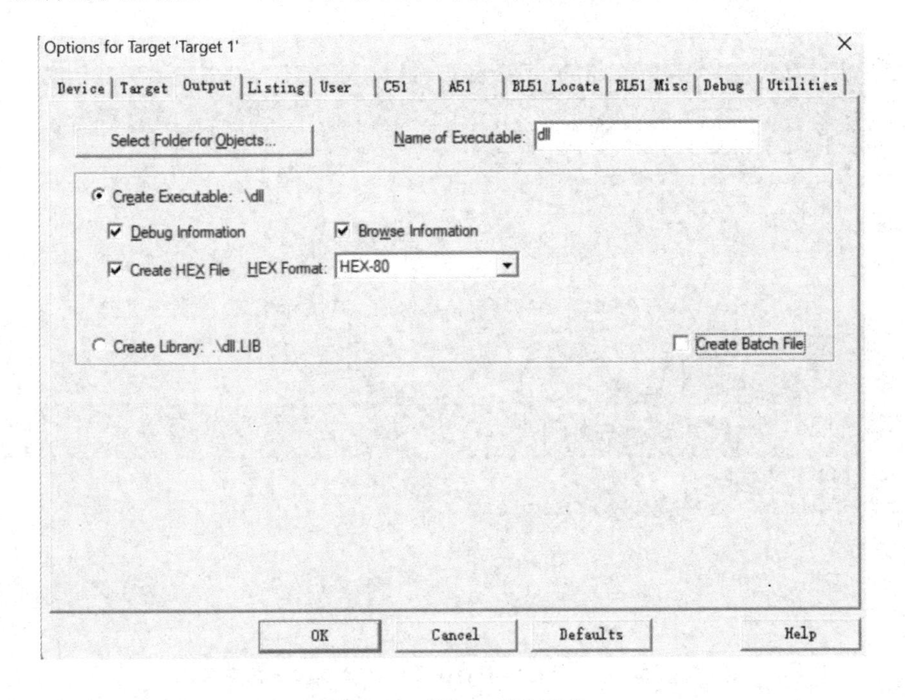

图0-20 “Output”选项卡

3) Keil C51软件调试

(1) 编译、连接。

完成上述所有步骤后，单击工具栏图标或者选择菜单“Project”→“Translate”命令，如图0-21所示，可对当前源程序文件进行编译。查看输出窗口，若出现如图0-22所示的提示信息，则表示程序出现错误。双击该条提示信息，光标则会出现在出错的地方附近，修改后再进行编译，直至输出窗口出现如图 0－23 所示的无错误无警告信息提示，方可进行下一步连接。

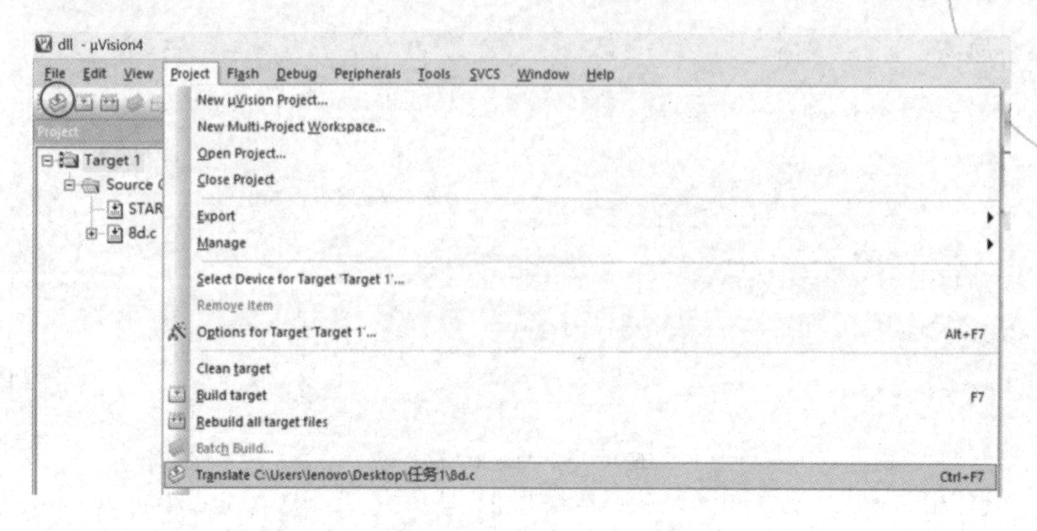

图 0－21　工程的编译

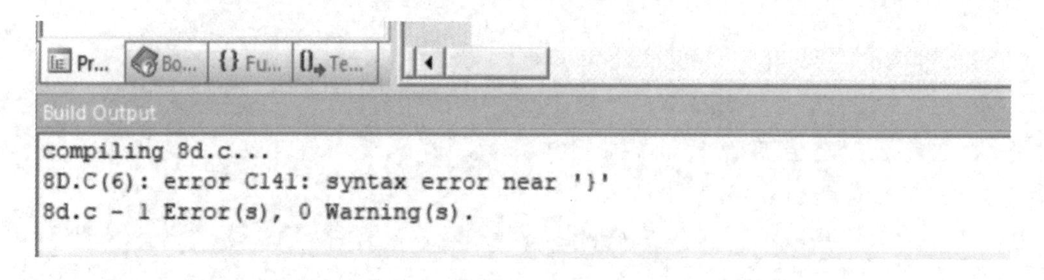

图 0－22　源程序有错误时的编译提示信息

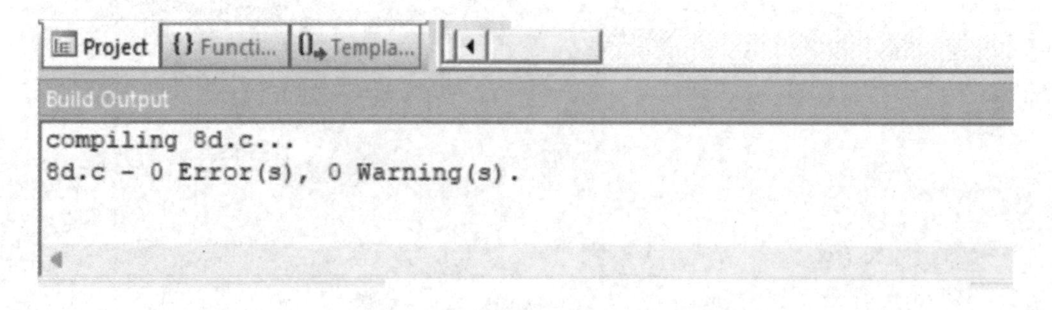

图 0－23　源程序没有错误时的编译提示信息

单击工具栏图标 或者选择菜单“Project”→“Build target”命令，如图 0－24 所示，可对当前工程进行连接。如果当前文件已修改，则软件会先对该文件进行编译，然后再连接以产生目标代码。

单击工具栏图标 或者选择菜单“Project”→“Rebuild all target files”命令，如图 0－25 所示，将会对当前工程中的所有文件重新进行编译然后再连接，确保最终生成的目

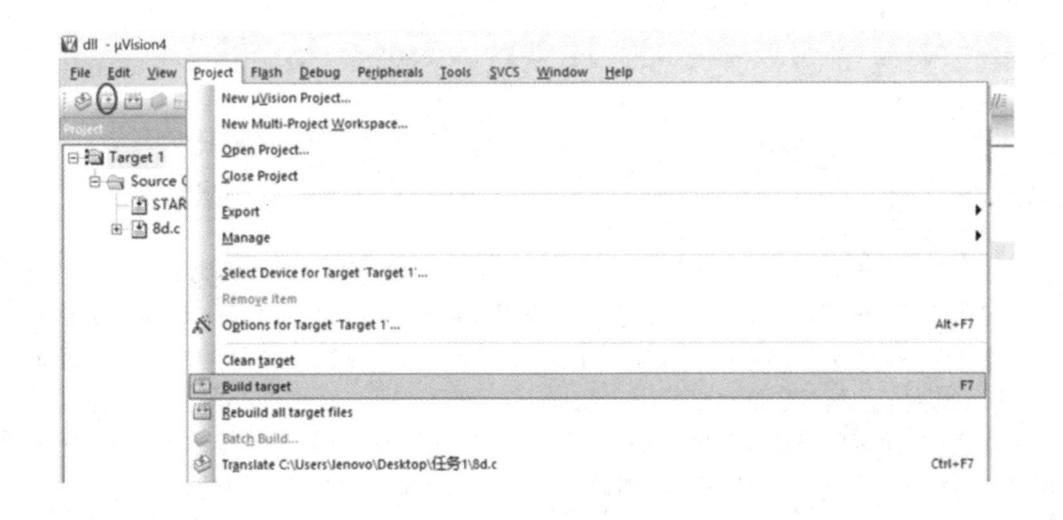

图 0-24　工程的连接

标代码是最新的。对源程序文件反复修改之后，最终会得到名为 dll.hex 的文件，该文件即可被编程器读入并写到芯片中，同时还产生了一些其他相关的文件，可被用于 Keil 的仿真与调试，这时则可以进入下一步的调试工作。

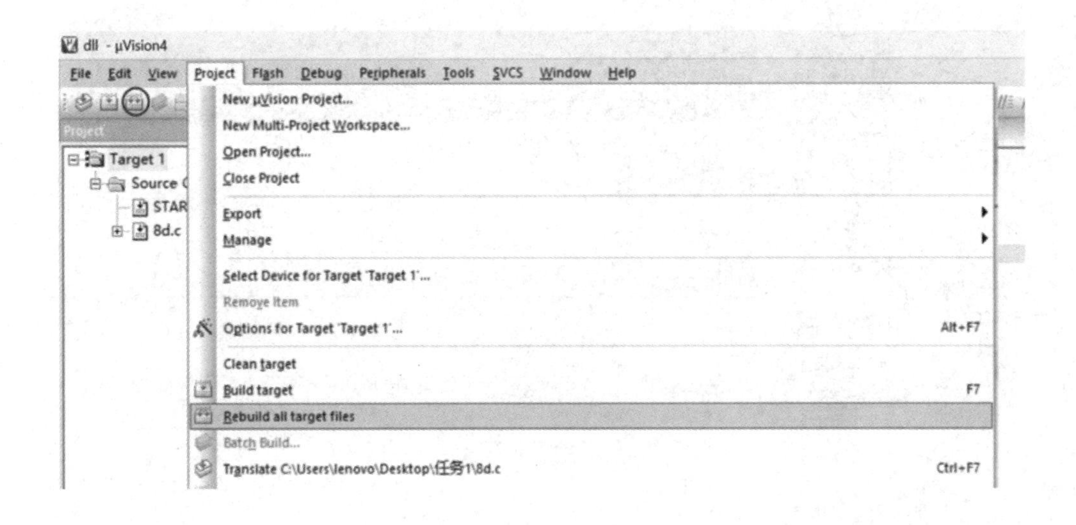

图 0-25　重新编译所有目标文件

(2) 常用调试命令。

在对工程成功进行汇编、连接以后，按 Ctrl+F5 键或者使用菜单"Debug"→"Start/Stop Debug Session"命令或者单击工具条上的按钮 (见图 0-26)，即可进入调试状态。Keil 内建了一个仿真 CPU 用来模拟执行程序，该仿真 CPU 功能强大，可以在没有硬件和仿真机的情况下进行程序的调试。必须要明确的是，执行力与真实的硬件执行程序肯定还是有区别的，其中最明显的就是时序，软件模拟是不可能和真实的硬件具有相同的时序的，具体的表现就是程序执行的速度和个人使用的计算机有关，计算机性能越好，运行速度越快。

图 0-26 工程调试选择界面

进入调试状态后，界面与编辑状态相比有明显的变化，Debug 菜单项中原来不能用的命令现在已可以使用，工具栏中也会多出一个用于运行和调试的工具条，Debug 菜单上的大部分命令可以在此找到对应的快捷按钮。如图 0-27 所示的 μVision 运行调试工具条界面，从左到右的快捷按钮依次是复位、全速运行、暂停、进入子程序单步执行、不进入子程序单步执行、执行完当前子程序、执行到当前行、下一状态。在调试窗口界面中有一系列的调试开关按钮，如图 0-28 所示。在调试窗口界面中间有一个黄色的调试箭头，它指向当前执行到的程序行。

图 0-27 μVision 运行调试工具条界面

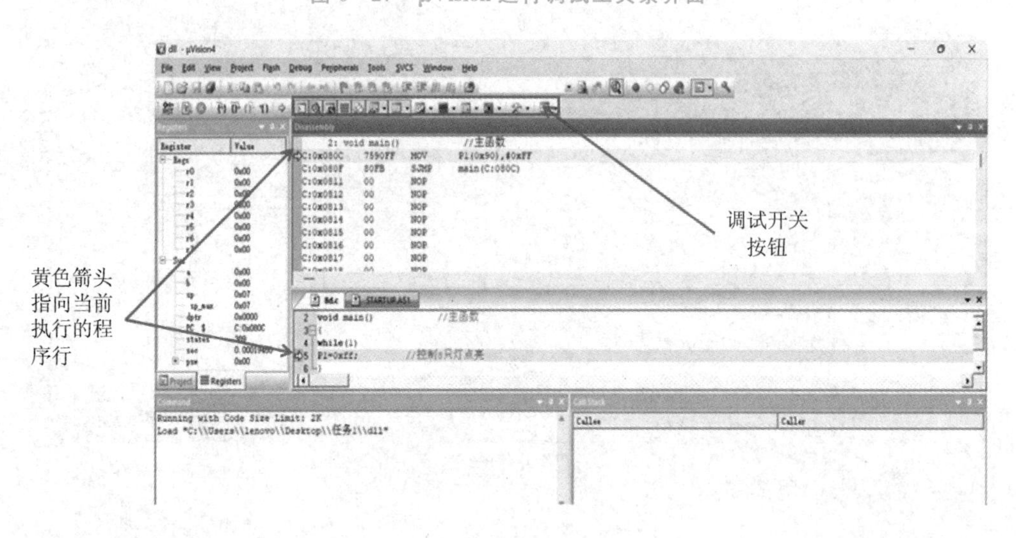

图 0-28 调试窗口界面

单击工具栏上的 Step 按钮 或使用功能键 F11，可以执行“进入子程序单步执行”程序命令。单击工具栏上的 Step Over 按钮 或使用功能键 F10，可以执行“不进入子程序单步执行”程序命令。

通过单步执行程序，可以找出一些问题的所在，但是仅依靠单步执行来查错有时是困难的，或虽能查出错误，但效率很低，为此必须辅之以其他的方法。如本例中的延时程序，如果用按 F11 键“进入子程序单步执行”的方法来执行完该程序行则显然是不合适的，为此可以采取以下方法：

第一，用鼠标在子程序的最后一行(ret)点一下，把光标定位于该行，然后选择菜单“Debug”→“Run to Cursor line”(执行到光标所在行)命令，即可全速运行完黄色箭头与光标之间的程序行。

第二，在进入该子程序后，使用菜单“Debug”→“Step Out of Current Function”(单步执行到该函数外)命令，使用该命令后，即全速运行完调试光标所在的子程序或子函数并指向主程序中的下一行程序。

第三，在开始调试时，单击F10键执行“不进入子程序单步执行”，执行到有子程序行时，调试光标不进入子程序的内部，而是全速运行完该子程序，然后直接指向下一行子程序外。

灵活应用这几种方法，可以大大提高查错的效率。

(3) 在线汇编。

在进入Keil的调试环境以后，如果发现程序有错，则可以直接对源程序进行修改，但是要使修改后的代码起作用，则必须先退出调试环境，重新进行编译、连接后再次进入调试，但如果只是需要对某些程序行进行测试，或仅需对源程序进行临时的修改，则这样的过程未免有些麻烦。为此，Keil软件提供了在线汇编能力，将光标定位于需要修改的程序行上，选择菜单“Debug”→“Inline Assembler...”命令，即可出现如图0-29所示的对话框，在“Enter New Instruction：”的文本框内直接输入需要更改的程序语句，输入完成后按Enter键将自动指向下一条语句，可以继续修改，如果不再需要修改，则可以关闭窗口。

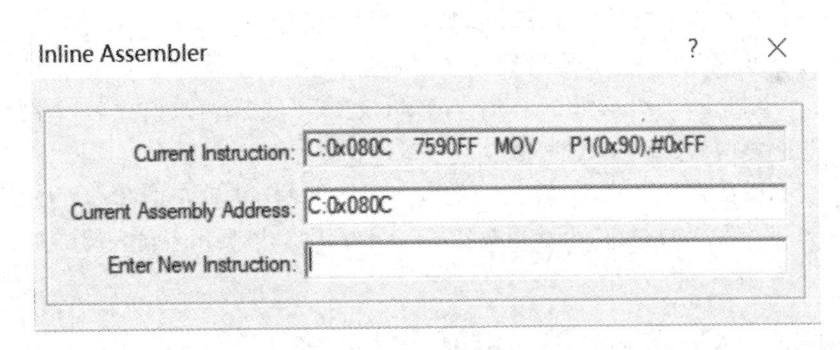

图0-29　在线编译对话框

(4) 断点设置。

程序调试时，一些程序行必须满足一定的条件才能被执行(如程序中某变量达到一定的值、按键被按下、串口接收到数据或有中断产生等)，这些条件往往是异步发生或难以预先设定的，这类问题使用单步执行的方法是很难调试的，这时就要使用到程序调试中的另一种非常重要的方法——断点设置。断点设置的方法有很多种，常用的是在某一程序行设置断点，设置好断点后可以全速运行程序，一旦执行到该程序行即停止，可在此观察有关变量值，以确定问题所在。在程序行中设置/移除断点的方法是将光标定位于需要设置断点的程序行，使用菜单“Debug”→“Insert/Remove Breakpoints”命令，可以设置或移除断点(也可以用鼠标在该行双击实现同样的功能)；使用菜单“Debug”→“Enable/Disable Breakpoints”命令，可以开启或暂停光标所在行的断点；使用菜单“Debug”→“Disable All Breakpoints”命令，可以暂停所有断点；使用菜单“Debug”→“Kill All Breakpoints”命令，可以清除所有的断点设置。这些功能也可以用工具条上的快捷按钮进行设置。

除了在某程序行设置断点这一基本方法以外，Keil 软件还提供了多种设置断点的方法。选择菜单“Debug”→“Breakpoints...”命令，即可弹出断点设置对话框，该对话框用于对断点进行详细的设置，如图 0-30 所示。“Expression”的文本框用于输入表达式，该表达式用于确定程序停止运行的条件，表达式的定义功能非常强大，涉及 Keil 内置的一套调试语法，这里不作详细说明。

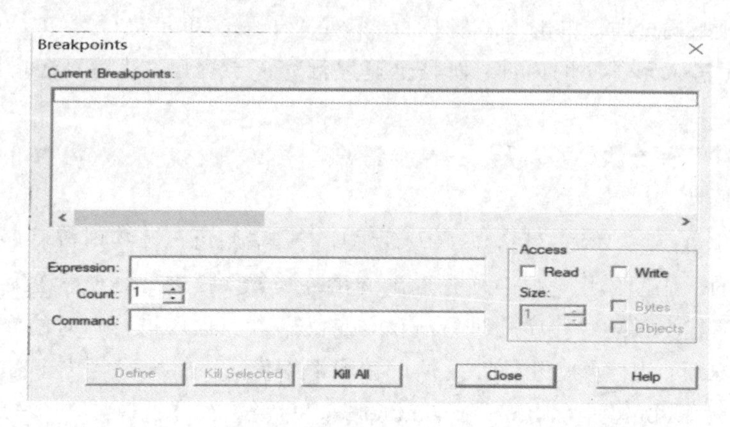

图 0-30　断点设置对话框

(5) 程序调试时的常用窗口。

Keil 软件在调试程序时提供了多个窗口，主要包括输出窗口(Output Window)、存储器窗口(Memory Window)、观察窗口(Watch&Call Stack Window)、反汇编窗口(Disassembly Window)及串行窗口(Serial Window)等。进入调试模式后，可以通过菜单 View 下的相应命令打开或关闭这些窗口。

如图 0-31 所示为输出窗口、存储器窗口和观察窗口，各窗口的大小可以使用鼠标调整。进入调试程序后，输出窗口自动切换到 Command 页，该页用于输入调试命令和输出调试信息。

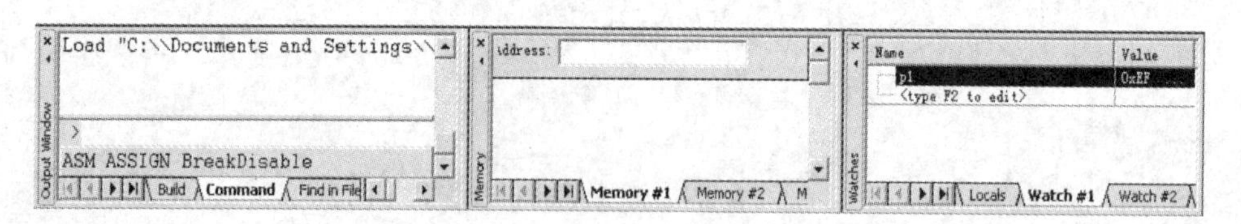

图 0-31　输出窗口、存储器窗口和观察窗口

单击调试开关按钮中的图标可以打开存储器窗口。存储器窗口中可以显示系统中各种内存中的值，如在“Address ”的文本框内输入“字母：数字”可以显示相应内存值。其中，字母可以是 C、D、I、X，分别代表代码存储空间、直接寻址的片内存储空间、间接寻址的片内存储空间、扩展的外部 RAM 空间；数字代表想要查看的地址。例如，输入“D：00H”，即可观察到地址 00H 开始的片内 RAM 单元值；输入“C：00H”，即可显示从 00H 开始的 ROM 单元中的值，即查看程序的二进制代码。存储器窗口的显示值可以各种形式显示，如十进制、十六进制、字符型等。改变显示方式的方法是单击鼠标右键，如图 0-32 所示，在

弹出的快捷菜单中进行选择。该菜单用分隔条分成3部分，其中第一部分与第二部分的前3个选项为同一功能，选中这3个选项的任一选项，内容将以整数形式显示。其中，Decimal选项是一个开关，如果选中该选项，则窗口中的值将以十进制的形式显示，否则按默认的十六进制方式显示。Unsigned和Signed选项中分别有3个选项：Char、Int、Long，分别代表以单字节方式显示、将相邻双字节组成整型数方式显示、将相邻4字节组成长整型数方式显示，而Unsigned和Signed则分别代表无符号形式和有符号形式。究竟从哪一个单元开始的相邻单元则与设置有关。以整型数为例，如果输入的是I：0，那么00H和01H单元的内容将会组成一个整型数，而如果输入的是I：1，则01H和02H单元的内容全组成一个整型数，以此类推。有关数据格式与C语言规定相同，可参考C语言书籍，默认以无符号单字节方式显示。选中第二部分的Ascii项将以字符型形式显示，选中Float项则将相邻4字节组成浮点数形式显示，选中Double项则将相邻8字节组成双精度形式显示。第三部分的Modify Memory at C：0x0018用于更改鼠标处的内存单元值，选中该项即出现如图0-33所示的对话框，可以在该对话框内输入要修改的内容。

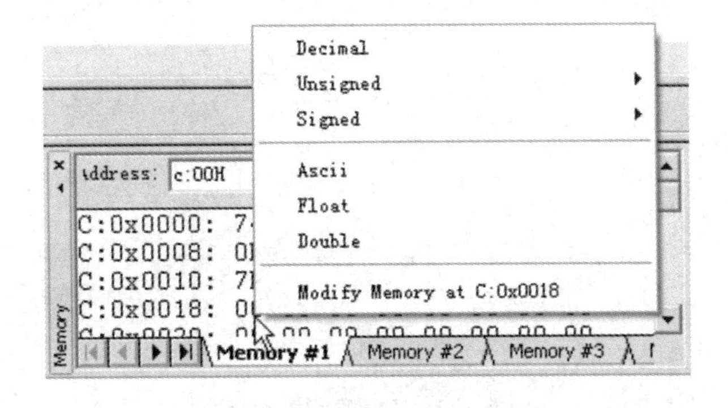

图0-32　存储器窗口右键快捷菜单

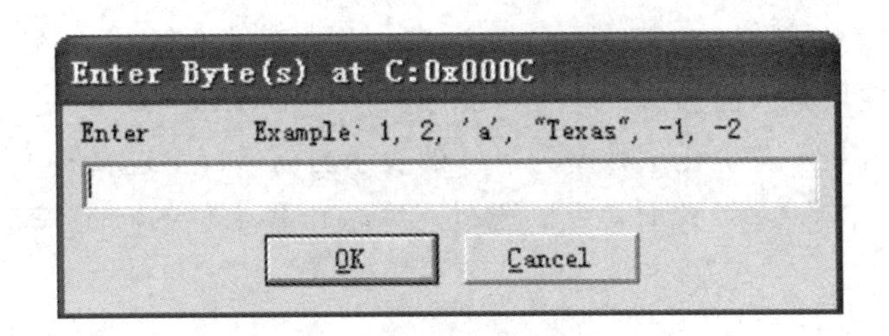

图0-33　存储器窗口中修改内存单元值

单击调试开关按钮中的图标可以打开观察窗口。观察窗口是很重要的一个窗口，如果需要观察其他寄存器的值或者在高级语言编程时需要直接观察变量，就要借助于该窗口。一般情况下，仅在单步执行时才对变量值的变化感兴趣，全速运行时，变量的值是不变的，只有在程序停止运行之后，才会将这些值最新的变化反映出来。但是，在一些特殊场合下也可能需要在全速运行时观察变量的变化，此时可以选择菜单"View"→"Periodic Window Update"(周期更新窗口)命令，确认该项处于被选中状态，即可在全速运行时动态地观察有关值的变化。但是，选中该项将会使程序模拟执行的速度变慢。

工程窗口寄存器页在调试界面的左侧可以看到，如图0-34所示。工程窗口寄存器页包括了当前的工作寄存器组(Regs)和系统寄存器组(Sys)。系统寄存器组有一些是实际存在的寄存器，如 a、b、dptr、sp、psw 等；有一些是实际中并不存在或虽然存在却不能对其操作的，如 PC、Status 等。每当程序中执行到对某寄存器的操作时，该寄存器会以反色(蓝底白字)显示，用鼠标左键单击，然后按下 F2 键，可以修改该值。

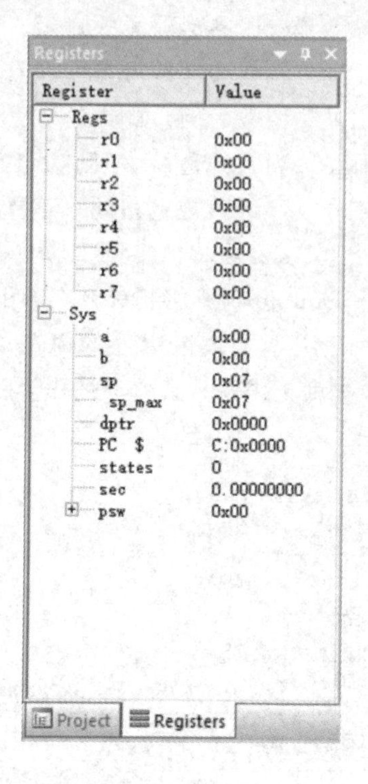

图 0-34　工程窗口寄存器页

(6) 调试时观察 I/O 窗口状态。

I/O 窗口状态页如图 0-35 所示。在 I/O 窗口状态页中选择 8d.c 源程序中所使用的单片机端口 P1 口。在调试界面选择菜单“Peripherals”→“I/O-Ports”→“Port 1”命令，即可展现当前 P1 端口各位的状态，显示状态为“√”的表示当前端口为逻辑高电平 1，若为空则表示当前状态为逻辑电平 0。调式时，可以通过观察端口各个位的状态来判断输出信号是否为准确信号。

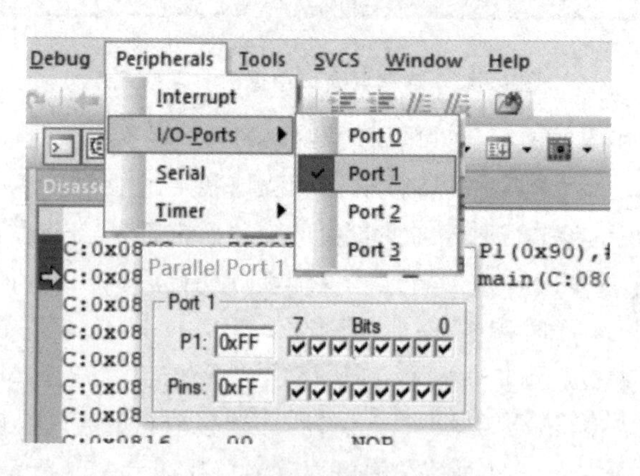

图 0-35　I/O 窗口状态页

任务 0.3　Proteus 软件的使用

1. Proteus 8 Professional 界面介绍

仿真软件 Proteus 运行于 Windows 操作系统上，可以仿真、分析各种模拟和数字电路，并且对 PC 的硬件配置要求不高。Proteus 软件是由英国 Lab Center Electronics 公司开发的 EDA 工具软件。它不仅具有其他 EDA 工具软件的仿真功能，还能仿真单片机及外围器件。

安装完 Proteus 8 后需进行汉化处理，才能得到汉化版的 Proteus 8。运行 ISIS Professional，会出现如图 0－36 所示的 Proteus 窗口界面，其中主要包括命令工具栏、原理图编辑窗口、预览窗口、模型选择工具栏等。

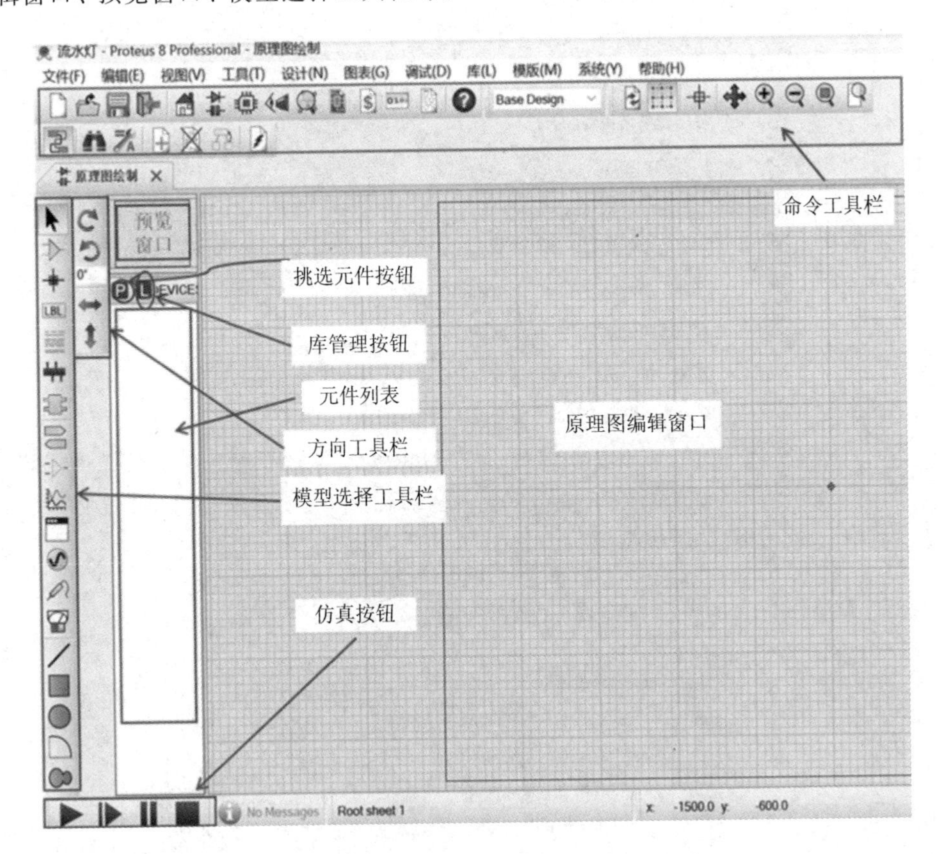

图 0－36　Proteus 窗口界面

下面对工具栏和窗口内各部分及其功能进行简要说明。

(1) 命令工具栏包括文件操作按钮、显示命令按钮、编辑操作按钮、设计操作按钮。

文件操作按钮包含的各个按钮图标及其功能，如图 0－37 所示。显示命令按钮包含的各个按钮图标及其功能，如图 0－38 所示。

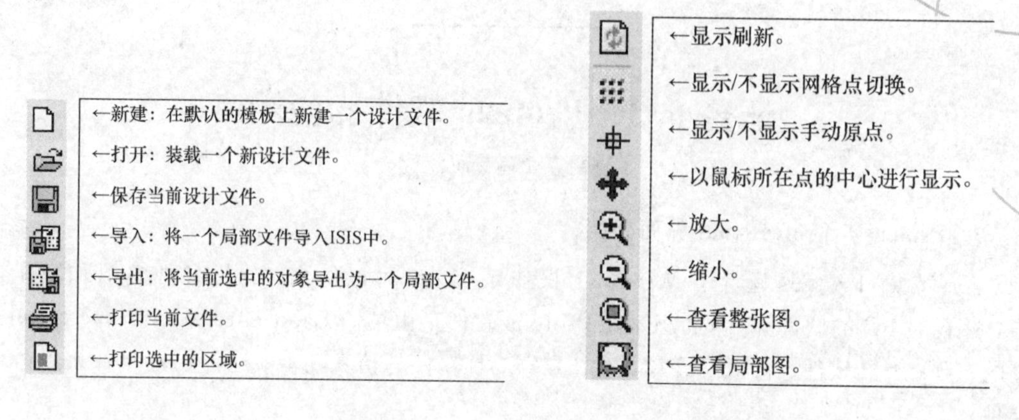

图 0－37　文件操作按钮

图 0－38　显示命令按钮

编辑操作按钮包含的各个按钮图标及其功能，如图 0－39 所示。

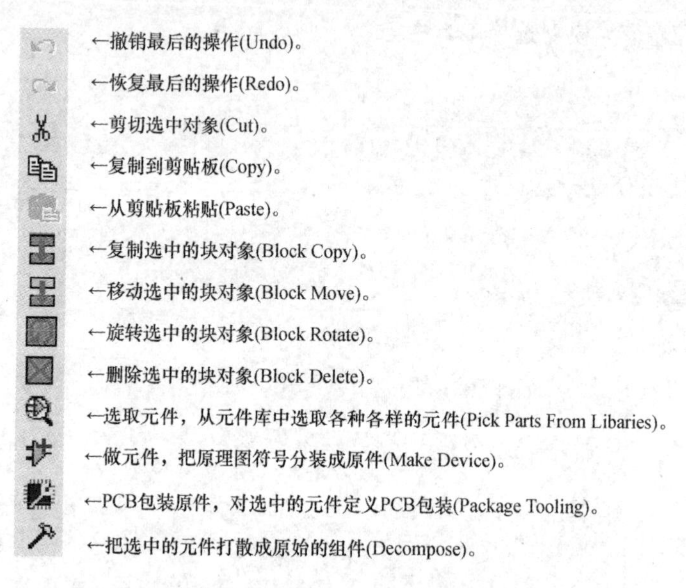

图 0－39　编辑操作按钮

设计操作按钮包含的各个按钮图标及其功能，如图 0－40 所示。

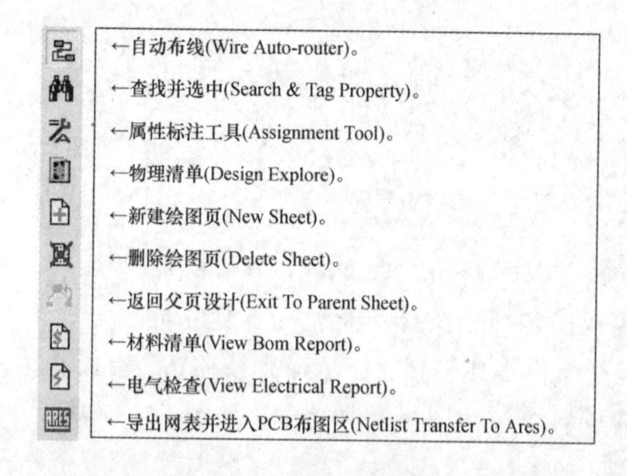

图 0－40　设计操作按钮

(2) 原理图编辑窗口是用来绘制原理图的，元件要放在这个窗口中。注意，这个窗口是没有滚动条的，可用预览窗口来改变原理图的可视范围。

(3) 预览窗口可显示两个内容，一个是当在元件列表中选择一个元件时，显示该元件的预览图；另一个是当鼠标焦点落在原理图编辑窗口时，显示整张原理图的缩略图，并会显示一个绿色的方框，绿色方框里面的内容就是当前原理图窗口中显示的内容，因此，可在它上面单击来改变绿色方框的位置，从而改变原理图的可视范围。预览窗口使用示意图如图 0-41 所示。

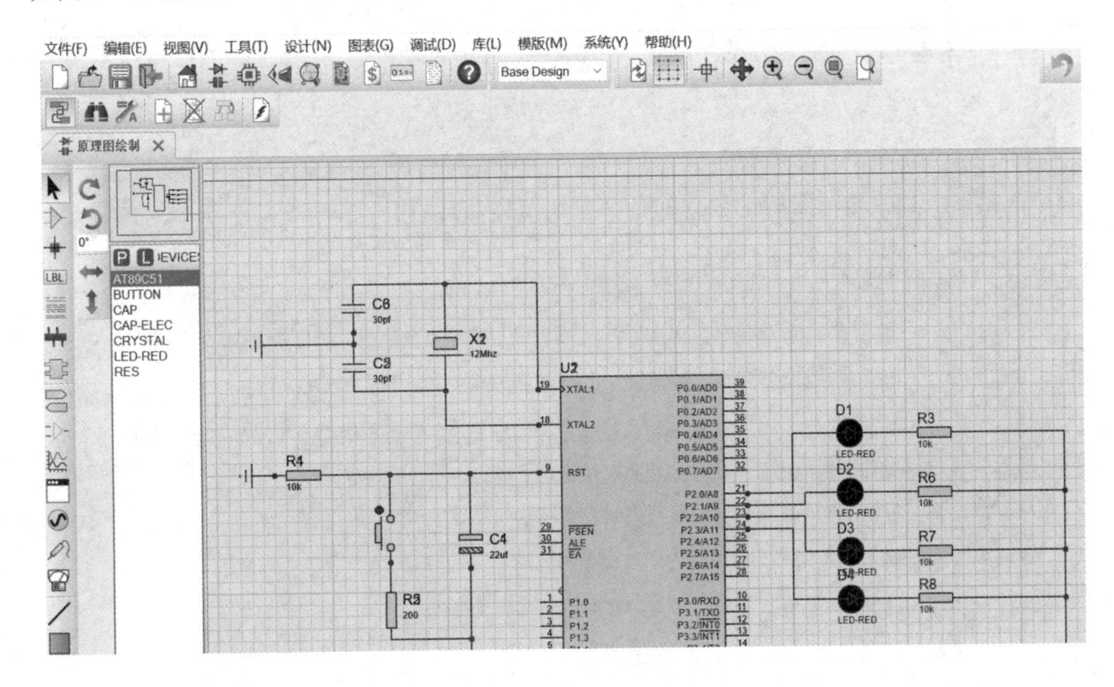

图 0-41　预览窗口使用示意图

(4) 模型选择工具栏主要用于完成绘制原理图功能，其中包括从元件库选择元件、放置节点、放置总线、放置子电路等功能。

① 选择原理图对象的放置类型中包含的各个按钮图标及其功能，如图 0-42 所示。

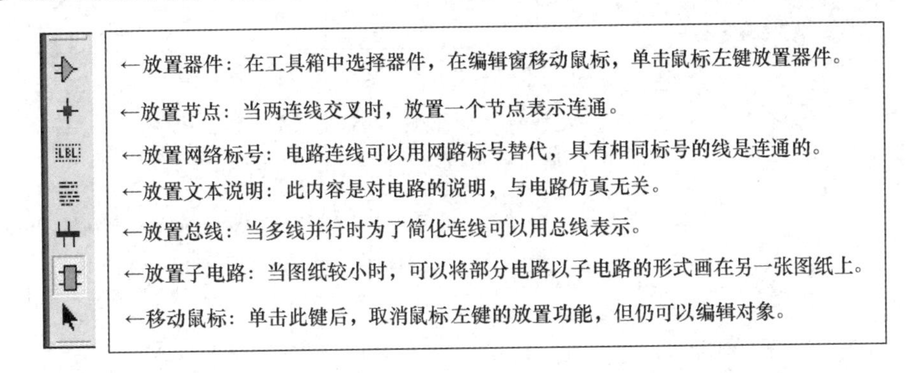

图 0-42　选择原理图对象的放置类型的按钮

② 选择放置仿真调试工具中包含的各个按钮图标及其功能，如图 0-43 所示。

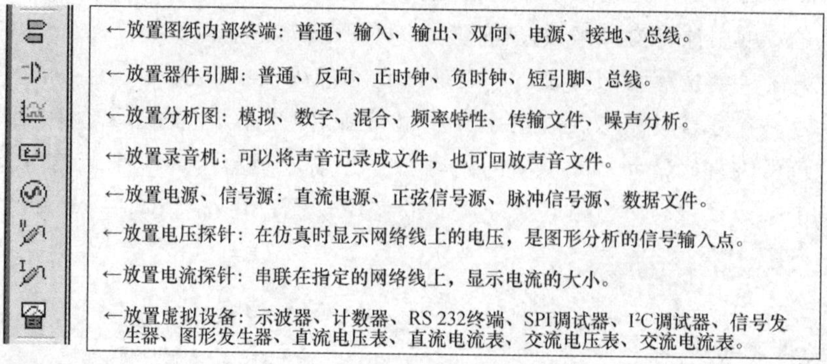

←放置图纸内部终端：普通、输入、输出、双向、电源、接地、总线。
←放置器件引脚：普通、反向、正时钟、负时钟、短引脚、总线。
←放置分析图：模拟、数字、混合、频率特性、传输文件、噪声分析。
←放置录音机：可以将声音记录成文件，也可回放声音文件。
←放置电源、信号源：直流电源、正弦信号源、脉冲信号源、数据文件。
←放置电压探针：在仿真时显示网络线上的电压，是图形分析的信号输入点。
←放置电流探针：串联在指定的网络线上，显示电流的大小。
←放置虚拟设备：示波器、计数器、RS 232终端、SPI调试器、I²C调试器、信号发生器、图形发生器、直流电压表、直流电流表、交流电压表、交流电流表。

图 0-43　选择放置仿真调试工具的按钮

③ 图形工具栏选择图标中包含的各个按钮图标及其功能，如图 0-44 所示。

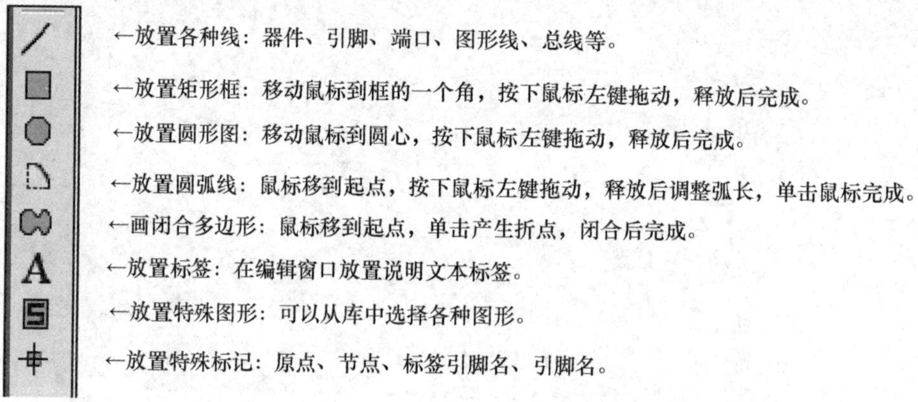

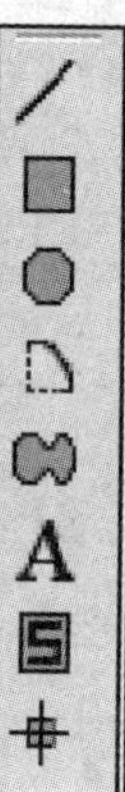

←放置各种线：器件、引脚、端口、图形线、总线等。
←放置矩形框：移动鼠标到框的一个角，按下鼠标左键拖动，释放后完成。
←放置圆形图：移动鼠标到圆心，按下鼠标左键拖动，释放后完成。
←放置圆弧线：鼠标移到起点，按下鼠标左键拖动，释放后调整弧长，单击鼠标完成。
←画闭合多边形：鼠标移到起点，单击产生折点，闭合后完成。
←放置标签：在编辑窗口放置说明文本标签。
←放置特殊图形：可以从库中选择各种图形。
←放置特殊标记：原点、节点、标签引脚名、引脚名。

图 0-44　图形工具栏选择图标的按钮

④ 元件列表栏包含的功能如图 0-45 所示。

⑤ 方向工具栏中包含的各个按钮图标及其功能，如图 0-46 所示。

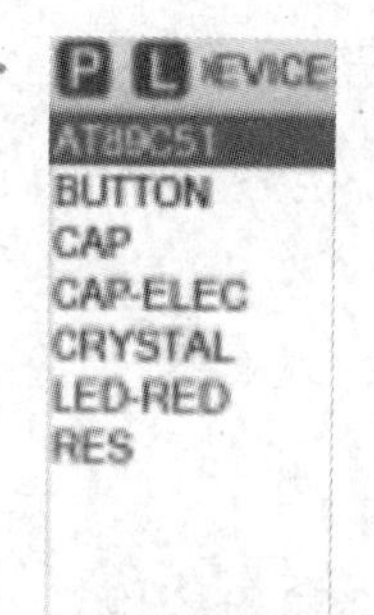

P
L
AT89C51
BUTTON
CAP
CAP-ELEC
CRYSTAL
LED-RED
RES

图 0-45　元件列表栏

0
←右旋：对选定的对象进行右旋转。
←左旋：对选定的对象进行左旋转。
←给定旋转度数：为90°倍数。
←水平翻转：将选定的对象进行水平翻转。
←垂直翻转：将选定的对象进行垂直翻转。

图 0-46　方向工具栏的按钮

⑥ 仿真工具栏中包含的各个按钮图标及其功能如图 0-47 所示。

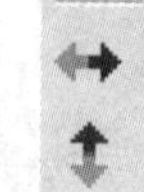

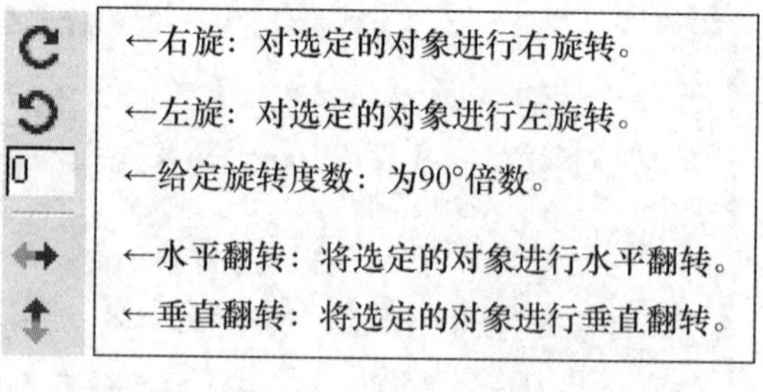

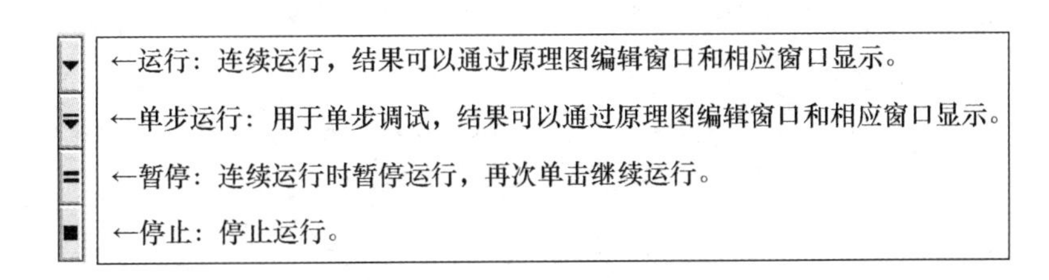

图0-47　仿真工具栏的按钮

2. Proteus原理图绘制

Proteus原理图绘制分为创建文件、添加元件、放置元件、放置地和电源、设置元件属性、连线、电气检测等步骤。

1）创建文件

运行Proteus 8 Professional(ISIS8 Professional)，单击命令工具栏上的按钮直接建立；或选择“文件”→“新建工程”，出现工程设置窗口，如图0-48所示，起一个合适的工程名字，路径可以选择，创建一个新工程，一步一步向下默认选择其余模式即可，单击保存按钮保存文件(默认文件扩展名)。

图0-48　工程设置窗口

2）添加元件

此次任务要用到的元件有AT89C51、电阻R、电容C、晶体振荡器、发光二极管(红色)、“地”和“电源”等。单击“P”按钮，出现如图0-49所示的元件选择对话框，进行元件的选取。

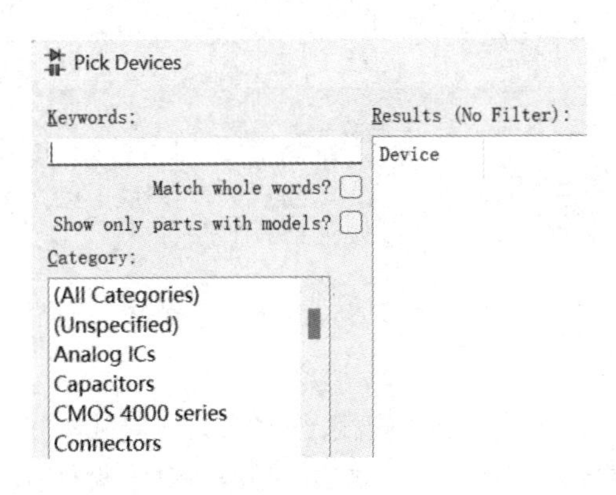

图0-49　元件选择对话框

(1) 在“Keywords”文本框中输入相应的元件名称，按回车键可以搜索到元件，并显示在“Results”列表中。

(2) 双击即可添加到元件列表中，如输入“AT89C51”，按回车键得到 AT89C51 选择列表，如图 0-50 所示，双击元件即可将元件添加到元件列表栏中。

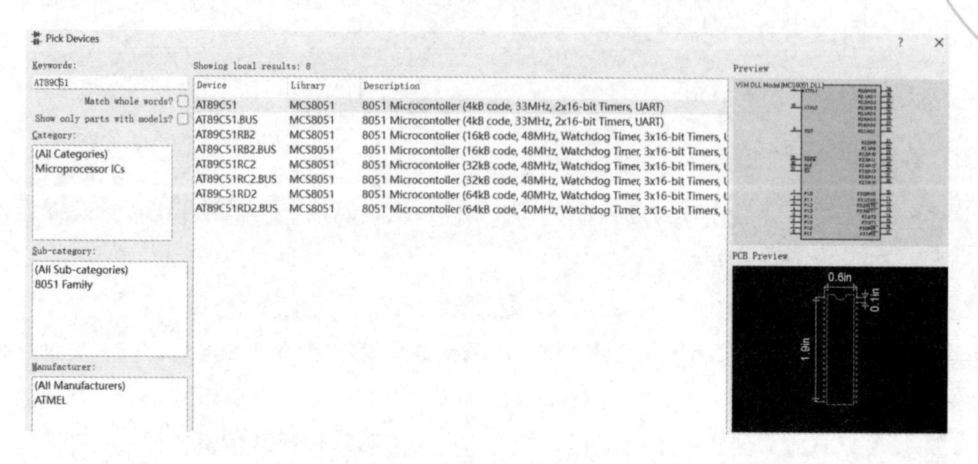

图 0-50 添加 AT89C51 元件对话框

另外，还可以通过 Category、Sub-category、Manufacture、Results 窗口结合进行元件的选择，但这种方法要求只有对元件库较为熟悉才可使用。

元件添加完成后，元件列表区会显示所添加的元件，如图 0-51 所示。

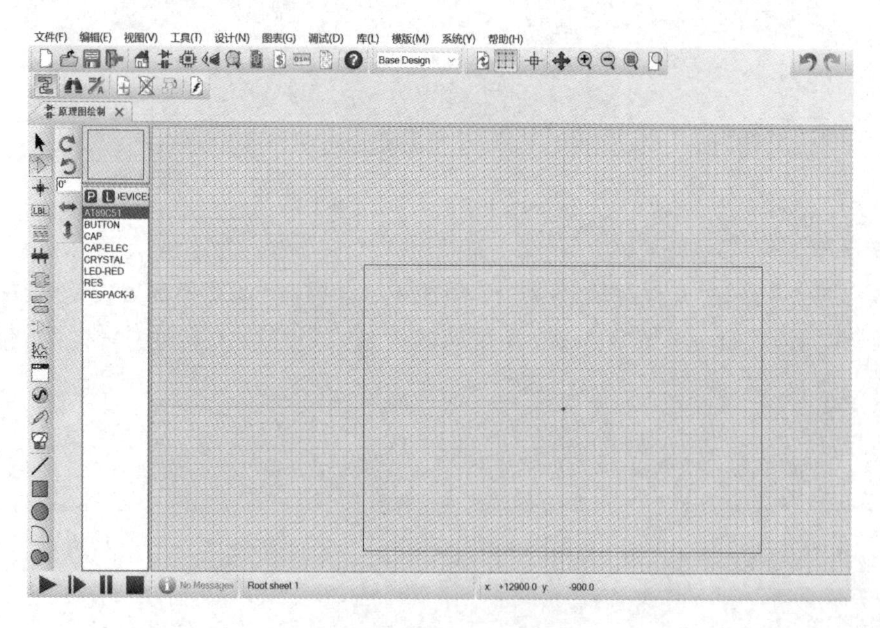

图 0-51 添加元件后示意图

3) 放置元件

在元件列表中选取 AT89C51，在原理图编辑窗口中单击，这样 AT89C51 就被放到原理图编辑窗口中了。同样放置相应电阻、电容、晶振等，并调整各元件的方向、位置，如图 0-52 所示。

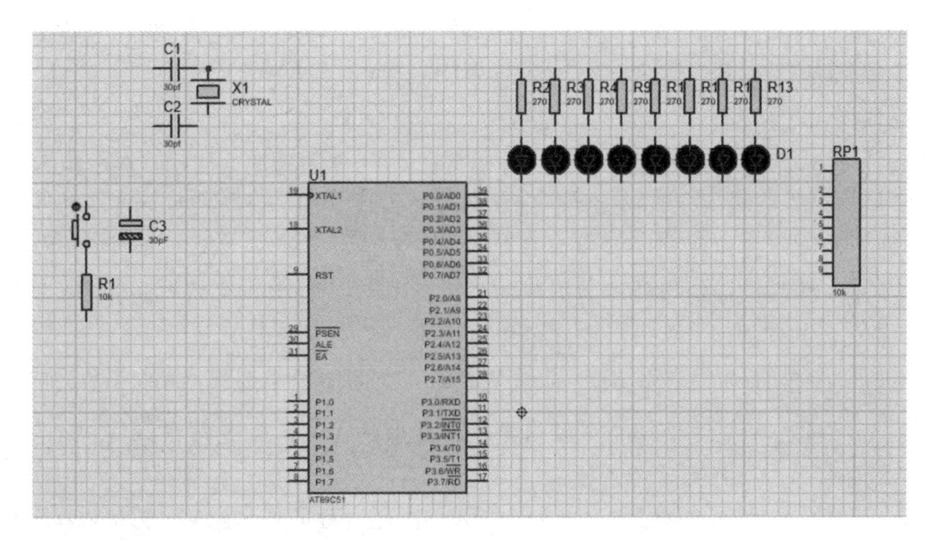

图 0 - 52　放置好所有元件后的原理图编辑界面

4）放置地和电源

单击模型选择工具栏中的 Terminals Mode 按钮，如图 0 - 53 所示，分别选择“GROUND”和“POWER”，并在原理图编辑窗口中单击，这样“地”“电源”就被放置到原理图编辑窗口中了。

5）设置元件属性

以电阻 R1 为例，双击电阻 R1，弹出如图 0 - 54 所示的对话框，其中：

元件位号：元件标识名（R1）。

Resistance：电阻值设置（10 kΩ）。

Model Type：模型类型。

PCB Package：封装形式。

隐藏：是否显示该属性。

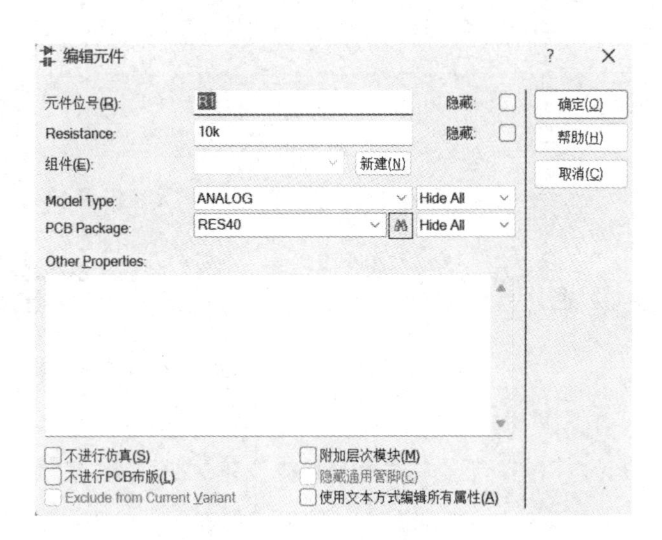

图 0 - 53　添加“地”和“电源”　　图 0 - 54　设置元件属性

注意：不同的元件属性对话框略有区别，在具体设置时再做说明，依次按设计要求设置好所有元件的属性，其中默认 VCC=5V，VDD=5V，GND=0V。

6）连线

Proteus 的智能化体现在想要画线的时候可以进行自动检测。例如，将电阻 R10 的右端连接到 D8 左端，当鼠标的指针靠近 R10 右端的连接点时，接着鼠标的指针就会出现一个粉红色的“□”号，表明找到了 R10 的连接点，单击，移动鼠标，将鼠标的指针靠近 D8 左端的连接点时，接着鼠标的指针就会出现一个“□”号，表明找到了 D8 的连接点，同时屏幕上出现了粉红色的连接线，单击后粉红色的连接线变成了深绿色。

Proteus 具有线路自动选路功能(简称 WAR)，当选中两个连接点后，WAR 将选择一个合适的路径连线。WAR 可通过使用标准工具栏里的 WAR 命令按钮来关闭或打开，也可以在工具菜单栏下找到这个图标。

同理，可以完成其他连线，如图 0-55 所示。在此过程的任何时刻，都可以按 Esc 键或者单击鼠标右键来放弃画线。

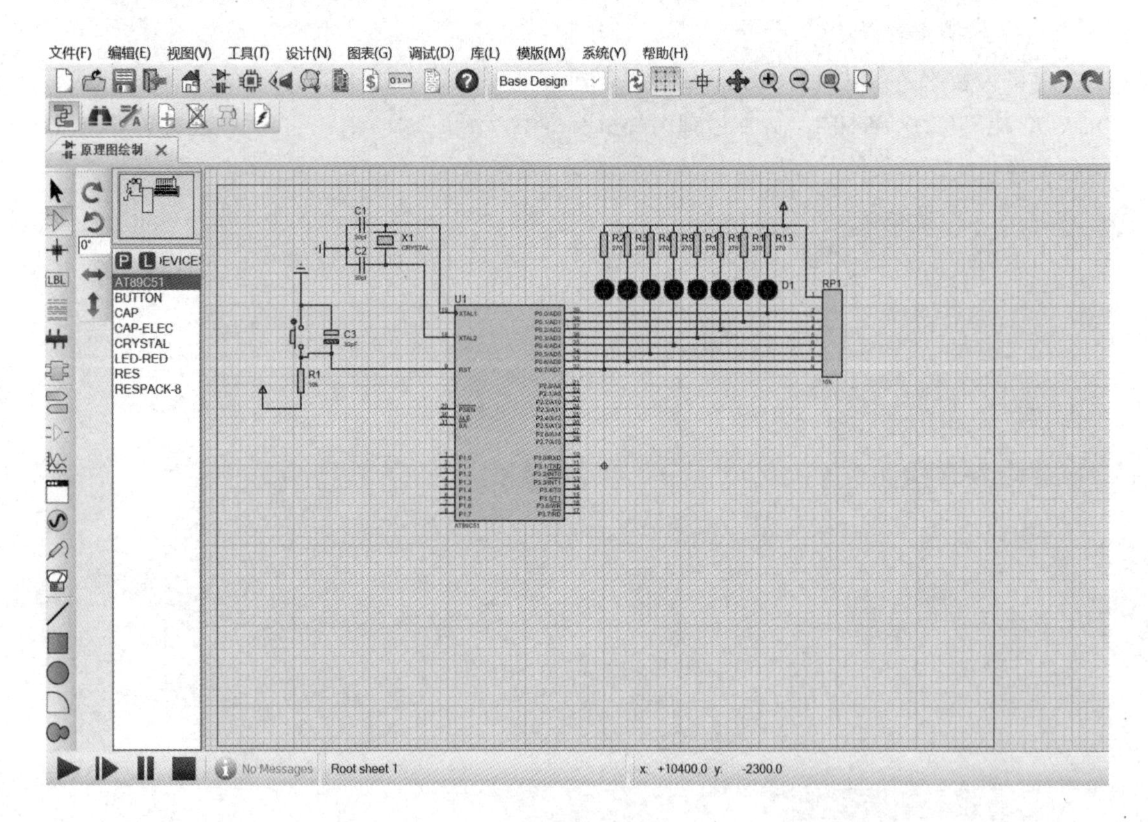

图 0-55　仿真电路原理图

7）电气检测

设计电路完成后，单击电气检查按钮或选择“工具”→“电气规则检测”，即可弹出如图 0-56 所示的电气检测窗口。该窗口的前面是一些文本信息，接着是电气检查结果列表，若有错，会有详细的说明。

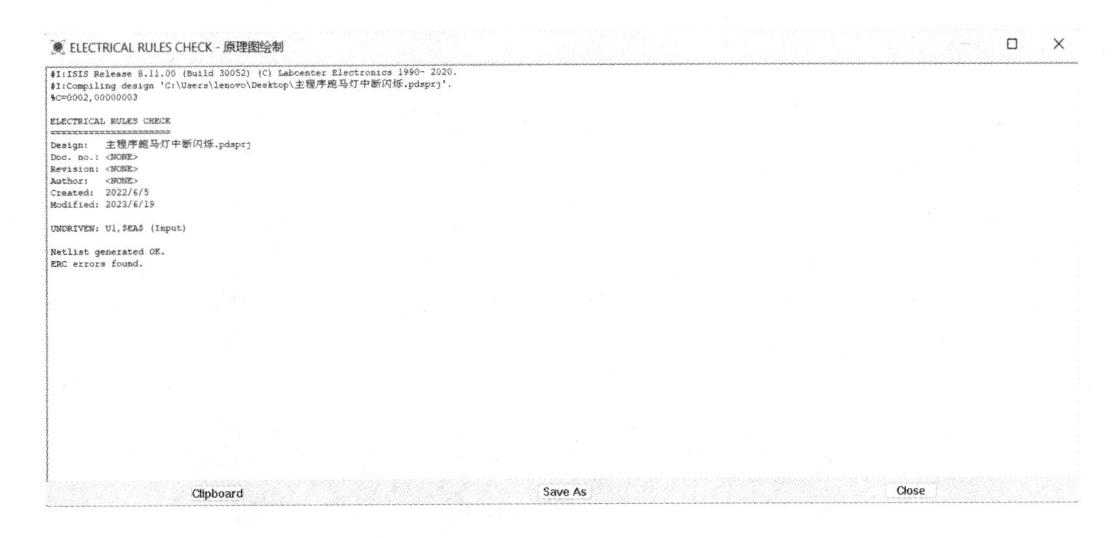

图 0－56　电气检测窗口

3. Proteus 软件的调试

Proteus 软件的调试分为添加仿真文件、运行仿真软件、系统调试等步骤。

1）添加仿真文件

打开前面画好的如图 0－55 所示的仿真电路原理图，双击 89C51 单片机，弹出“编辑元件”对话框，如图 0－57 所示。在该对话框的“Clock Frequency”栏中设置单片机晶振频率为 12 MHz；在“Program File”栏中单击图标按钮，选择之前用 Keil μVision4 编译生成的流水灯的文件。

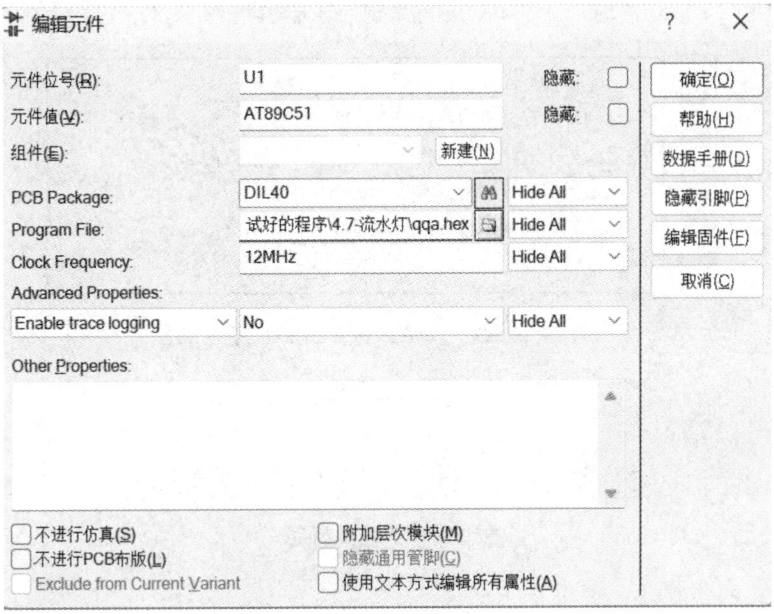

图 0－57　“编辑元件”对话框

2）运行仿真软件

在 Proteus ISIS 编辑窗口中，单击图标按钮 ▶ 或者在“调试”菜单中选择“运行仿真”命令，开始仿真运行，即可看到与本项目中单片机应用实物装置一样的仿真运行现象。

3）系统调试

选择 Proteus 主菜单“Debug”菜单下的“Start/Restart Debug”选项或单击编辑窗口下面的仿真按钮，即可开始执行。可以通过观察灯的状态来查看执行情况，也可以通过观察元件信号高低判断执行情况。元件处出现的蓝色小方块为低电平，粉红色小方块为高电平，灰色小方块为高阻状态。如图 0－58 所示为 Proteus 仿真调试界面与源代码窗口，如图 0－59 所示为 Proteus 仿真调试工具栏。

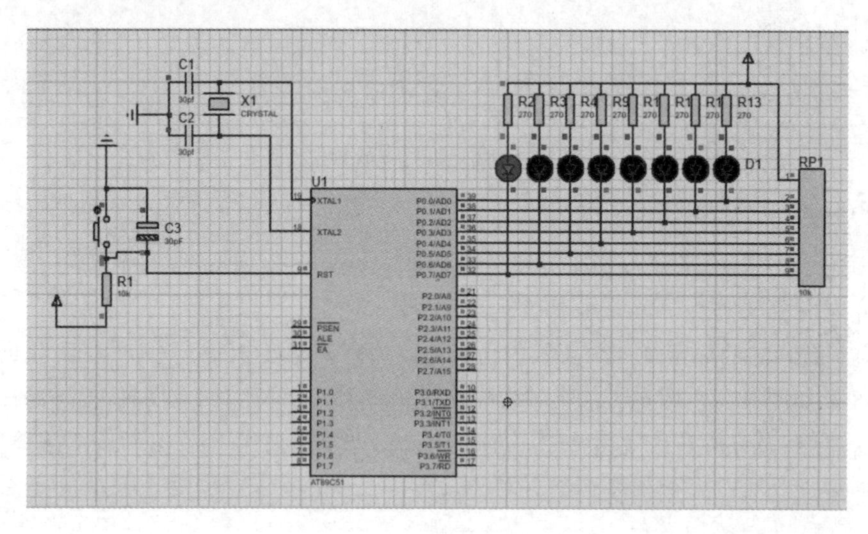

图 0－58　Proteus 仿真调试界面与源代码窗口

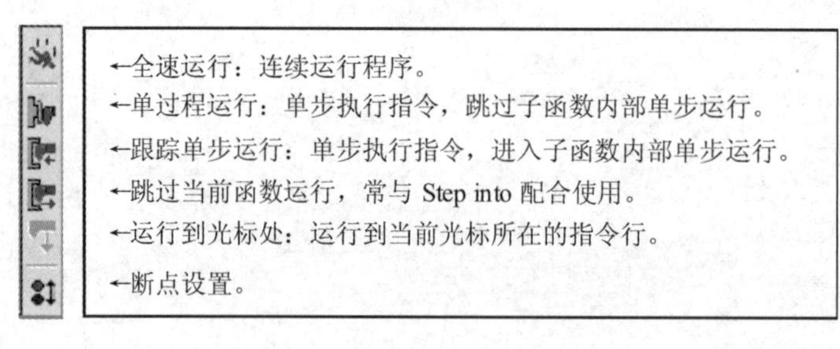

图 0－59　Proteus 仿真调试工具栏

任务 0.4　电子产品开发流程

1. 单片机的传统开发过程

在未出现计算机的单片机仿真技术之前，单片机系统的传统开发过程一般可分为以下三步：

(1) 单片机系统原理图设计、选择元器件插件、安装和电气检测等(简称硬件设计)。

(2) 单片机系统程序设计、汇编编译、调试和编程等(简称软件设计)。

(3) 单片机系统实际运行、检测、在线调试直至完成(简称单片机系统综合调试)。

2. Keil 和 Proteus 设计与仿真的开发过程

Keil 具有良好的程序设计界面、编辑、编译及调试功能，Proteus 具有强大的单片机系统设计与仿真功能，它们是单片机系统应用开发和改进手段之一。全部过程都是在计算机上通过 Keil 和 Proteus 来完成的，一般可分为以下四步：

(1) Proteus 电路设计。利用 Proteus 进行单片机系统硬件设计，在 ISIS 平台上进行单片机系统电路设计、选择元器件、插接件、连接电路和电气检测。

(2) Keil 源程序设计。在 Keil 平台上进行单片机系统程序设计、编辑、汇编编译、调试，最后生成目标代码文件(*.hex)；或在 ISIS 平台上进行单片机系统程序设计、编辑、汇编编译、调试，最后生成目标代码文件(*.hex)。

(3) Proteus 实时仿真。在 ISIS 平台上将目标代码文件加载到单片机系统中，并实现单片机系统实时交互、协同仿真，它在相当程度上反映了实际单片机系统的运行情况。

(4) PCB 与硬件的设计和制作。利用 Proteus 自动生成 PCB 板电路图，并制作 PCB 板，安装元器件和接口，利用开发系统将上面生成的*.hex 文件下载到单片机芯片，完成调试与设计。

单片机系统的 Proteus 设计与仿真流程图如图 0-60 所示，而其中的 Proteus 电路设计流程图如图 0-61 所示。

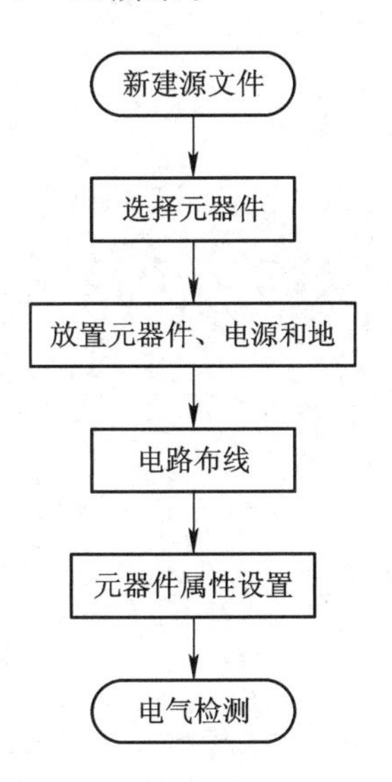

图 0-60　单片机系统的 Proteus 设计与仿真流程图

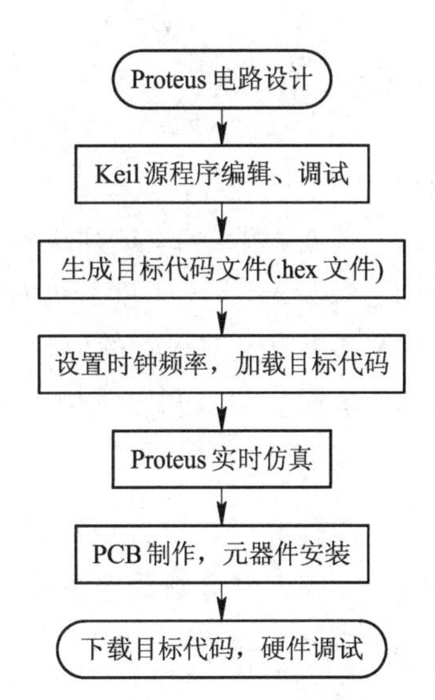

图 0-61　Proteus 电路设计流程图

项目1　霓虹点亮——夯实基础

情境导入

耀眼的霓虹灯展示了都市繁华，其千变万化的外形在广告业、商业、交通、建筑、室内外装饰、舞台布景、家用电器等方面发挥着特有的作用。城市上空由霓虹灯组成的经典成语、警示语更是为弘扬中华传统文化助力。本项目利用单片机最小应用系统和C51编程设计一款霓虹灯。在学习过程中，通过仿真调试、开发板调试和电路板制作等内容，将“教、学、做、总”相互融合，实现理论与实践的统一，培养学生认真学习、勤于思考的习惯。

学习目标

1. 知识目标

(1) 掌握MCS-51单片机的基本结构和引脚功能；
(2) 掌握MCS-51单片机的最小系统；
(3) 掌握发光二极管的原理；
(4) 掌握C语言程序结构及变量的定义。

2. 能力目标

(1) 能够编写C语言指令实现对发光二极管的控制；
(2) 能够掌握数制及进制的转换；
(3) 能够熟练掌握MCS-51单片机系统的执行过程。

3. 素质目标

(1) 培养严谨细致的工匠精神；
(2) 弘扬中华传统文化；
(3) 培养认真学习、勤于思考的习惯。

任务 1.1　点亮一个发光二极管

本任务主要是利用 MCS-51 单片机的输入/输出(I/O)口驱动一个发光二极管，运用 C51 编程点亮该发光二极管。

知识链接

1.1.1　51 系列单片机内部结构和引脚

1. 51 系列单片机内部结构

根据图 1-1 呈现的结构框图，51 系列单片机由中央处理器(CPU)、数据存储器(RAM)、程序存储器(ROM)、定时/计数器、I/O 口(P0～P3 口)、串行口、中断系统、总线系统等组成。

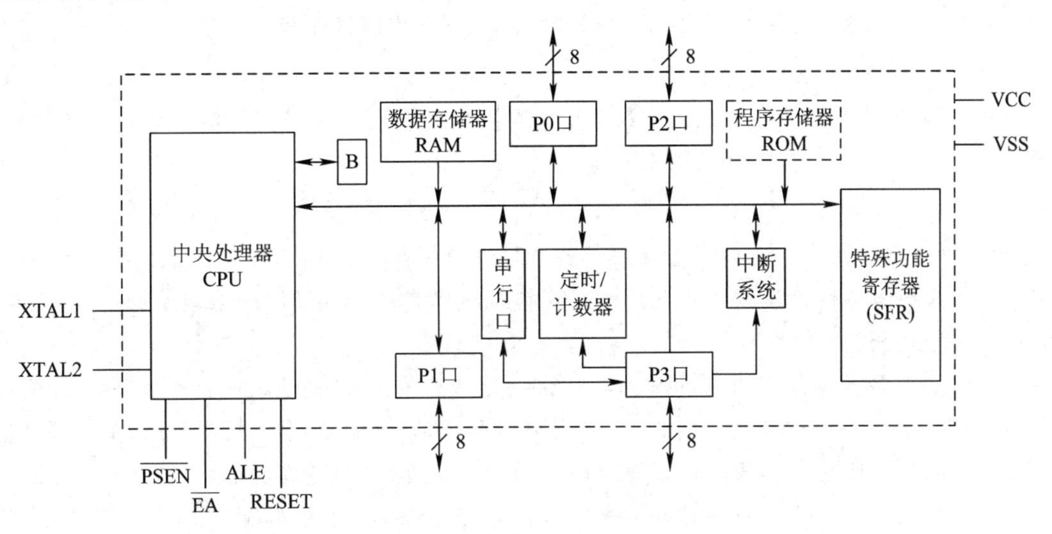

图 1-1　51 系列内部结构框图

1) 中央处理器(CPU)

CPU 是单片机的核心，用以完成运算和控制功能。运算由算术逻辑单元(ALU)为主的运算器完成。而控制则由包括时钟振荡器在内的控制器完成，其主要功能是对指令码进行译码，再在时钟信号的控制下，使单片机的内外电路能够按一定的时序协调有序地工作，执行译码后的指令。

2) 数据存储器(RAM)

51 系列单片机共有 256 个字节的 RAM 单元，但只有地址为 00～7FH 这低 128 个单元作为片内 RAM 使用，而高 128 个单元的一部分被特殊功能寄存器(SFR)占用。SFR 只有

18 个，共占用 21 个单元。其余未被占用的 107 个单元，用户不能够使用。

3）程序存储器(ROM)

51 系列单片机内有 4 KB 掩膜 ROM，这些只读存储器用于存放程序、原始数据或表格，所以称为程序存储器。在 8751 这款单片机片内则是有 4 KB 的 EPROM 型只读存储器。

4）定时/计数器

51 系列单片机内部有 2 个 16 位的定时/计数器 T0、T1，以完成定时和计数的功能。通过编程，T0(或 T1)还可以用作 13 位和 8 位定时/计数器。

5）I/O 口

51 系列单片机内部共有 4 个输入/输出口(一般又称为 I/O 口)，即 P0、P1、P2、P3 口，每个口都是 8 位。原则上 4 个口都可以作为通用的输入/输出口，但对于 8031 型单片机来说，其片内没有 ROM，需用 P0 口作为低 8 位地址、数据线的分时复用口，即相当于计算机的 AD0～AD7 线。而 P2 口作为高 8 位地址的复用口，即 A8～A15 地址线。P3 口各个引脚又有不同的第二功能，例如，读、写控制信号等。因此，只有 P1 口可作为通用的 I/O 口使用。另外，有时还需要在片外扩展 I/O 口。

6）串行口

51 系列单片机有一个全双工的串行口，以完成单片机和其他计算机或通信设备之间的串行数据通信。单片机使用 P3 口的 RXD 和 TXD 两个引脚进行串行通信。

7）中断系统

51 系列单片机内部有很强的中断功能，以满足控制应用的需要。其共有 5 个中断源，即外部中断源 2 个，定时/计数器中断源 2 个，串行中断源 1 个。

8）总线系统

51 系列单片机的总线系统是其内部各个模块之间进行通信和数据传输的重要组成部分。总线系统包括地址总线、数据总线、控制总线等多条线路，用于实现 CPU、存储器、I/O 等模块之间的数据交互。

(1) 地址总线(AB)。51 系列单片机内部的地址总线由 12 根线组成，可以寻址 4096 个地址空间。由 P0 口和 P2 口组成的 16 位地址总线(P0 口分时复用)，其中 P2 口提供高 8 位地址线。通过地址总线，CPU 可以访问内部和外部存储器、I/O 等设备。

(2) 数据总线(DB)。51 系列单片机内部的数据总线由 8 根线组成，由 P0 口提供，用于传输 8 位二进制数据。CPU 可以通过数据总线与存储器、I/O 等设备进行数据交互。

(3) 控制总线。51 系列单片机内部的控制总线由 3 根线组成，分别为读信号$\overline{RD}$、写信号$\overline{WR}$和地址锁存使能信号 ALE。读信号$\overline{RD}$用于读取数据，写信号$\overline{WR}$用于写入数据，ALE 信号用于锁存地址信息。通过控制总线，CPU 可以对存储器、I/O 等设备进行操作。

2. AT89S51 单片机的引脚

51 系列单片机一般采用 40 引脚双列直插封装(DIP)形式。以 AT89S51 为例，其 DIP 封装时的引脚图如图 1-2 所示，图 1-3 为其实物图。下面介绍各引脚的名称及功能。

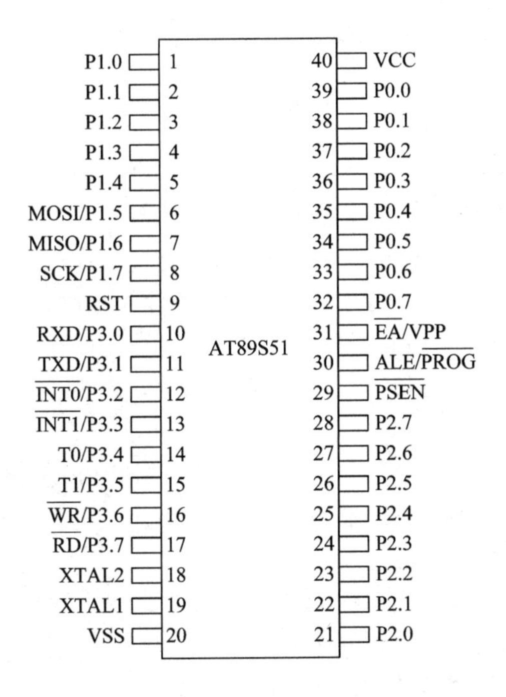

图 1-2　AT89S51 单片机引脚

图 1-3　AT89S51 芯片实物图

1）电源引脚 VCC 和 VSS

VCC：接+5V 电源。

VSS：接地。

2）时钟电路引脚 XTAL1 和 XTAL2

XTAL1：接外部石英晶体和微调电容的一端。在片内它是振荡器的反相放大器的输入。若使用外部时钟时，对于 HMOS 单片机，该引脚必须接地；对于 CHMOS 单片机，该引脚作为驱动端。

XTAL2：接外部石英晶体和微调电容的另一端，在片内它是振荡器的反相放大器的输出端。若使用外部时钟时，对于 HMOS 单片机，该引脚输入外部时钟脉冲；对于 CHMOS 单片机，此引脚应悬浮。

3）控制信号引脚 ALE、$\overline{\text{PSEN}}$、$\overline{\text{EA}}$ 和 RST

ALE/$\overline{\text{PROG}}$：地址锁存允许信号输入端。在存取片外存储器时，用于锁存低 8 位地址。当单片机上电正常工作后，ALE 端就周期性地以时钟振荡频率的 1/6 的固定频率向外输出正脉冲信号。第二功能 $\overline{\text{PROG}}$ 是对 87C51 编程时的编程脉冲输入端。

$\overline{\text{PSEN}}$：程序存储允许输出端。它是片外程序存储器的读选通信号，低电平有效。CPU 从外部程序存储器取指令时，$\overline{\text{PSEN}}$ 在每个机器周期中两次有效。但在访问片外数据存储器时，要少产生两次 $\overline{\text{PSEN}}$ 负脉冲信号。

$\overline{\text{EA}}$/VPP：程序存储器地址允许输入端。当 $\overline{\text{EA}}$ 为高电平时，CPU 执行片内程序存储器指令，但当 PC 中的值超过 0FFFH 时，将自动转向执行片外程序存储器指令。当 $\overline{\text{EA}}$ 为低电平时，CPU 只执行片外程序存储器指令。第二功能 VPP 用于 87C51 编程时输入编程电压。

RST：复位信号输入端。高电平有效，在此输入端保持两个机器周期的高电平后，就可以完成复位操作。

4）输入/输出引脚(I/O口)

单片机I/O接口又称为I/O端口(简称I/O口)或者I/O通道。I/O口是单片机与外围器件或者外部设备实现控制和信息交换的桥梁。51系列单片机有4个双向的8位并行I/O口，分别为P0、P1、P2和P3口，每个端口都各有8条I/O线，每个双向的I/O口都包含一个锁存器(专用寄存器P0、P1、P2和P3)、一个输出驱动器和一个输入缓冲器。由于P0、P1、P2和P3的地址是在特殊功能寄存器中，且地址单元能被8整除，它们既能按字节寻址又能按位寻址，因此这4个I/O口既可以并行输入/输出8位数据，又可以按位单独输入/输出一位数据。

P0口(P0.0～P0.7)：一个8位的准双向I/O口。在访问片外存储器时，它分时作为8位地址线和8位双向数据线。不作总线使用时，也可作普通I/O口。

P1口(P1.0～P1.7)：一个带内部上拉电阻的8位准双向I/O口。

P2口(P2.0～P2.7)：一个带内部上拉电阻的8位准双向I/O口。在访问片外存储器时，它作为高8位地址线。不作总线使用时，也可作普通I/O口。

P3口(P3.0～P3.7)：一个带内部上拉电阻的8位准双向I/O口。P3口除了作为一般准双向口使用外，每个引脚还具有第二功能(见表1-1)。

表1-1 P3口第二功能表

引 脚	第二功能
P3.0	RXD(串行输入口)
P3.1	TXD(串行输出口)
P3.2	$\overline{\text{INT0}}$(外中断0)
P3.3	$\overline{\text{INT1}}$(外中断1)
P3.4	T0(定时/计数器0的外部输入口)
P3.5	T1(定时/计数器1的外部输入口)
P3.6	$\overline{\text{WR}}$(外部数据存储器写选通)
P3.7	$\overline{\text{RD}}$(外部数据存储器读选通)

早期的MCS-51系列单片机采用NMOS工艺，而当时单片机外围电路通常都是TTL电路，因此必须充分考虑单片机I/O口的驱动能力。目前，单片机系统已进入全盘CMOS化时代，CMOS电路的输出驱动电流极微，通常不必考虑单片机I/O端口的驱动能力，只有在I/O端口作功率驱动(如LED驱动、可控硅驱动、继电器驱动)时，才考虑I/O口的驱动能力。

1.1.2 单片机的最小系统

单片机最小系统可以理解为用最少的外围器件组成的，可以正常工作的单片机系统。单片机最小系统通常包含单片机芯片、时钟电路、复位电路和电源电路。如图1-4所示为

8051单片机最小系统框图。由于其结构简单、体积小、功耗低和成本低，因此在简单的应用系统中得以广泛应用。

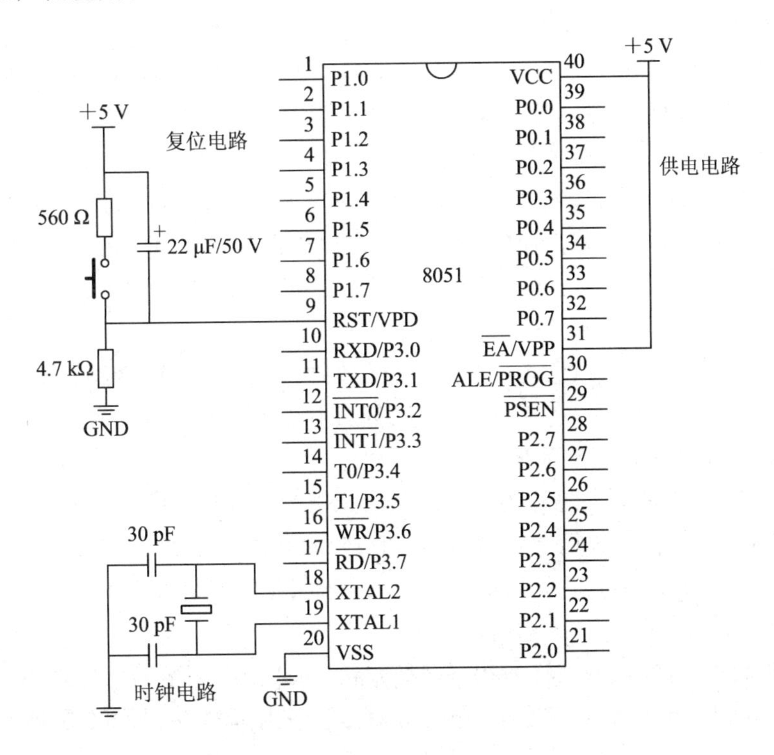

图1-4 8051单片机最小系统框图

1. 时钟电路及时钟信号

单片机时钟电路是为单片机提供工作所需要的时钟脉冲的电路，它可以使单片机内部每个部件之间协调一致的工作。51系列单片机的时钟信号通常由两种电路形式得到：内部振荡方式和外部振荡方式。在引脚XTAL1和XTAL2外接晶体振荡器(简称晶振)或陶瓷谐振器，就构成了内部振荡方式。由于单片机内部有一个高增益反相放大器，因此当外接晶振后，就构成了自激振荡器并产生振荡时钟脉冲。80C51时钟内部振荡方式电路如图1-5(a)所示，外部振荡方式电路如图1-5(b)所示。

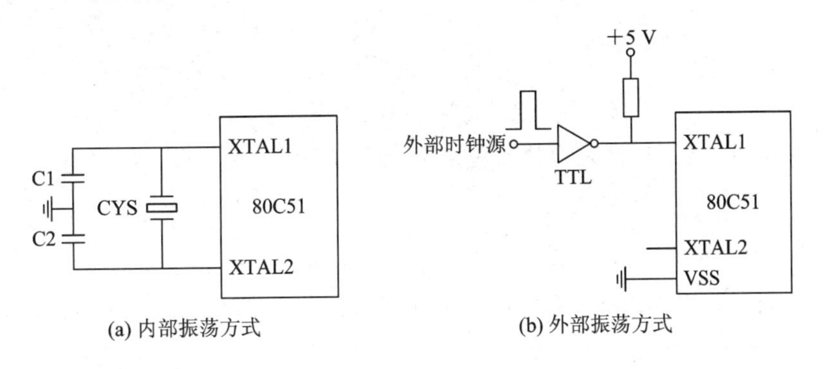

图1-5 80C51时钟电路图

时钟振荡器通过引脚XTAL2、XTAL1与外接谐振器CYS、振荡电容C1和C2相连。

C1 和 C2 一般取 30 pF 左右，振荡频率范围是 1.2～12 MHz，而在通常情况下，51 系列单片机使用的晶振频率为 6 MHz 或 12 MHz，在通信系统中常用 11.0592 MHz。

谐振器的振荡信号从 XTAL2 端送到内部时钟电路上，时钟电路中对振荡信号二分频，并向 CPU 提供两相时钟信号 P1 和 P2。时钟信号的周期称为状态时间 S，它是振荡周期的 2 倍，在每个状态的前半周期，P1 信号有效；在每个状态的后半周期，P2 信号有效。CPU 就以两相时钟 P1 和 P2 为基本节拍指挥单片机各部分协调工作。

在由多片单片机组成的系统中，为了各单片机之间时钟信号的同步，常采用外部时钟方式，引入唯一公用的外部时钟信号作为各单片机的振荡脉冲。此时，外部信号接入 XTAL1 端，XTAL2 端悬空不用，对外部时钟信号的占空比没有要求，高低电平持续时间应不小于 20 ns。

单片机时序是指单片机执行指令时应发出的控制信号的时间序列，这些控制信号在时间上的相互关系就是 CPU 的时序，它是一系列具有时间顺序的脉冲信号。为了便于分析 CPU 的时序，要理解以下几个周期的概念。

(1) 振荡周期。振荡周期也称为晶振周期，是指为单片机提供时钟信号的振荡源的周期(晶振周期或者外加振荡源周期)。振荡周期可以理解为单片机外接晶振频率的倒数(例如晶振频率为 12 MHz，则其时间周期为 1/12 μs)。振荡周期是单片机中最基本、最小的时间单位。

(2) 时钟周期。时钟周期又称为状态周期或状态时间 S，是振荡周期的 2 倍，它分为 P1 节拍和 P2 节拍，P1 节拍通常完成算术逻辑操作，而内部寄存器间传送通常在 P2 节拍完成。

(3) 机器周期。一个机器周期由 6 个状态(12 个振荡脉冲)组成，若把一条指令的执行过程分成几个基本操作，则完成一个基本操作所需的时间称为机器周期。晶振周期、状态、机器周期关系图如图 1-6 所示。

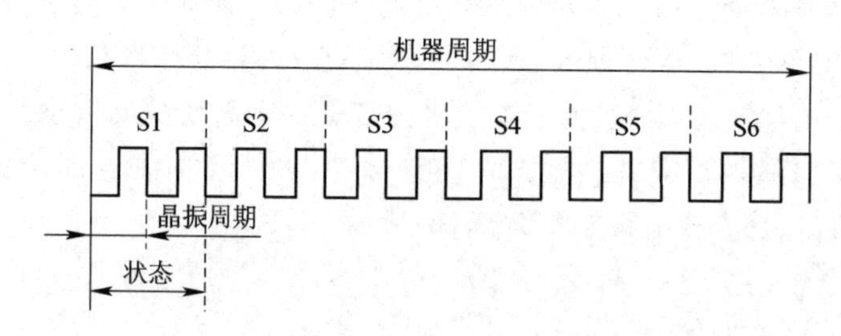

图 1-6　晶振周期、状态、机器周期关系图

(4) 指令周期。指令周期是指执行一条指令所占用的全部时间，通常由 1～4 个机器周期组成。

2. 复位电路及复位状态

单片机在启动运行前需要复位，使中央处理器和系统中其他部件都处于一个确定的初始状态，单片机从这个状态开始工作。

51 系列单片机的复位输入引脚 RST 提供了初始化的手段，在 51 系列单片机时钟电路工作之后，只要保证在 RST 引脚上出现两个机器周期以上的高电平，就能确保单片机可靠复位。

1) 复位后各寄存器的初始状态

80C51单片机复位后各内部寄存器的初始状态见表1-2。

表1-2　80C51单片机复位后各内部寄存器的初始状态

内部寄存器	初始状态	内部寄存器	初始状态
PC	0000H	TCON	00H
ACC	00H	TMOD	00H
B	00H	TH0	00H
PSW	00H	TL0	00H
SP	07H	TH1	00H
DPTR	0000H	TH1	00H
P0～P3	FFH	SCON	00H
IP	×××00000B	SBUF	不定
IE	0××00000B	PCON	0×××××××B

2) 复位电路

单片机系统除了在刚通电(上电)后必须自动复位外，在系统工作异常等特殊情况下，也可以人为地使系统复位或通过“看门狗”使系统复位，复位是由外部复位电路实现的。

(1) 上电自动复位方式。对于80C51单片机来说，只要在RST复位端接一个电容至VCC和一个电阻至VSS即可。上电自动复位电路如图1-7所示。在加电瞬间，RST端出现一定时间的高电平，只要高电平保持的时间足够长，就可以使51系列单片机有效复位。

(2) 人工复位方式。除了上电自动复位以外，有时还需要人工复位，即将一个按钮开关并联于上电自动复位电路，如图1-8所示，按一下开关就会在RST端出现一段时间的高电平，使单片机复位。当时钟频率(晶振频率)选用6 MHz时，C取22 μF，R1约为200 Ω，R2约为1 kΩ。

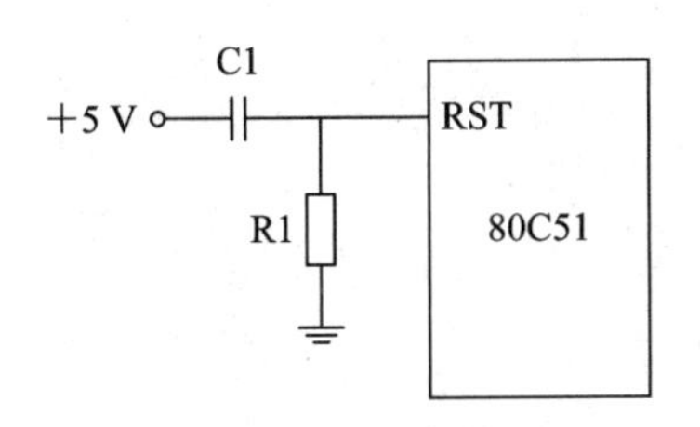

图1-7　上电自动复位电路

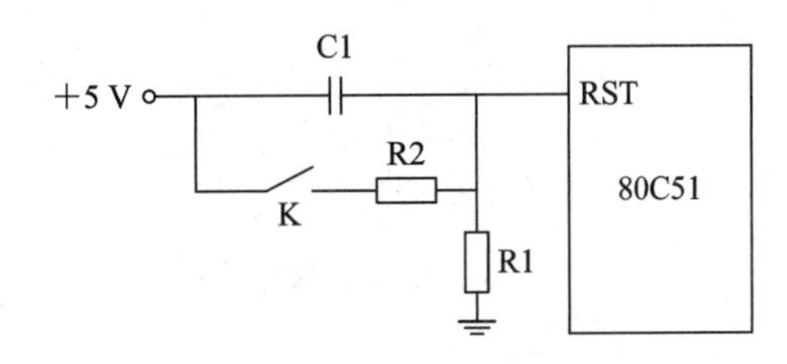

图1-8　人工手动复位电路

(3) “看门狗”复位方式。如图1-9(a)所示为采用MAX705芯片的多功能复位电路图。除能实现上电自动复位和人工复位外，还可实现“看门狗”复位。51系列单片机定时向单稳电路产生触发脉冲，使单稳电路保持暂态。当单片机程序出现死循环，不产生触发脉冲时，电路便转入稳态，产生复位信号，使单片机复位。图1-9(b)所示为MAX705芯片引脚图。MAX705芯片是一种多功能的复位芯片，广泛应用于单片机接口电路中。

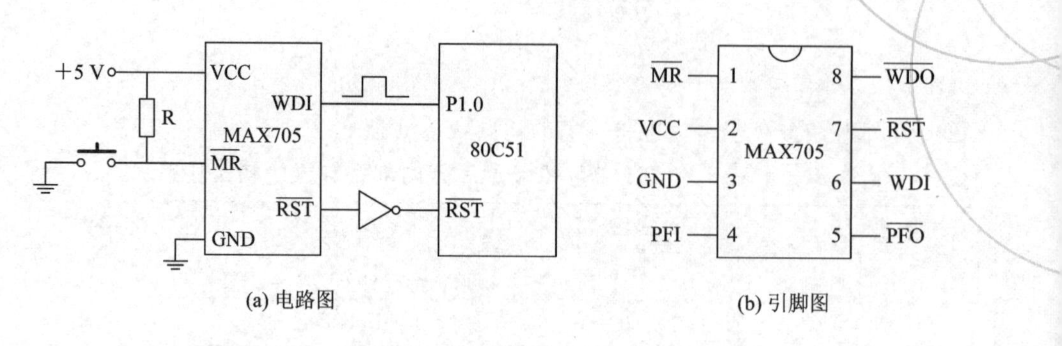

图 1-9　MAX 705 芯片多功能复位电路及引脚图

1.1.3　发光二极管原理

发光二极管(LED)是最简单的输出设备，图 1-10 为发光二极管结构图。LED 的内部是一个 PN 结的晶片，整个晶片被环氧树脂封装起来。LED 的短引脚是负极，长引脚是正极，发光二极管具有单向导电性，即当 PN 结处于正向导通状态，电流从正极流向负极时，LED 就发出不同颜色的光线，反之，LED 截止，不会发光。LED 发光的强弱与电流大小有关，光的颜色由半导体的材料决定，有红、绿、蓝、黄等颜色。

如图 1-11 所示，电路电压为 5 V，LED 的工作电压一般取 1.7 V(红色为 1.6～1.8 V，绿色约为 2 V)，所以电路中需要增加限流电阻，阻值约为 1 kΩ，则流过 LED 的电流为 3.3 mA，LED 能够正常工作发光。

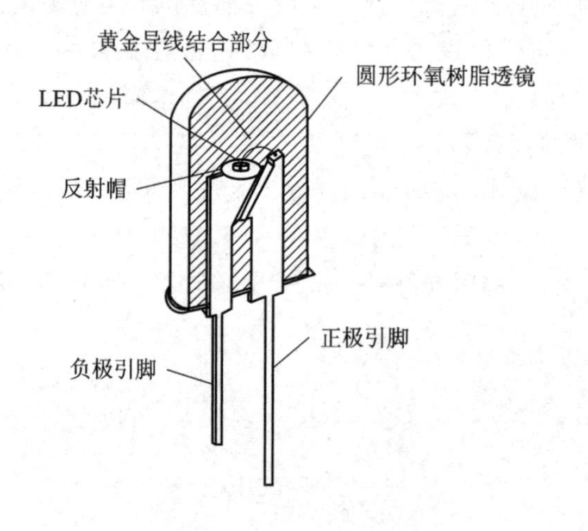

图 1-10　发光二极管结构图

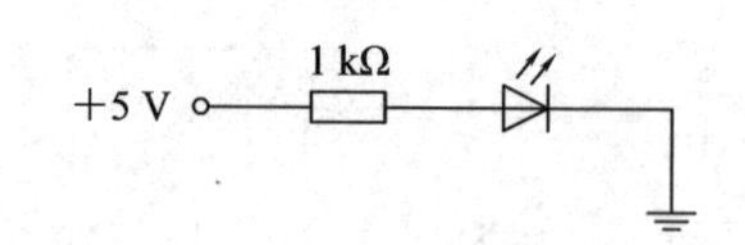

图 1-11　发光二极管点亮原理图

1.1.4　本任务 C 语言知识

1. 文件包含处理

在程序中引用头文件，实际上就是将这个头文件中已经定义好的内容引入所编写的代码中。将头文件加入所编写的代码中有两种方法：＃include＜reg51.h＞和＃include "reg51.h"。通常习惯上用＃include＜reg51.h＞这种方法来包含头文件。

C51语言中常用的头文件有：reg51.h、reg52.h、math.h、stdio.h、intrins.h等。reg51.h和reg52.h里面的大部分内容一样，只是C52单片机比C51单片机多了一个定时器，所以在reg52.h头文件里多了关于定时器2的定义，而大部分情况下，两者使用时没有区别。

2. C51数据类型扩充定义

单片机内部有很多特殊功能寄存器(Special Function Register)，每个寄存器在单片机内部都分配有唯一的地址，一般会根据寄存器功能的不同给寄存器赋予不同的名称。当需要在程序中操作这些特殊功能寄存器时，必须在程序的最前面对这些名称加以声明，也就是将这个寄存器的地址编号赋给这个名称，这样编译器在以后的程序中才能找到这些名称所对应的寄存器。与51系列单片机特殊功能寄存器相关的数据类型是C51的扩充数据类型，分别是sfr类型、sfr16类型、bit类型和sbit类型。

(1) sfr类型：即特殊功能寄存器类型。sfr类型占用一个内存单元，值域为0～255，利用它可以访问51系列单片机内部的所有特殊功能寄存器。例如：sfr P1=0x90是定义“P1”为P1端口在片内的寄存器，后面可以使用类似P1=0xff(对P1端口的所有引脚置高电平)这样的语句来操作特殊功能寄存器。

(2) sfr16类型：即16位特殊功能寄存器类型，占用两个内存单元，值域为0～65 535。sfr16和sfr一样用于操作特殊功能寄存器，所不同的是sfr16用于操作占两个字节的寄存器。

(3) bit类型：即位变量类型。利用它可定义位变量，但不能定义位指针，也不能定义位数组。它的值是一个二进制位，不是0就是1，类似高级语言Boolean类型中的True和False。

(4) sbit类型：即可寻址位类型。利用它可以访问芯片内部RAM中的可寻址位或特殊功能寄存器中的可寻址位。例如sfr P1=0x90可以用sbit类型定义为sbit P1_1=P1.1(定义“P1_1”为P1中的P1.1引脚)，同样可以用P1.1引脚的地址去写sbit P1_1=0x91(因为P1.1引脚地址为0x91)，这样在以后的程序语句中就可以用P1_1来对单片机P1.1引脚进行读写操作了。

上述这些声明大部分已经包含在单片机的特殊功能寄存器声明头文件“reg51.h”中了，故一般不需要去重新定义。但根据C语言中的变量命名规则，在进行位寻址的时候不能直接采用单片机端口号P1.1作为变量名，而需要运用sbit进行位定义。

任务实施

1. 硬件设计

LED具有单向导电性，一般通过5～10 mA的电流即可发光，电流越大，亮度越强，但是若电流太大，则会烧毁LED。因此，通常会给LED串联一个电阻，以控制通过LED的电流大小，让LED在正常的工作范围内工作。任务具体要求：运用单片机I/O中的一位来控制一个发光二极管，点亮即可。如图1-12所示为LED与单片机连接图，图中用P1.0端口控制发光二极管，P1.0连接发光二极管的负极。

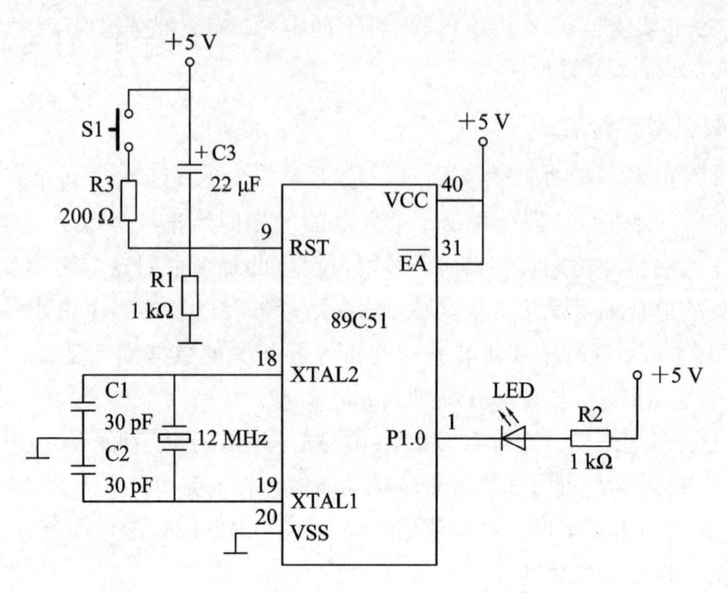

图1-12　LED与单片机连接图

2. 软件设计

任务要求点亮图1-12中的发光二极管，下面以点亮P1.0所接LED灯为例介绍软件设计。参考程序如下：

```
/*********************************************
程序名称：program1-1.c
程序功能：一位发光二极管亮的控制
*********************************************/
#include <reg51.h>        //包含头文件reg51.h，定义了单片机的特殊功能寄存器
sbit  P1_0=P1^0;          //定义位名称
void main()               //主函数
{
  while(1)
  {
    P1_0=0;               //点亮LED灯
  }
}
```

3. Proteus仿真调试

系统仿真调试过程和步骤可参见项目0，这里不再赘述。通过仿真调试可以呈现LED1被点亮的结果，在此过程中需要严谨、耐心地调试程序，达到控制LED1亮的效果。Proteus仿真电路图如图1-13所示。

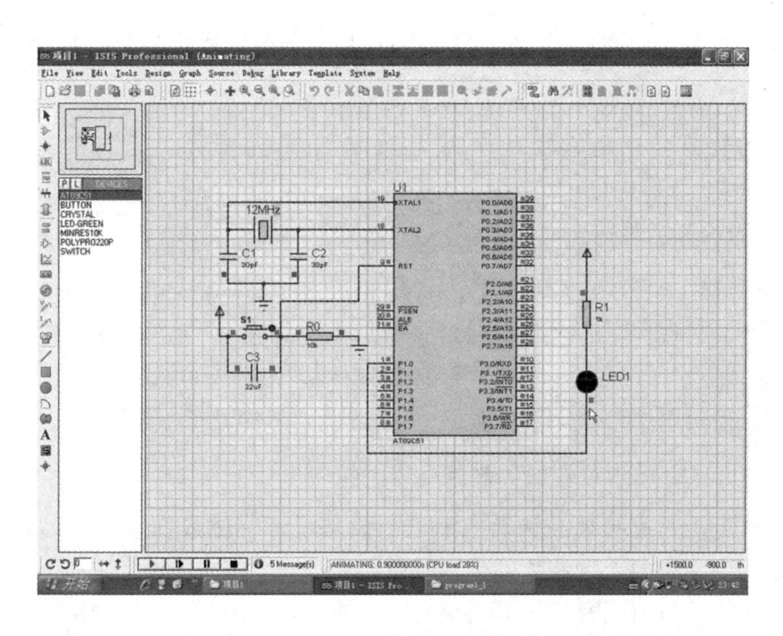

图 1－13　Proteus 仿真电路图

4. 拓展思考

掌握了如何点亮一只发光二极管以后，那么想要点亮多只发光二极管除了进行位定义以外，还有什么方法能实现呢？

任务 1.2　发光二极管闪烁控制

本任务主要是控制 P 口引脚反复输出高低电平，让 P 口引脚上所连的 LED 灯呈现闪烁动态效果。

知识链接

1.2.1　数制及转换

计算机内部采用二进制表示各种数据，对于单片机而言，其主要的数据类型分为数值数据和逻辑数据两种。下面分别介绍数值的概念和各种数据的机内表示、运算等知识。

按进位的原则计数，称为进位计数制，简称数制。数制有多种，在计算机中常使用的有二进制、十进制、十六进制。

1. 十进制数

十进制数的特点：一个是其由 0、1、2、…、9 十个基本数字组成；另一个是其运算按“逢十进一”的规则进行。

D(Decimal)表示十进制数，一般D可省略，即无后缀的数字为十进制数。

2. 二进制数

二进制数的特点：一是它由两个基本数字0、1组成；二是它的运算规律是“逢二进一”。

B(Binary)表示二进制数。

3. 十六进制数

十六进制数的特点：一是它由0～9十个基本数字以及A、B、C、D、E、F六个字母组成(它们分别表示数字10～15)；二是它的运算规律是“逢十六进一”。

H(Hexadecimal)表示十六进制数。

4. 十进制数与二/十六进制数的转换

二进制数或者十六进制数要转换成十进制数是将每一位数字乘以它的权2^n或者16^n，再相加就可以得到相应的十进制数的值。

【例1-1】 $(10101.101)_2 = 1\times2^4+0\times2^3+1\times2^2+0\times2^1+1\times2^0+1\times2^{-1}+0\times2^{-2}+1\times2^{-3} = (21.625)_{10}$

十六进制转换成十进制：

$$(1F2A)_{16}=1\times16^3+15\times16^2+2\times16^1+10\times16^0=(7978)_{10}$$

十进制数转换成二进制数是将整数部分按“倒序除2取余法”的原则进行转换的；小数部分是按“顺序乘2取整法”的原则进行转换的，如图1-14所示。

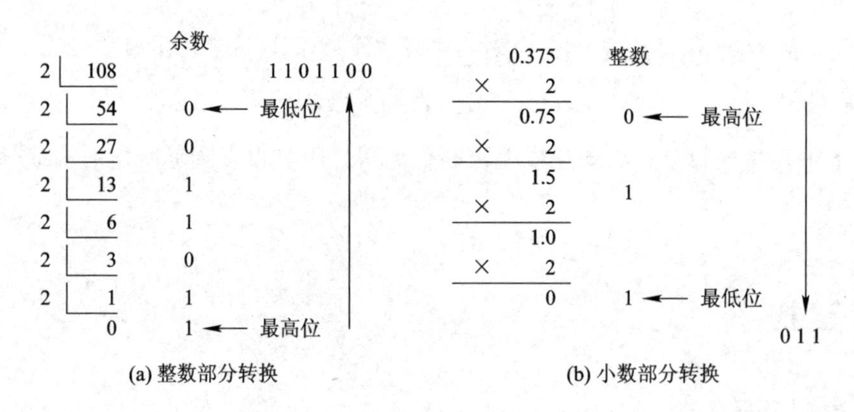

图1-14　十进制数转二进制数

5. 二进制数与十六进制数的转换

由于4位二进制数恰好有16个组合状态，因此1位十六进制数与4位二进制数是一一对应的。

当二进制数转换成十六进制数时，对于整数，从最右侧开始，每四位二进制数划为一组，用一位十六进制数代替。

【例1-2】 $(11010101111101)_2=(0011,0101,0111,1101)_2=(357D)_{16}$

十六进制数转换成二进制数时，一位十六进制数用四位二进制数来替换。

【例1-3】 $(4B9E)_{16}=(0100,1011,1001,1110)_2=(100101110011110)_2$

数的表示方法见表1-3。

表1-3 数的表示方法

机器数		真值(十进制)			
二进制数码	十六进制表示	无符号数	原码	反码	补码
00000000	00H	0	+0	+0	+0
00000001	01H	1	+1	+1	+1
00000010	02H	2	+2	+2	+2
…	…	…	…	…	…
01111110	7EH	126	+126	+126	+126
01111111	7FH	127	+127	+127	+127
10000000	80H	128	-0	-127	-128
10000001	81H	129	-1	-126	-127
…	…	…	…	…	…
11111110	0FEH	254	-126	-1	-2
11111111	0FFH	255	-127	-0	-1

6. ASCII码

ASCII码(美国信息标准代码)是一种国际通用文字符号代码。微型计算机普遍采用的是ASCII码(见附录C)。ASCII码是一种8位代码，最高位一般用于奇偶校验，用其余7位二进制码对128个字符进行编码。它包括10个十进制数0～9、大写和小写英文字母各26个、32个通用控制符号、34个专用符号，共128个字符。其中数字0～9的ASCII编码分别为30H～39H，英文大写字母A～Z的ASCII编码从41H开始依次编至5AH。ASCII编码从20H～7EH均为可打印字符，而00H～1FH为通用控制符，它们不能被打印出来，只起控制或标志的作用，如0DH表示回车(CR)，0AH表示换行控制(LF)，04H为传送结束标志(EOT)。

1.2.2 本任务C语言知识

1. 常量

在程序运行过程中，其值不变的量称为常量。程序中不必对常量进行任何说明就可以使用。使用常量的时候，可以直接给出常量的值，如1、22、56等，也可以用一些符号来代替常量的值，称之为“符号常量”。

符号常量是我们自己用符号定义的，例如程序：

```
#include <reg51.h>
#define LED1 0xfe
void main()
{
  P1=LED1;
}
```

该程序第二行使用宏定义将0xfe这个十六进制常量定义成LED1这个符号常量，以后程序中凡是出现LED1的地方就相当于是0xfe了，这样虽然写起来比较麻烦，但是含义清晰。在书写程序的时候，我们常会用一些更容易识别的符号去代替一些不易识别的符号，另外，在修改常量时能做到一改全改，很是便捷。

2. 变量

变量是指在程序的运行过程中其值可以改变的量。变量都应命名，该名称为变量名。变量名命名时只能包含字母、数字和下划线。变量在内存中占据一定的存储单元，这些存储单元用来存放数据(就是变量的值)。在C51语言中，所有的变量都存储在RAM中，因为RAM是随机存储器，所以在RAM区的值才能被不断修改。C语言规定，在每次使用一个变量之前，都要对变量进行定义才能够使用。而每次定义一个变量之前都要对这个变量进行说明，说明这个变量是什么数据类型的，长度是多长，占的内存是多少，好让编译器根据数据类型来分配存储空间。

例如：

```
unsigned int a;
```

定义a是个无符号的整型变量，所占内存是2个字节，长度是8位。这样编译器会根据程序的定义，在RAM中开辟一个2字节长的空间来存储数据，这个空间的名字是a，a里面默认是0，但这个空间的值可以根据赋值随时间改变。

3. 赋值

赋值运算符为“=”，赋值运算就是把赋值号右边的值赋给左边的变量。

例如：

```
P1=0xfe;
```

就是把数据0xfe传递给P1，这样单片机的P1口输出值即为十六进制数fe。

4. 宏定义

#define宏定义就是把#define后面的变量重新定义成一个新的名称。

例如：

```
#define LED1 0xfe
```

重新给0xfe起一个名字，而这个新名字就是“LED1”，这样“0xfe”就可以用“LED1”来代替了。需要注意的是宏定义后面没有分号，且对于同一个内容，宏定义只能定义一次，否则编译器会报错。

5. for循环语句

格式：

```
for(表达式 1; 表达式 2; 表达式 3)
{
    循环体语句;
}
```

"表达式 1"为 for 循环三要素中的初始化变量，"表达式 2"为 for 循环三要素中的循环控制条件，"表达式 3"为 for 循环三要素中的循环变量的修改量，{}中为循环体语句。

例如：

```
for(i=0; i<100; i++);
```

它的执行过程为计算表达式 1，进行初始化，执行 i=0，i 的值就等于 0。其次再看表达式 2，如果循环条件成立，即满足 i<100，就会进入循环体，去执行循环语句。执行完循环体再计算表达式 3 后再次判断表达式 2，如果还成立就继续执行循环体，一直到 i=100，不再满足循环条件后，退出循环。

6. 移位指令

1) 左移运算

左移运算"<<"的功能是将一个二进制数的各位依次左移 n 位。在左移运算中，高位移出舍弃，低位补 0。例如：

X<<1	1100	1101
	1001	1010

【例 1-4】　假设流水灯初始值为"w=0000 0001B"，取反"~w=1111 1110B"送 P1 端口输出，将 LED0 点亮，再依次左移分别点亮八盏灯。

```
unsigned char ctr=0000 0001;
P1=~ctr;
```

将 ctr 左移一位：

```
ctr<<=1;
```

2) 右移运算

右移运算">>"的功能是将一个二进制数的各位依次右移 n 位。在右移运算中，低位移出舍弃，高位补 0。

任务实施

1. 硬件设计

1) 闪烁原理

控制发光二极管按照点亮、延时一段时间、熄灭、延时一段时间、点亮的顺序控制，就会形成闪烁效果。闪烁的快慢与发光二极管点亮、熄灭的时间有关。如果时间太短，则可能无法分辨；而时间太长，闪烁速度太慢则会影响效果。因此发光二极管点亮与熄灭的时间需要控制在合适范围内。这个时间不需要特别准确，可以用延时程序来实现，称其为软件延时。

2）信号灯闪烁控制硬件设计

选用 8 只发光二极管，使发光二极管工作在通过电流为 4～10 mA 状态下。由于单片机 I/O 口的低电平驱动能力较强，因此使用低电平使发光二极管点亮，使用高电平使发光二极管熄灭。信号灯的硬件电路图如图 1－15 所示。

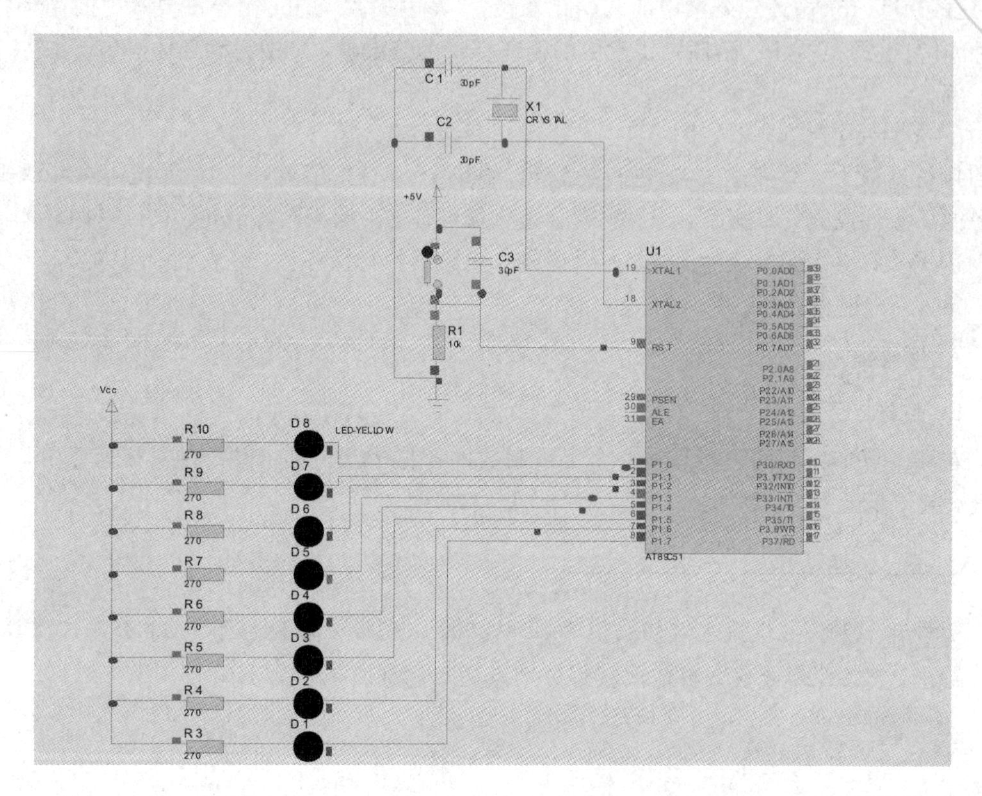

图 1－15　信号灯的硬件电路图

2. 软件设计

1）一只 LED 灯闪烁程序

采用图 1－15 的连接方式，控制 P1.0 所接灯呈现闪烁效果。首先点亮 P1.0 所接 LED 灯，延时一段时间后再熄灭，延时一段时间后再点亮，延时一段时间后再熄灭，如此循环，形成 LED 灯闪烁的效果。参考程序如下：

```
/*****************************************
程序名称：program1-2.c
程序功能：一只 LED 闪烁的控制
*****************************************/
#include <reg51.h>                //包含头文件 reg51.h，定义了单片机的特殊功能寄存器
sbit  P1_0=P1^0;                  //定义位名称
void main()                       //主函数
{
    while(1)
    {
```

```
        P1_0=0;                    //点亮 LED 灯
        Delay(500);                //调用延时函数
        P1_0=1;                    //熄灭 LED 灯
        Delay(500);                //调用延时函数
    }
}
/****************************************
函数名称：Delay
函数功能：延时一定时间
****************************************/
void Delay(unsigned char i)
{
  unsigned char i, j;
  for(k=0; k=i; k++)
  for(j=0; j<255; j++)
     ;
}
```

2) 八只 LED 灯闪烁程序

针对八只 LED 灯闪烁控制也是一样的原理，首先点亮 P1 口所接八只 LED 灯，延时一段时间后再熄灭，延时一段时间后再点亮，如此循环，形成八只 LED 灯闪烁的效果。参考程序如下：

```
/****************************************
程序名称：program1-3.c
程序功能：八只 LED 闪烁的控制
****************************************/
#include <reg51.h>              //包含头文件 reg51.h
void main()                     //主函数
{
    while(1)
    {
      P1=0x00;                  //点亮 LED 灯，采用字节整体控制
      Delay(500);               //调用延时函数
      P1=0xff;                  //熄灭 LED 灯
      Delay(500);               //调用延时函数
    }
}
/****************************************
函数名称：Delay
函数功能：延时一定时间
****************************************/
void Delay(unsigned char i)
```

```
{
    unsigned char i, j;
    for(k=0; k=i; k++)
    for(j=0; j<255; j++)
      ;
}
```

3. 仿真调试

通过仿真调试可以呈现八只灯一闪一闪的效果，在此过程中需要细心、耐心地调试程序，最终达到所要效果。信号灯仿真电路图如图1-16所示。

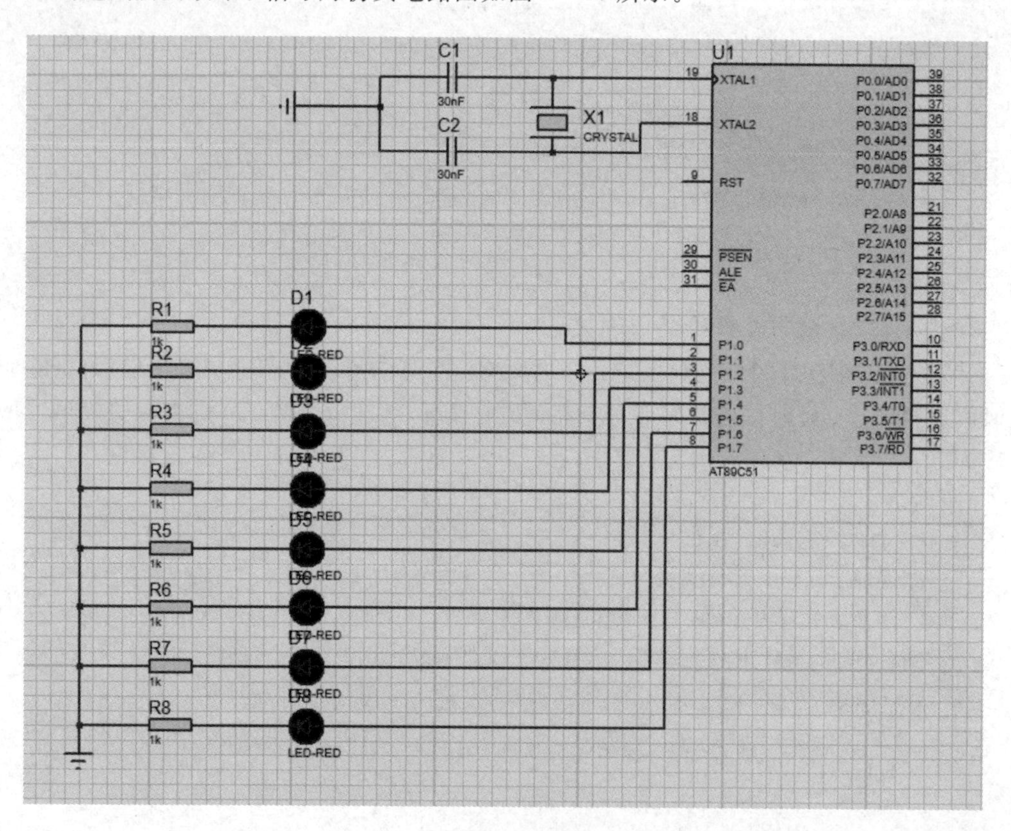

图1-16　信号灯仿真电路图

P1口所接八只LED灯，逐步点亮这些LED灯，从一只开始，每次增加一只灯，直到点亮八只灯为止，让其呈现流水般效果，实施过程同上述闪烁效果控制。参考程序如下：

```
/*************************************************
程序名称：program1-4.c
程序功能：流水灯的控制
*************************************************/
#include <reg51.h>              //包含头文件reg51.h，定义了单片机的特殊功能寄存器
void main()                     //主函数
{
```

```
    while(1)
    {
      P1=0xfe;              //点亮一只LED灯
      Delay(500);           //调用延时函数
      P1=0xfc;              //点亮两只LED灯
      Delay(500);
      P1=0xf8;              //点亮三只LED灯
      Delay(500);
      P1=0xf0;              //点亮四只LED灯
      Delay(500);
      P1=0xe0;              //点亮五只LED灯
      Delay(500);
      P1=0xc0;              //点亮六只LED灯
      Delay(500);
      P1=0x80;              //点亮七只LED灯
      Delay(500);
      P1=0x00;              //点亮八只LED灯
      Delay(500);
    }
}
```

4. 拓展思考

在上述信号灯设计的基础上，考虑如何编程，将1、3、5、7与2、4、6、8发光二极管交替点亮。

任务1.3　设计与制作霓虹灯

霓虹灯效果花样种类繁多，不同效果均可通过编程来实现。本任务尝试设计实现其中一种效果：单片机连接8个发光二极管，让这些发光二极管从外到内点亮，再由内到外点亮，最后再闪烁三次，整个过程将循环往复。学习任务单附本项目最后。

任务实施

1. Proteus设计与仿真

1）仿真电路图

通过仿真调试可以呈现动态效果，在此过程中需要严谨、耐心地调试程序，最终达到所要效果。霓虹灯控制仿真电路图如图1-17所示。

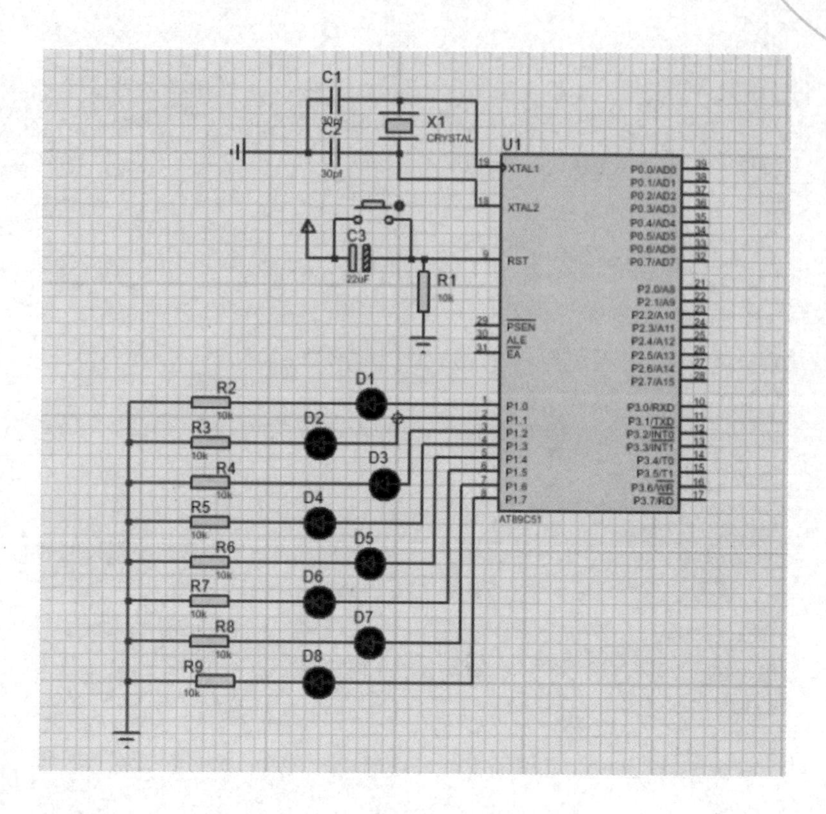

图 1-17　霓虹灯控制仿真电路图

2) 参考程序

图 1-17 仿真电路图中用 P1 口连接 LED 灯的正极，因此 P1 口输出高电平信号时灯会被点亮。参考程序如下：

```
/* * * * * * * * * * * * * * * * * * * * * * * * * * * * * * * * * * * * * * * *
程序名称：program1-5.c
程序功能：霓虹灯效果的控制
* * * * * * * * * * * * * * * * * * * * * * * * * * * * * * * * * * * * * * * */
#include <reg51.h>
#define uchar unsigned char          //宏定义用 uchar 表示 unsigned char
#define uint unsigned int
void main()                          //主函数
{
    uchar i;
    while(1)
    {
      P1=0x81;                       //将信号 1000 0001 送至 P1 口，点亮 1 和 8 灯
      delay(100);                    //调用延时函数，延时函数同前
      P1=0x42;                       //点亮 2 和 7 灯
      delay(100);
      P1=0x24;                       //点亮 3 和 6 灯
```

```
        delay(100);
        P1=0x18;                //点亮4和5灯
        delay(100);
        P1=0x24;                //点亮3和6灯
        delay(100);
        P1=0x42;                //点亮2和7灯
        delay(100);
        P1=0x81;                //点亮1和8灯
        delay(100);
        for(i=0; i<3; i++)      //闪烁三次
        { P1=0x00;
          delay(10);
          P1=0xff;
          delay(10);
        }
      }
    }
```

2. 霓虹灯焊接调试

1) 制作信号灯的电路板

在确保设备、人身安全的前提下，学生按计划分工进行霓虹灯的制作和调试工作。首先进行PCB制板，如学过制版课程，可自行制版；如没有学过，则使用教师提前准备好的板或采用万能板制作均可。列出所需元件清单，如表1-4所示。准备好所需元件及焊接工具(电烙铁、焊锡丝、镊子、斜口钳、万用表等)，开始制作霓虹灯硬件电路板，如图1-18所示。

图1-18　霓虹灯硬件电路板

表1-4　元件清单

序　号	元件名称	规格型号	数　量
1	单片机	AT89S51	1个
2	晶振	12 MHz	1个
3	电容	30 pF瓷片电容	2个
		10 μF、16 V电解电容	1个
4	电阻	10 kΩ	1个
		330 Ω	8个
5	发光二极管	共阳极	8个

2) 硬件电路测试

焊接完成后要进行硬件电路的测试，具体包括：

(1) 测试单片机的电源和地是否正确连接。

(2) 测试单片机的时钟电路和复位电路是否正常。

(3) 测试 LED 灯连接电路是否正确。

(4) 测试下载口界限是否正确。

小组反复讨论、分析并调试好单片机系统的硬件。

3) 联机调试

将已通过仿真的软件程序下载到单片机中，运行程序，观察结果，看是否运行正常，如不正常，查找原因，解决问题。

【项目小结】

本项目由简易的一位 LED 的点亮控制到复杂的霓虹灯设计与制作，把单片机基本结构、最小应用系统等知识融入任务中，以此提升学习单片机控制系统的应用能力。学完本项目应掌握单片机基础知识、单片机最小系统、单片机控制系统设计与调试过程等内容。

通过本项目的学习，对于单片机最小系统有了更深的认识，对于如何控制 LED 灯多种效果也进行了具体实践。在项目的整个实施过程中，培养了学生严谨细致的工匠精神，耐心和细心的态度，也在一定程度上弘扬了中华民族优良传统文化。学习任务单见表 1－5，项目考核评价表见表 1－6。

【思考练习】

一、填空题

1. 单片机系统复位后，PC=________，SP=________。

2. 若单片机采用低电平驱动方式驱动 LED 灯，当对应引脚输出________电平时，LED 灯亮；输出________电平时，LED 灯灭。

3. 要想肉眼能观察到一个 LED 灯的闪烁效果，需在程序中加入________程序设计。

4. 51 系列单片机中，需要外接上拉电阻 I/O 口的是________。

二、思考题

1. 80C51 单片机的输入/输出端口分成几组，每个端口功能有哪些？

2. 80C51 单片机的时钟周期、机器周期、指令周期是如何分配的，当晶振频率为 12 MHz 时，一个机器周期为多少微秒？

3. 将二进制数 11011B 转换为十进制数，将十六进制数 3F1BH 转换成二进制数。

4. 将二进制数 110110101 转换成十六进制数，将十进制数 17 转换成二进制数。

表1-5　学习任务单

<table>
<tr><td colspan="4">单片机应用技术学习任务单</td></tr>
<tr><td colspan="3">项目名称：项目1　霓虹点亮——夯实基础</td><td>专业班级：</td></tr>
<tr><td colspan="3">组别：</td><td>姓名及学号：</td></tr>
<tr><td>任务要求</td><td colspan="3"></td></tr>
<tr><td>系统
总体设计</td><td colspan="3"></td></tr>
<tr><td>仿真调试</td><td colspan="3"></td></tr>
<tr><td>成品
制作调试</td><td colspan="3"></td></tr>
<tr><td>心得体会</td><td colspan="3"></td></tr>
<tr><td rowspan="2">项目
完成确认</td><td>学生签字</td><td colspan="2">年　月　日</td></tr>
<tr><td>教师签字</td><td colspan="2">年　月　日</td></tr>
</table>

表1-6 项目考核评价表

<table>
<tr><td colspan="5">项目考核评价表</td></tr>
<tr><td colspan="3">项目名称：项目1 霓虹点亮——夯实基础</td><td colspan="2">专业班级：</td></tr>
<tr><td colspan="3">组别：</td><td colspan="2">姓名及学号：</td></tr>
<tr><td>考核内容</td><td colspan="2">考核标准</td><td>标准分值</td><td>得分</td></tr>
<tr><td>课程思政</td><td>育人成效</td><td>根据该同学在线上和线下学习过程中：
(1) 家国情怀是否体现；
(2) 工匠精神是否养成；
(3) 劳动精神是否融入；
(4) 职业素养是否提升；
(5) 安全责任意识是否提高；
(6) 哲学思想是否渗透。
教师酌情给出课程思政育人成效的分数</td><td>20</td><td></td></tr>
<tr><td rowspan="5">线上学习</td><td>资源学习</td><td>根据线上资源学习进度和学习质量酌情给分</td><td>10</td><td></td></tr>
<tr><td>预习测试</td><td>根据线上项目测试成绩给分</td><td>5</td><td></td></tr>
<tr><td>平台互动</td><td>根据课程答疑中的互动数量酌情给分</td><td>10</td><td></td></tr>
<tr><td>虚拟仿真</td><td>根据虚拟仿真实训成绩给分，可多次练习，取最高分</td><td>10</td><td></td></tr>
<tr><td>在线作业</td><td>应用所学内容完成在线作业</td><td>7</td><td></td></tr>
<tr><td rowspan="4">线下学习</td><td>课堂表现</td><td>(1) 学习态度是否端正；
(2) 是否认真听讲；
(3) 是否积极互动</td><td>8</td><td></td></tr>
<tr><td>学习任务单</td><td>(1) 书写是否规范整齐；
(2) 设计是否正确、完整、全面；
(3) 内容是否翔实</td><td>10</td><td></td></tr>
<tr><td>仿真调试</td><td>根据Proteus和Keil软件联合仿真调试情况，酌情给分</td><td>10</td><td></td></tr>
<tr><td>成品调试</td><td>(1) 调试顺序是否正确；
(2) 能否熟练排除错误；
(3) 调试后运行是否正确</td><td>10</td><td></td></tr>
<tr><td colspan="4">项目成绩</td><td></td></tr>
</table>

项目2　数码显示——拾级而上

情境导入

数码管是一种以发光二极管为基本单元的半导体发光器件，可以显示数字、简单的字母和符号(比如时间、日期、温度等)。它具有显示直观、价格便宜、使用简单等特点，广泛应用于广告宣传、智能家电、车站银行、交通管理等场合。数码管由多个段组成，需要数码管所有段团结协作共同努力，才能显示出一个符号，就像项目的学习过程一样，采用分组教学，组内成员分工协作共同努力才能完成项目。本项目利用单片机和数码管设计一款计时器，主要用于生活、工作、运动等需要计时的场合。

学习目标

1. 知识目标

(1) 认识LED数码管；
(2) 掌握LED数码管的工作原理；
(3) 掌握LED数码管的显示方式及其应用；
(4) 掌握LED数码管的程序设计方法及其所用指令。

2. 能力目标

(1) 建立单片机系统设计的基本概念；
(2) 能够完成单片机软硬件设计、仿真和调试；
(3) 学会电子产品的制作方法。

3. 素质目标

(1) 弘扬爱国主义精神；
(2) 培养工匠精神；
(3) 培养团队合作精神。

任务2.1 一位秒表控制

本任务是设计一款用于我们生活、工作、运动等需要计时方面的一位秒表。要求利用单片机和LED数码管设计制作完成，具体要求：精确到1 s，最大计时为9 s；开始时，显示0；上电后开始计时，用RESET按键清零。

知识链接

2.1.1 认识数码管

LED数码管也叫LED数码显示器，由于它具有很高的性价比、显示清晰、亮度高、使用方便、电路简单、寿命长等诸多优点，长期以来一直在各类电子产品和工程控制中得到非常广泛的应用。在单片机控制系统中，LED数码管更是经常被作为单片机的输出显示设备来使用。

1. LED数码管结构

LED(Light Emitting Diode)数码管为发光二极管构成的显示器件，可以用来显示温度、压力、日期、时间等数字或字符，具有显示直观、醒目等优点。八段字符型LED数码管实物图如图2-1所示。

图2-1 八段字符型LED数码管实物图

每位LED数码管是由7个字符段和一个小数点段组成的，每一段对应一个发光二极管。当发光二极管点亮时，相应的字符段点亮。根据我们的需要，点亮不同的字段就可以显示不同的字符或数字。八段字符型LED显示器的内部结构图如图2-2所示，a、b、c、d、e、f、g、dp是相应字符段名称，它与外部引脚相对应。

2. 数码管类型

LED数码管有两种类型，即共阴极LED与共阳极LED。共阴极LED内部结构如图2-3(a)所示，每个发光二极管的阴极连接在一起作为公共端COM，接地，当相应字符段输出为1时，可以点亮该字段；反之，当相应字符段输出为0时，该字段熄灭。共阳极LED如图2-3(b)所示，每个发光二极管的阳极连接在一起作为公共端COM，接电源VCC，当相应字符段输出为0时，可以点亮该字段；反之，当相应字符段输出为1时，该字段熄灭。

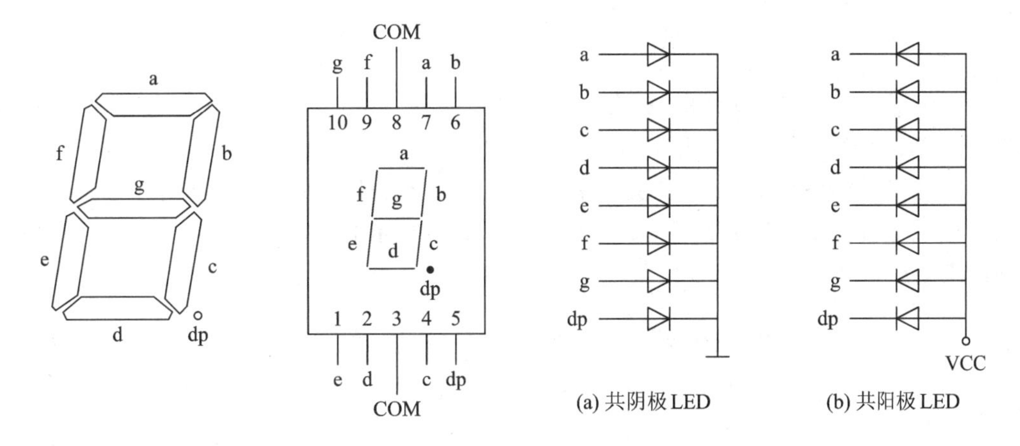

图 2-2　八段字符型 LED 显示器内部结构图　　图 2-3　八段字符型 LED 显示器

2.1.2　数码管显示原理

按照当发光二极管点亮时，相应的字符段点亮的原理，将共阴极 LED 显示器的公共端 COM 接地，将八字符段端 a、b、c、d、e、f、g、dp 依次与一个 8 位 I/O 口的最低位到最高位相连。例如，与 80C51 的 P1.0、P1.1、…、P1.7 相连时，如果给 P1 口送入 00H，则 LED 显示器为全灭状态；给 P1 口送入 0FFH 时，则 LED 显示器全部点亮。要求 LED 显示器显示字符“2”时，a、b、g、e、d 段点亮，这时 LED 端口输入的段码为 01011011B=5BH；如果将上述共阴极 LED 显示器改为共阳极显示器，并将公共端 COM 接 VCC，则要求显示字符“2”时，LED 端口输入的段码为 10100100B=A4H。表 2-1 给出了在上述连接时的共阴极段码和共阳极段码。

表 2-1　LED 显示器的段码表

显示字符	共阴极段码	共阳极段码	显示字符	共阴极段码	共阳极段码
0	3FH	C0H	C	39H	C6H
1	06H	F9H	D	5EH	A1H
2	5BH	A4H	E	79H	86H
3	4FH	B0H	F	71H	8EH
4	66H	99H	P	73H	8CH
5	6DH	92H	U	3EH	C1H
6	7DH	82H	R	31H	CEH
7	07H	F8H	Y	6EH	91H
8	7FH	80H	8.	FFH	00H
9	6FH	90H	“灭”	00H	FFH
A	77H	88H	⋮	⋮	⋮
B	7CH	83H			

2.1.3 数码管应用注意事项

介绍 LED 数码管的原理时，没有考虑 I/O 口的驱动能力，在实际使用时，如果 I/O 端口的驱动电流不够，则要外加驱动器。

在静态 LED 显示中，每一位都对应一个具有锁存功能的 8 位 I/O 端口。CPU 只要实现对 I/O 口锁存器的送段码操作，就可以显示。LED 显示时不占用 CPU，但静态显示占用 I/O 口线多。

2.1.4 本任务 C 语言知识

1. 数组

数组是元素的集合，各元素数据按先后顺序存储，数据按照先后顺序连续存放在一起，各元素数据类型相同。在使用数组前必须先进行定义再使用。一维数组只有一个下标，二维数组有两个下标，多维数组有多个下标。

1) 一维数组

定义：

类型说明符 数组名 [常量表达式]；

例如：

```
unsigned char Name[8];
```

说明定义了一个无符号字符数组 Name，内部有 8 个元素。第一个元素表示为 Name[0]，第 8 个元素表示为 Name[7]。

例：数组连续存放表见表 2-2。

表 2-2 数组连续存放表

char Name[4];		int Name[4];	
数组元素	内存地址	数组元素	内存地址
Name[0]	8000	Name[0]	8000
Name[1]	8001	Name[1]	8002
Name[2]	8002	Name[2]	8004
Name[3]	8003	Name[3]	8006

说明：char 数据长度为 8 位，所有位占用一个内存地址。int 数据长度为 16 位，所有位占用两个内存地址。以此类推其他类型数组占用内存地址的情况。

2) 一维数组初始化

(1) 在定义数组时给数组元素赋初值。

① 全部数组元素赋初值。

例如：

```
int Name[3]={1, 3, 5};
```

赋值结果：

Name[0] = 1	Name[1] = 3	Name[2] = 5

② 部分数组元素赋初值，其他数组元素自动赋以 0 值。

例如：

```
int  Name[3]={1, 3 };
```

赋值结果：

Name[0] = 1	Name[1] = 3	Name[2] = 0

注意：

数组元素的值可以是数值型、字符常量或字符串。

数组元素的初值必须依次放在一对大括号{ }内，各值之间用逗号隔开。

在进行数组的初始化时，{ }中值的个数不能超过数组元素的个数。

(2) 使用代码进行初始化。

使用 for 语句对数组进行初始化。

例如：

```
main(void)
{
    char i;
    char Name[8];

    for(i=0; i<8; i++)
    {
      Name[i] = 0xff;
    }
}
```

2. 循环结构语句

1) 用 while 语句实现循环

while 语句的一般形式：

```
while(表达式) 语句
```

说明：其中的“语句”就是循环体。循环体只能是一个语句整体，可以是一个简单的语句，也可以是复合语句(用花括号括起来的若干语句)。执行循环体的次数是由循环条件控制的，即“表达式”，也称其为循环条件表达式。当此表达式的值为“真”(非 0)时，就执行循环体语句；当表达式的值为“假”(0) 时，就跳出循环体语句。

while 语句可以简单地记为：只要循环条件表达式为真，就执行循环体语句。

注意：while 循环的特点是先判断条件表达式，后执行循环体语句。

2) 用 do... while 语句实现循环

除了 while 语句外，C 语言还提供了 do... while 语句来实现循环结构。

do...while语句的一般形式：

```
do
    语句
while(表达式)；
```

说明：其中的“语句”就是循环体。do...while语句的执行过程是先执行循环体，然后检查条件是否成立，若成立，再执行循环体。

注意：do...while语句的特点是先无条件地执行循环体，然后判断循环条件是否成立。

while和do...while的比较：一般情况下，在用while语句和用do...while语句处理同一个问题时，若二者的循环体部分是一样的，那么结构也是一样的。但是如果while后面的表达式一开始就为假(0)，则两种循环结果是不同的。

3）用for语句实现循环

for语句更为灵活，不仅可以用于循环次数已经确定的情况，还可以用于循环次数不确定而只给出循环结束条件的情况，它完全可以代替while语句。

for语句的一般形式：

```
for(表达式1；表达式2；表达式3)
```

语句括号中3个表达式的主要作用是：

表达式1：设置初始条件，只执行一次。可以为零个、一个或多个变量设置初值。

表达式2：循环条件表达式，用来判定是否继续循环。在每次执行循环体前先执行此表达式，决定是否继续执行循环。

表达式3：作为循环的调整，例如使循环变量增值，它是在执行完循环体后才进行的。

注意：

表达式1可以省略，即不设置初值，但表达式1后的分号不能省略，例如for(；i＜＝100；i＋＋)。应当注意，由于省略了表达式1，没有对循环变量赋初值，因此，为了能正常执行循环，应在for语句之前给循环变量赋以初值。

表达式2也可以省略，即不用表达式2作为循环条件表达式，不设置和检查循环的条件。此时循环无终止地进行下去，也就是认为表达式2始终为真。

表达式3也可以省略，但此时程序设计者应另外设法保证循环能正常结束。

甚至可以将3个表达式都省略掉，即不设初值，不判断条件(认为表达式2为真值)，循环变量也不增值，无终止地执行循环体语句，但这显然是没有实用价值的。

表达式1可以是设置循环变量初值的赋值表达式，也可以是与循环变量无关的其他表达式。表达式3也可以是与循环控制无关的任意表达式。但不论怎样写for语句，都必须使循环能正常执行。

表达式1和表达式3可以是一个简单的表达式，也可以是逗号表达式，即包含一个以上的简单表达式，中间用逗号间隔。表达式2一般是关系表达式或逻辑表达式，但也可以是数值表达式或字符表达式，只要其值为非零，就执行循环体。

for语句的循环体可为空语句，把本来要在循环体内处理的内容放在表达式3中，作用是一样的。可见for语句功能强，可以在表达式中完成本来应在循环体内完成的操作。

任务实施

基于工作过程系统化，制定了该项目的任务实施过程为以一位秒表的设计、仿真与制作为典型工作任务，以单片机教学做一体化教室为主要学习场所，进行 51 系列单片机系统的硬件设计、软件程序设计、仿真调试等工作，以便熟练掌握使用 51 系列单片机进行系统的设计和制作的技能。

各小组集中讨论，汇总信息并整理，确定该项目的设计方案，要保证项目的可行性和可操作性。

1. 硬件设计

按照任务要求设计并搭建仿真环境和硬件电路，如图 2-4 所示，输出口可以任意选择。

注意：单片机控制系统必须先满足最小系统硬件配置条件，然后再进行其他电路的搭建。

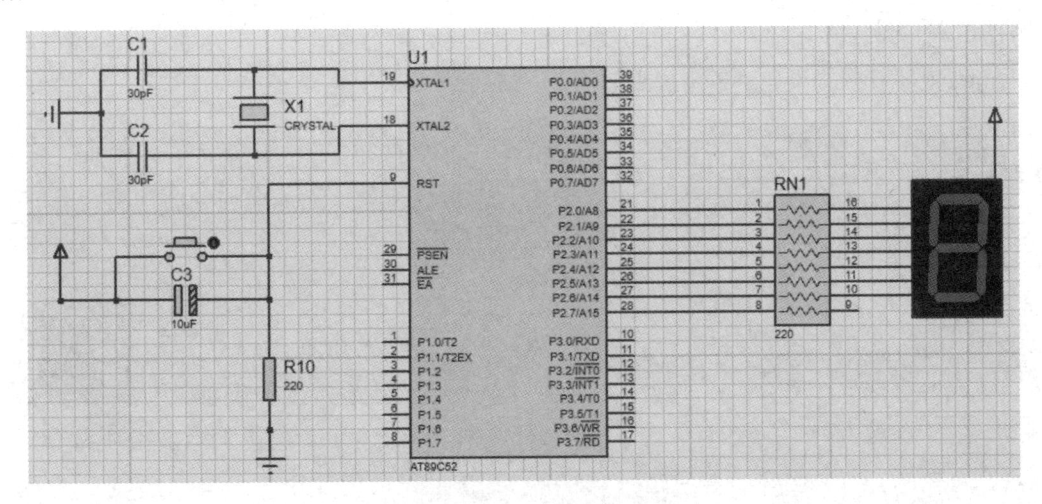

图 2-4　1 位数码管静态显示电路

2. 软件设计

1）搭建软件编程环境

建立工程文件，保存在指定的文件夹内，配置工程参数，包括晶振频率 12 MHz、HEX 文件输出配置。新建文件并添加文件，准备编程。

2）软件设计与编程实现

单片机端口输出为 0 时 LED 灯点亮。要求认识单片机低电平驱动效果。参考程序如下：

```
#include"reg51.h"
Unsigned char zxmb[]={0xc0, 0xf9, 0xa4, 0xb0, 0x99, 0x92, 0x82, 0xf8, 0x80, 0x90,
0x88, 0x83, 0xc6, 0xa1, 0x86, 0x8e};
void delay(unsigned int i)
{
```

```
    while(i>0)i=i+1;
}
void main()
{
    while(1)
    {
        unsigned int a;
        for(a=0; a<16; a++)
        {
            P2=zxmb[a];
            delay(500);
        }
    }
}
```

3. 仿真调试

仿真视频可扫二维码查看，仿真如图 2-5 所示。

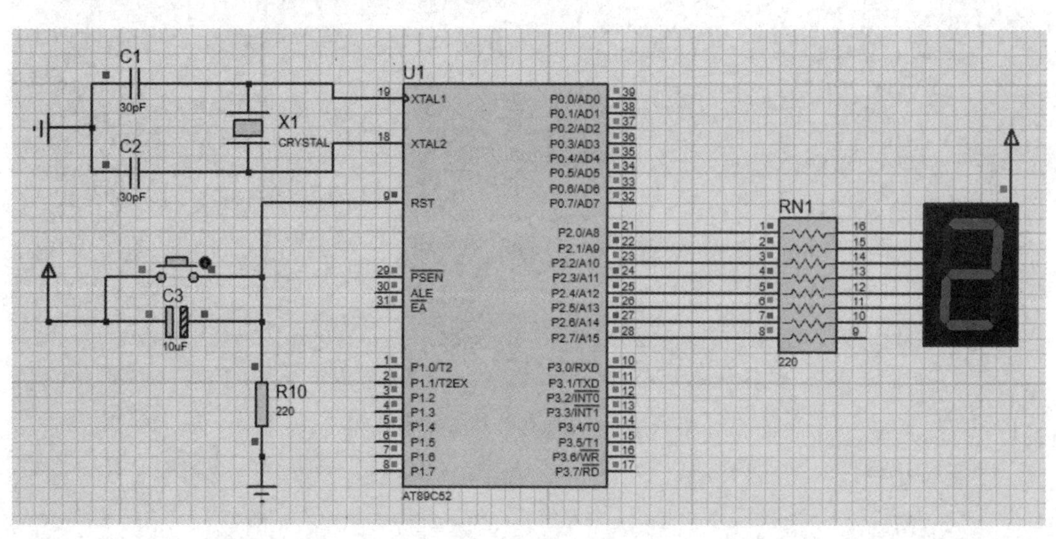

图 2-5　1 位数码管静态显示仿真

4. 拓展思考

为什么要添加延时程序？不添加延时程序会有什么现象？若想显示年月日，怎么实现多位显示？

任务 2.2　日期显示控制

本任务是设计一款常用于我们生活、工作、运动等需要计时方面的日期显示。要求利用单片机和 LED 数码管设计制作完成，具体要求：应用 8 位数码管显示当前日期“20230630”，上电后开始显示，可以通过调整延时时间改变显示切换频率，切换频率达到一定大小，利用眼睛视觉暂留可以达到持续显示的效果。

知识链接

2.2.1　I/O 口的结构

51 系列单片机有 4 组 8 位 I/O 口：P0、P1、P2 和 P3 口。每个 I/O 口都包含锁存器、输出驱动器、输入缓存器，具有字节寻址和位寻址功能，在访问片外扩展存储器时，低 8 位地址和数据由 P0 口分时传送，高 8 位地址由 P2 口传送，在无片外扩展存储器的系统中，这 4 个口的每一位均可作为通用 I/O 端口使用。

1. P0 口

图 2-6 为 P0. x 内部结构图。该结构中包含一个数据读锁存器和两个三态数据输入缓冲器，另外还有一个数据输出的驱动和控制电路。P0 口是一个双功能的 8 位并行 I/O 端口。P0 口用作系统的地址/数据总线，此时 P0 口是一个真正的双向口，输出低 8 位地址和输入输出 8 位数据；当 P0 口不作为地址/数据输入总线时，也可以作为通用的 I/O 口使用，此时需要在片外加上上拉电阻，此时端口就不会存在高阻悬浮的状态。

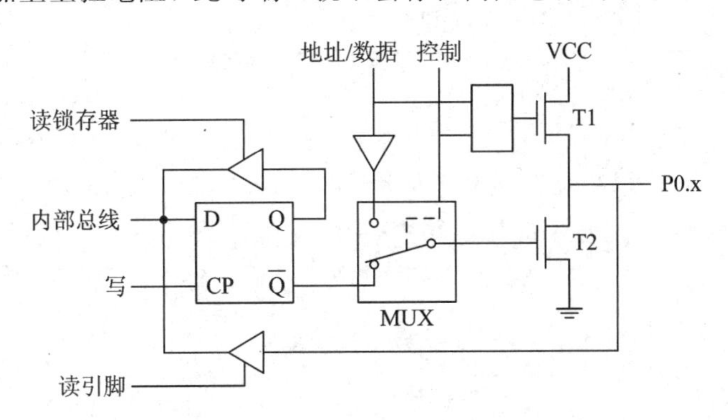

图 2-6　P0. x 口内部结构图

2. P1 口

图 2-7 为 P1. x 内部结构图。P1 口为 8 位准双向口，每一位均可单独定义为输入或输出口，当作为输入口时，1 写入锁存器，Q(非)＝0，T2 截止，内上拉电阻将电位拉至 1，此时该口输出为 1；0 写入锁存器，Q(非)＝1，T2 导通，输出则为 0。而当作为输入口时，锁存器置 1，Q(非)＝0，T2 截止，此时该位既可以把外

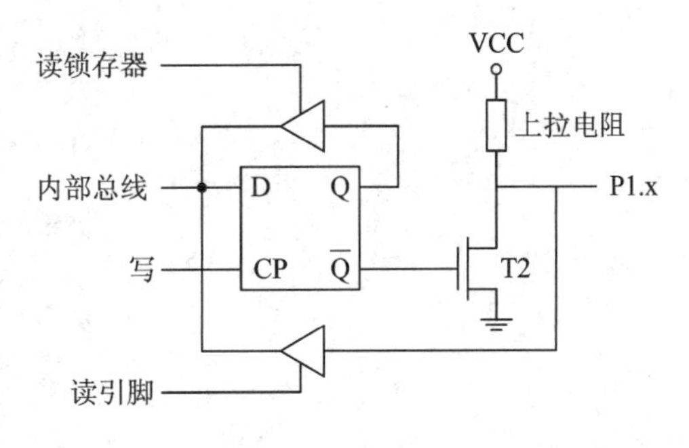

图 2-7　P1. x 口内部结构图

部电路拉成低电平，也可由内部上拉电阻拉成高电平，正因为这个原因，所以 P1 口常称为准双向口。需要说明的是，作为输入口使用时有两种情况，一是首先读锁存器的内容，进行处理后再写到锁存器中，这种操作即读—修改—写操作，如 JBC(逻辑判断)、CPL(取反)、INC(递增)、DEC(递减)、ANL(与逻辑)和 ORL(逻辑或)指令均属于这类操作；二是读 P1 口线状态时，打开三态门 G2，将外部状态读入 CPU。

3. P2 口

图 2-8 为 P2.x 内部结构图。P2 口是一个双功能口，既可以用作通用 I/O 口，又可以用作高 8 位地址总线。当 P2 口用作高 8 位地址总线时，与 P0 口的低 8 位地址总线一起构成了 16 位地址，可用于寻址 64 KB 的片外地址空间；当作为通用 I/O 口使用时，为准双向口，功能和 P1 口一样。

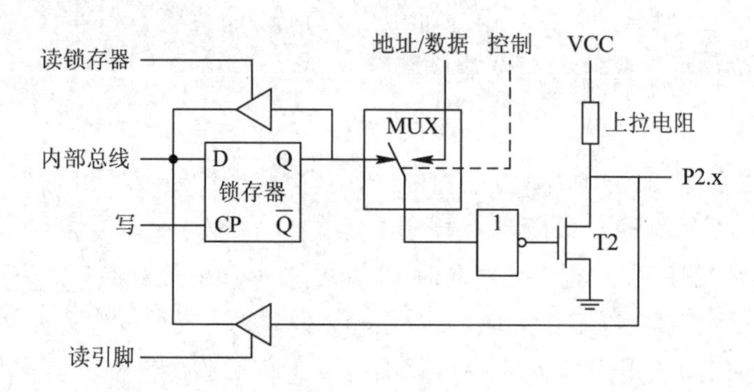

图 2-8　P2.x 口内部结构图

4. P3 口

图 2-9 为 P3.x 内部结构图。P3 口为准双向口，为适应引脚的第二功能的需要，增加了第二功能控制逻辑，在真正的应用电路中，第二功能显得更为重要。

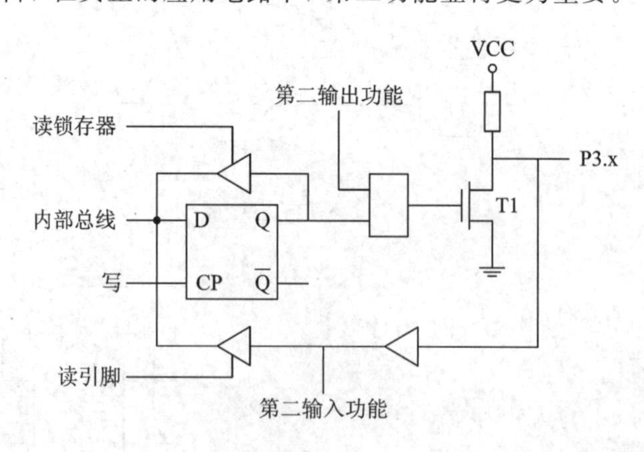

图 2-9　P3.x 口内部结构图

P3 口的输入输出及 P3 口锁存器、中断、定时/计数器、串行口和特殊功能寄存器有关，P3 口的第一功能和 P1 口一样可作为输入输出端口，同样具有字节操作和位操作两种方式，在位操作模式下，每一位均可定义为输入或输出。

我们着重讨论 P3 口的第二功能，P3 口的第二功能各引脚定义如下：

- P3.0：串行输入口(RXD)。
- P3.1：串行输出口(TXD)。
- P3.2：外中断 0($\overline{INT0}$)。
- P3.3：外中断 1($\overline{INT1}$)。
- P3.4：定时/计数器 0 的外部输入口(T0)。
- P3.5：定时/计数器 1 的外部输入口(T1)。
- P3.6：外部数据存储器写选通($\overline{WR}$)。
- P3.7：外部数据存储器读选通($\overline{RD}$)。

2.2.2　数码管静态显示

LED 数码管的显示方式有静态显示和动态显示两种。图 2-10(a)为静态显示方式 n 位 LED 显示器与 I/O 的连接示意图，图 2-10(b)为动态显示方式 n 位 LED 显示器与 I/O 的连接示意图。

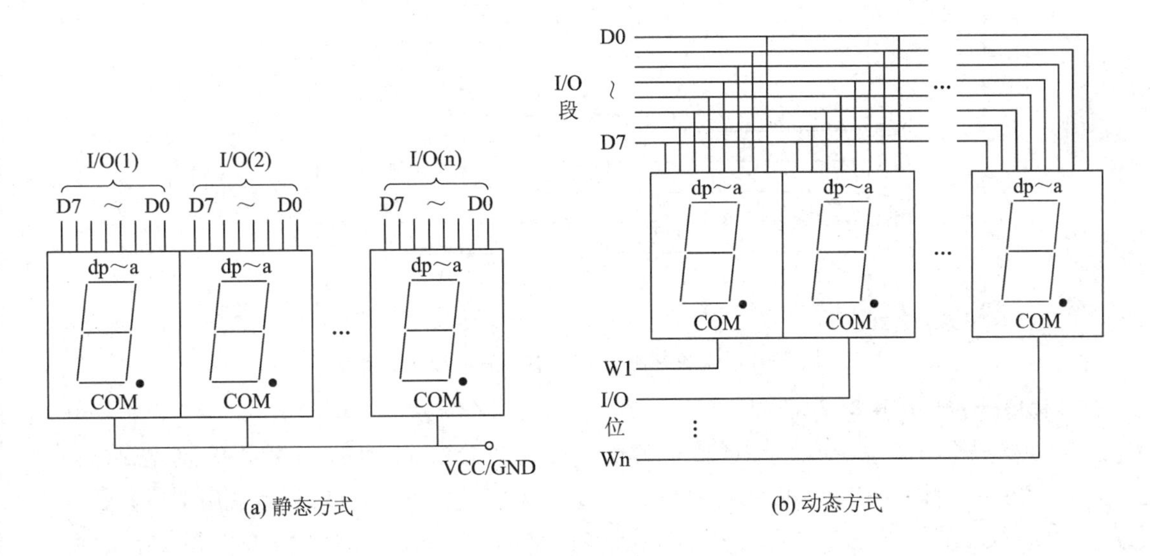

图 2-10　n 位 LED 显示器静、动态方式的连接示意

静态显示方式下，LED 显示器的公共极 COM 接地(共阴极)或接电源端(共阳极)是位控制端。显示器的段极(a～dp)和 I/O 口的 D0～D7 相连，在静态方式下，n 位 LED 显示要占用 n 个 8 位 I/O 口线，要显示 n 位数码，在相应的 I/O 口上送出相应的段码数据即可。

2.2.3　数码管动态显示

动态显示方式下，LED 显示器的所有段极(a～dp)共用一个 8 位 I/O 口线，而每个 LED 显示位要占用一根 I/O 口线，因此，n 位动态显示的 LED 显示器只要占用一个 8 位 I/O 端口和 n 根 I/O 口线，显示 n 位数码时，连接段极的 8 位 I/O 端口就依次送出 n 位数码的段码数据。同时，依次控制相应位公共端 COM(位极)，当公共端电平为 0(共阴极)或 1(共阳极)时，该位的数码点亮。段极不断轮流送入段码，位极轮流控制该位点亮，满足人眼视觉暂留效应要求，在n位LED显示器上形成稳定的n位数码显示效果。

如图2-11所示为6位共阴极LED数码管动态显示电路。单片机的P0.0～P0.7口作段选码口，经7407驱动与LED的段相连；单片机的P1.0～P1.5作位选码口，经7406驱动与LED的位相连。

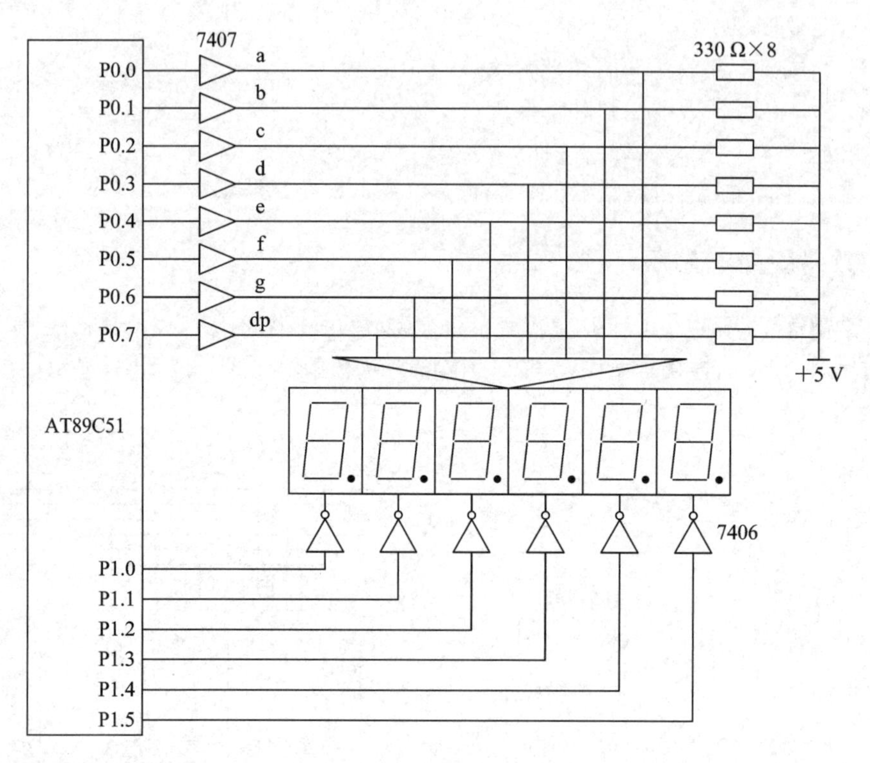

图2-11 6位共阴极LED数码管动态显示电路

数码管显示注意事项：

(1) 动态LED显示时，CPU要给段极I/O端口轮流送段码，并要相应地控制位极。LED显示过程中，CPU要不断地对其操作，占用CPU时间，但动态显示占用I/O口线少。

(2) 为了解决静态显示占用I/O口线过多、动态显示占用CPU时间的矛盾，在实际应用系统中常在外部扩展专用LED显示器。这种LED显示驱动器往往为动态显示方式，驱动器本身承担起动态操作控制任务，并且具有足够的驱动能力，不必外加驱动器。

2.2.4 本任务C语言知识

1. 选择结构

选择结构有两种基本的实现形式：if语句和switch语句。if语句常用于实现两个分支的选择结构，switch语句常用于多个分支的选择结构。

if语句的基本形式如下：

```
if(表达式)语句1;
else 语句2;
```

其中，表达式就是一种判断。if语句的执行顺序是先判断表达式是否成立，若表达式成立，则执行语句1，否则执行else后面的语句2并结束if语句的执行。表达式的判断一般是关系表达式(也就是比较大小的表达式)，也可以是逻辑表达式或算术表达式等。

switch语句的基本形式如下：

```
switch(表达式)
{
    case(常量表达式)：语句1;
    case(常量表达式)：语句2;
    …
    case(常量表达式)：语句n;
    default语句n+1;
}
```

switch语句注意事项：switch后面圆括号中的表达式的类型，在Visual C++ 6.0中只允许为整型、字符型或枚举型。case后面常量表达式的值必须互不相等，其类型应该与switch后面表达式的类型相容。case和常量表达式之间要有空格。case和default可以出现在任何位置，习惯上将default放在switch结构的底部。每个case语句的结尾不要忘了加break，否则将导致多个分支重叠；多个case可以执行同一语句序列，只在最后一个case结束的地方加一个break。不要忘记最后的default分支，即使程序真的不需要default处理，也应该保留语句“default：break”，以防程序中出现异常表达式。

switch语句的执行过程和if语句不同，在执行switch语句时，直接执行表达式与case后面的标号相同的标签处，顺序执行switch语句中的语句，直到遇到break语句才结束switch语句的执行。

2. 循环退出语句break与continue

中途退出循环结构——break语句，其一般形式如下：

```
break;
```

其作用为跳出所在循环结构，结束循环。

提前结束一个重复周期——continue语句，其一般形式如下：

```
continue;
```

其作用为用于结束本次循环，跳过continue之后的语句，直接进行下一次是否执行的条件判断。

任务实施

基于工作过程系统化，制定了该项目的任务实施过程为以八位数码管动态显示的设计、仿真与制作为典型工作任务，以单片机教学做一体化教室为主要学习场所，进行51系列单片机系统的硬件设计、软件程序设计、仿真调试等工作，以便熟练掌握使用51系列单片机进行系统的设计和制作的技能。

各小组集中讨论，汇总信息并整理，确定该项目的设计方案，要保证项目的可行性和可操作性。

1. 硬件设计

按照任务要求设计并搭建硬件电路及仿真环境，如图 2-12 所示，输出口可以任意选择。

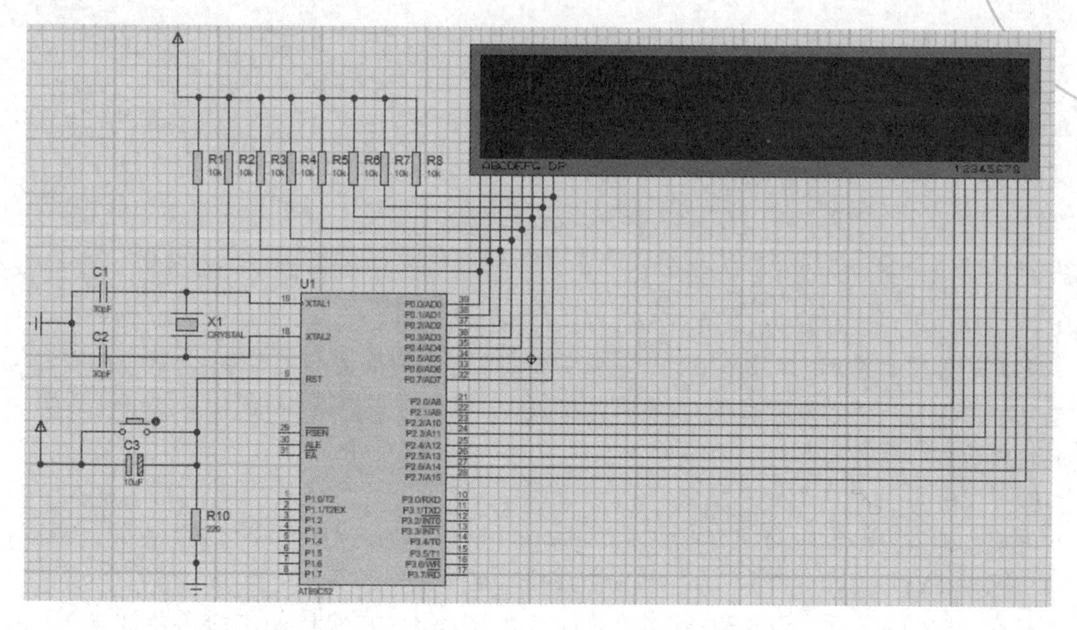

图 2-12 8 位共阴极 LED 数码管动态显示电路

2. 软件设计

1）搭建软件编程环境

建立工程文件，保存在指定的文件夹内，配置工程参数，包括晶振频率 12 MHz、HEX 文件输出配置。新建文件并添加文件，准备编程。

2）软件设计与编程实现

数码管动态显示 12345678 呈静止显示，参考程序如下：

```
#include"reg51.h"
unsigned char dxb[]={0xa4, 0xc0, 0xa4, 0xb0, 0xc0, 0x82, 0xb0, 0xc0};
unsigned char wxb[]={0x01, 0x02, 0x04, 0x08, 0x10, 0x20, 0x40, 0x80};
void delay1ms(void)    //误差 0 μs
{
    unsigned char a, b, c;
    for(c=1; c>0; c--)
        for(b=142; b>0; b--)
            for(a=2; a>0; a--);
}
void main()
{
    while(1)
    {
```

```
        unsigned int i;
        for(i=0; i<8; i++)
        {
          P0=~dxb[i];
          P2=~wxb[i];
          delay1ms();
          P2=0xff;            //消隐
        }
    }
}
```

3. 仿真调试

仿真视频可扫二维码查看，仿真图如图 2-13 所示。

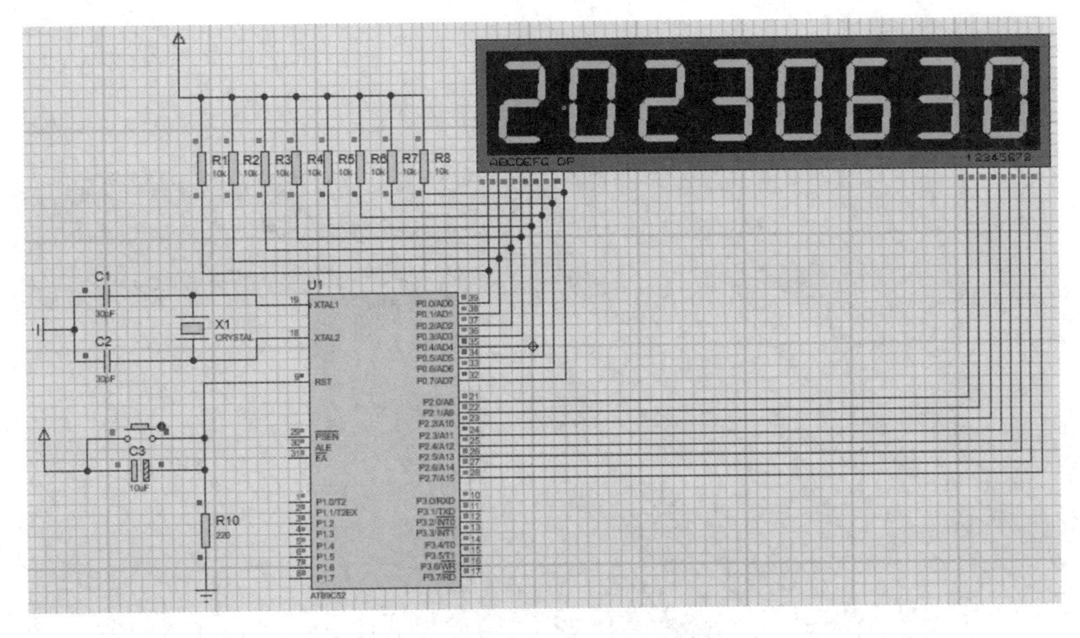

图 2-13　8 位共阴极 LED 数码管动态显示仿真

4. 拓展思考

如果 20230630 显示不清晰，出现逐个显示或抖动，应该怎么处理？

任务 2.3　设计与制作比赛计时器

本任务是设计一款用于生活、工作、运动等需要计时的比赛计时器。要求利用单片机和 LED 数码管设计制作完成，具体要求：精确到 1 s，最大计时为 59 s；用一个按键控制开始/停止；开始时，显示“00”，按下开始/停止键后开始计时，再按一次开始/停止键后停止计时；用 RESET 按键完成秒位的归零。

学习任务单附本项目最后。

任务实施

基于工作过程系统化，制定了该项目的任务实施过程为以计时器的设计、仿真与制作为典型工作任务，以单片机教学做一体化教室为主要学习场所，进行 51 系列单片机系统的硬件设计、软件程序设计、仿真调试等工作，以便熟练掌握使用 51 系列单片机进行系统的设计和制作的技能。

各小组集中讨论，汇总信息并整理，确定该项目的设计方案，要保证项目的可行性和可操作性。

1. Proteus 设计与仿真

计时器的仿真调试如图 2-14 所示。

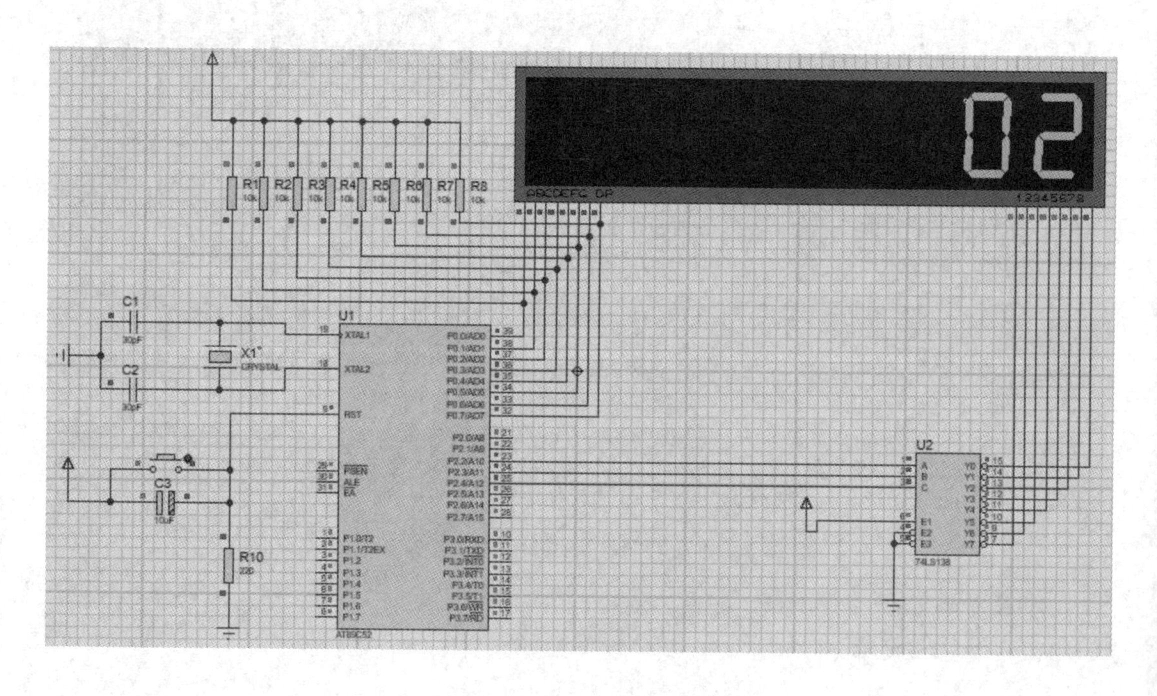

图 2-14 计时器的仿真调试

2. 计时器焊接调试

在确保设备、人身安全的前提下，学生按计划分工进行单片机系统的制作和生产工作。首先进行 PCB 制板，如学过制版课程，可自行制版；如没有学过，则使用教师提前准备好的板或采用万能板制作均可。列出所需元件清单，如表 2-3 所示。准备好所需元件及焊接工具(电烙铁、焊锡丝、镊子、斜口钳、万用表等)，开始制作硬件电路板，如图 2-15 所示。

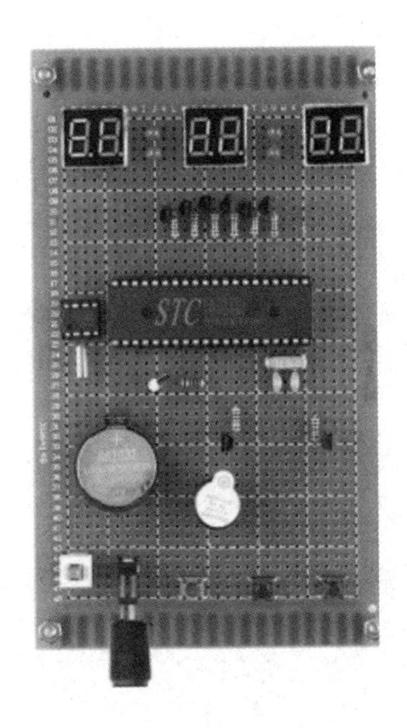

图2-15　2位秒表的万用板制作调试

表2-3　元件清单

序　号	元件名称	规格型号	数　量
1	单片机	AT89S51	1个
2	晶振	12 MHz	1个
3	电容	30 pF瓷片电容	2个
		10 μF、16 V电解电容	1个
4	电阻	10 kΩ	1个
		220 Ω	9个
5	八段数码管	共阳极	2位
6	按键	四爪微型轻触开关	2个
7	译码器	74LS138	1片

焊接完成后，要进行硬件电路的测试，具体包括：

(1) 测试单片机的电源和地是否正确连接；

(2) 测试单片机的时钟电路和复位电路是否正常；

(3) 测试EA引脚是否与电源相连；

(4) 测试LED数码管动态显示电路是否正确；

(5) 测试下载口界限是否正确。

小组反复讨论、分析并调试好单片机系统的硬件。

【项目小结】

本项目从一位数码管静态显示到多位数码管动态显示，再到数码管实际应用实例——计时器的设计与制作，把单片机的I/O口结构、数码管的结构与原理、数码管静态显示和动态显示原理等知识和技能融入工作任务中，并且详细介绍了C51语言的数组、循环结构、选择结构和循环退出等语句格式及编程技巧。

通过本项目的学习，学生对单片机基础知识和电子产品设计仿真调试有了更深的了解，同时也尝试着应用所学到的知识去解决实际问题，提高了专业技能，培养了动手能力。项目实施过程中需要细心认真、一丝不苟、精益求精，培养了工匠精神；分组教学，大家互相讨论，碰撞出火花，分工协作、共同努力，培养了团队合作精神。

学习任务单见表2-4，项目考核评价表见表2-5。

【思考练习】

一、填空题

1. 数码管按各发光二极管电极的连接方式，分为________和________两种。

2. 共阳极数码管在应用时，COM接________，当某一字段发光二极管的阴极为________电平时，相应字段就点亮。

3. ________语句一般处理不超过3分支结构，对于多分支结构一般采用________分支语句。

4. ________语句的作用是跳出所在循环结构，结束循环。

5. 在数码管动态显示中，控制数码管公共极的数据称为________扫描码，控制数码管所显示的字形的数据称为________扫描码。

6. 动态显示，就是一位一位地轮流点亮各位数码管，通过调整________和________可以得到亮度较高、较稳定的显示。

二、思考题

1. 将数码管的类型改变为共阴极，该做哪些修改呢？

2. 设计有倒计时功能的秒表，该做哪些修改呢？

3. 在80C51应用系统中用4位显示器和4位BCD码拨盘，试画出该部分的接口逻辑电路，并编写相应的显示子程序和读拨盘子程序。

表 2-4　学习任务单

<table>
<tr><td colspan="4">单片机应用技术学习任务单</td></tr>
<tr><td colspan="3">项目名称：项目 2　项目显示——拾级而上</td><td>专业班级：</td></tr>
<tr><td colspan="3">组别：</td><td>姓名及学号：</td></tr>
<tr><td>任务要求</td><td colspan="3"></td></tr>
<tr><td>系统
总体设计</td><td colspan="3"></td></tr>
<tr><td>仿真调试</td><td colspan="3"></td></tr>
<tr><td>成品
制作调试</td><td colspan="3"></td></tr>
<tr><td>心得体会</td><td colspan="3"></td></tr>
<tr><td rowspan="2">项目
完成确认</td><td>学生签字</td><td colspan="2">年　　月　　日</td></tr>
<tr><td>教师签字</td><td colspan="2">年　　月　　日</td></tr>
</table>

表 2-5 项目考核评价表

<table>
<tr><td colspan="5">项目考核评价表</td></tr>
<tr><td colspan="3">项目名称：项目 2 数码显示——拾级而上</td><td colspan="2">专业班级：</td></tr>
<tr><td colspan="3">组别：</td><td colspan="2">姓名及学号：</td></tr>
<tr><td>考核内容</td><td colspan="2">考 核 标 准</td><td>标准分值</td><td>得分</td></tr>
<tr><td>课程思政</td><td>育人成效</td><td>根据该同学在线上和线下学习过程中：
(1) 家国情怀是否体现；
(2) 工匠精神是否养成；
(3) 劳动精神是否融入；
(4) 职业素养是否提升；
(5) 安全责任意识是否提高；
(6) 哲学思想是否渗透。
教师酌情给出课程思政育人成效的分数</td><td>20</td><td></td></tr>
<tr><td rowspan="5">线上学习</td><td>资源学习</td><td>根据线上资源学习进度和学习质量酌情给分</td><td>10</td><td></td></tr>
<tr><td>预习测试</td><td>根据线上项目测试成绩给分</td><td>5</td><td></td></tr>
<tr><td>平台互动</td><td>根据课程答疑中的互动数量酌情给分</td><td>10</td><td></td></tr>
<tr><td>虚拟仿真</td><td>根据虚拟仿真实训成绩给分，可多次练习，取最高分</td><td>10</td><td></td></tr>
<tr><td>在线作业</td><td>应用所学内容完成在线作业</td><td>7</td><td></td></tr>
<tr><td rowspan="4">线下学习</td><td>课堂表现</td><td>(1) 学习态度是否端正；
(2) 是否认真听讲；
(3) 是否积极互动</td><td>8</td><td></td></tr>
<tr><td>学习任务单</td><td>(1) 书写是否规范整齐；
(2) 设计是否正确、完整、全面；
(3) 内容是否翔实</td><td>10</td><td></td></tr>
<tr><td>仿真调试</td><td>根据 Proteus 和 Keil 软件联合仿真调试情况，酌情给分</td><td>10</td><td></td></tr>
<tr><td>成品调试</td><td>(1) 调试顺序是否正确；
(2) 能否熟练排除错误；
(3) 调试后运行是否正确</td><td>10</td><td></td></tr>
<tr><td colspan="4">项目成绩</td><td></td></tr>
</table>

项目3 抢答控制——稳扎稳打

情境导入

在这个竞争激烈的时代，竞争才能带来社会进步。在各大竞赛中(如党史主题竞赛、学校知识竞赛等)要求公平裁决，抢答器的作用非常重要。本项目针对目前各种竞赛活动中所使用的抢答器，利用按键作为控制信号，设计了一款以单片机为控制核心的智能抢答器控制系统，该抢答器简单易实现、操作方便、可靠性高。

学习目标

1. 知识目标

(1) 掌握独立式键盘与矩阵式键盘的工作原理及应用；
(2) 掌握程序存储器的扩展方法；
(3) 掌握数据存储器的扩展方法。

2. 能力目标

(1) 掌握单片机键盘的基本设计方法；
(2) 掌握单片机存储器扩展的基本方法；
(3) 掌握八路抢答器的程序设计与 Proteus 仿真。

3. 素质目标

(1) 培养不随波逐流、独立自我的个人素养；
(2) 培养取长补短，共同进步的精神品质；
(3) 弘扬牢记使命、不忘初心的优秀品质。

任务3.1 独立式按键控制灯亮

本任务主要是利用独立式按键，控制一只灯的点亮，从而掌握独立式按键基本知识和应用。

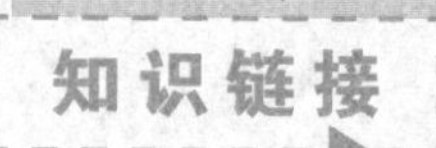

3.1.1　键盘概述

键盘是十分重要的人机对话的组成部分，是人向机器发出指令、输入信息的必需设备。

1. 键盘的分类

(1) 键盘按照结构原理分为触点式按键和无触点式按键。

触点式按键如机械式开关、导电橡胶式开关等；无触点式按键，如电气式按键、磁感应按键等。触点式按键造价低廉，但寿命较短；无触点式按键成本较高，但使用寿命较长。单片机系统中较常见的是触点式按键。

(2) 键盘按照接口原理分为编码键盘和非编码键盘。

编码键盘主要是通过硬件识别哪个键按下。编码键盘除了键开关外，还有专门的硬件电路，用于识别闭合键并产生键代码。编码键盘一般由去抖动电路及防串键保护电路等组成，这种键盘的优点是所需软件较简单，硬件电路较复杂，价格较贵，目前在单片机控制系统中使用较少。

非编码键盘主要是通过软件判断哪个键按下。按键识别、按键代码的产生、去抖动等是由软件完成的。为了简化硬件电路结构，降低成本，单片机控制系统中较多采用非编码键盘。键盘按非编码键盘的结构又分为独立式键盘和矩阵式键盘，如图 3-1 所示。独立式键盘，主要用于按键数量较少的场合；矩阵式键盘，主要用于按键数量较多的场合，也称行列式键盘。

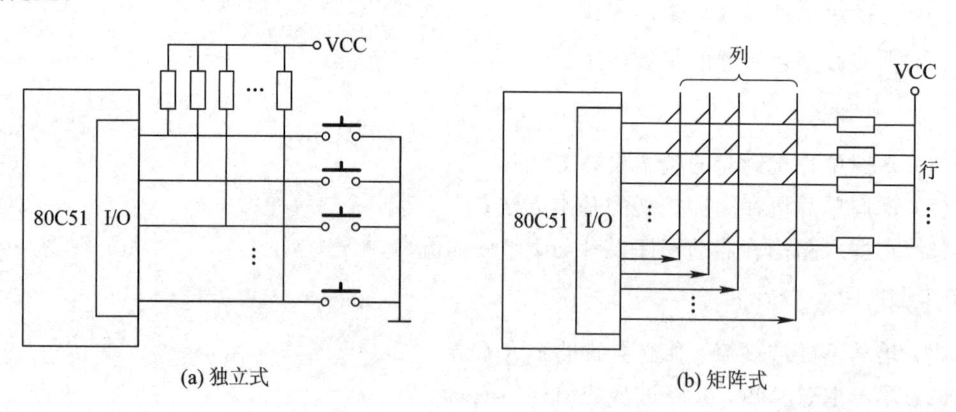

图 3-1　单片机应用系统中的键盘类型

2. 独立式键盘结构

独立式键盘的按键相互独立，每个按键连接一条 I/O 端口线，每个按键的工作不会影响其他 I/O 端口线的工作状态。因此，通过检测 I/O 端口线的电平状态，即可判断哪个键按下。独立式键盘电路原理图，如图 3-2 所示。独立式键盘电路配置灵活，软件结构简单，但每个按键必须占用一根 I/O 口线。

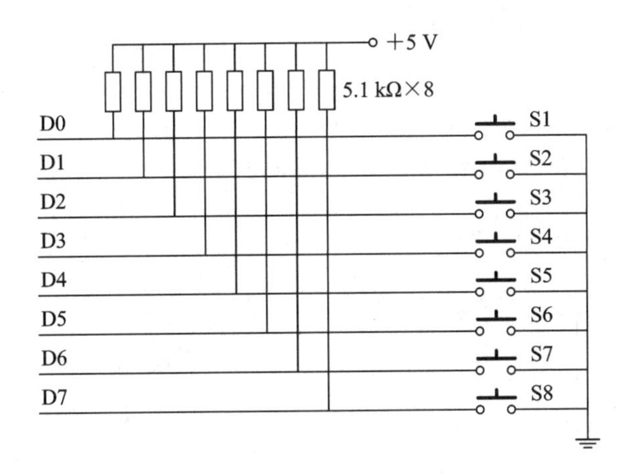

图 3-2　独立式键盘电路原理图

3. 独立式按键的识别

I/O 口通过按键与地相连，I/O 口有上拉电阻，无按键按下时，引脚端为高电平，而当按键被按下时，引脚端电平被拉低。I/O 口有内部上拉电阻时，外部可不接上拉电阻。

如图 3-3 所示，单片机的 P3.0 连接了一位按键 S。按键 S 断开时，P3.0 端口输入为高电平，即“1”；按键 S 闭合时，P3.0 端口输入为低电平，即“0”。那么，按键的状态可以通过检测 P3.0 的值进行判断。

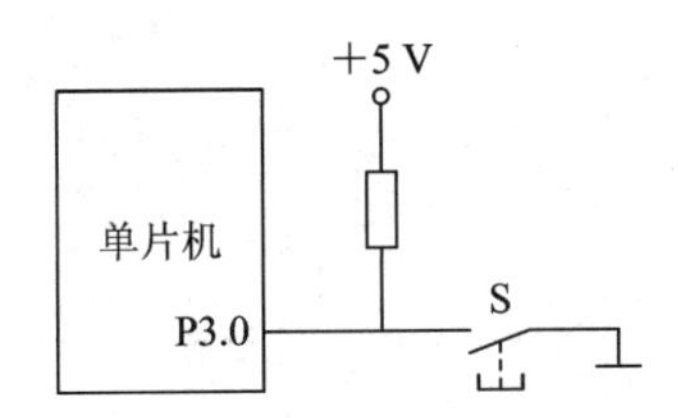

图 3-3　独立按键与单片机连接原理图

4. 按键抖动

因机械触点的弹性作用，按键闭合时，不会马上稳定接通；断开时，也不会立即断开。即在按键断开、闭合的瞬间，均伴随着一连串的抖动，抖动时间的长短由按键机械特性决定，一般为 5～10 ms。按键抖动示意图如图 3-4 所示。

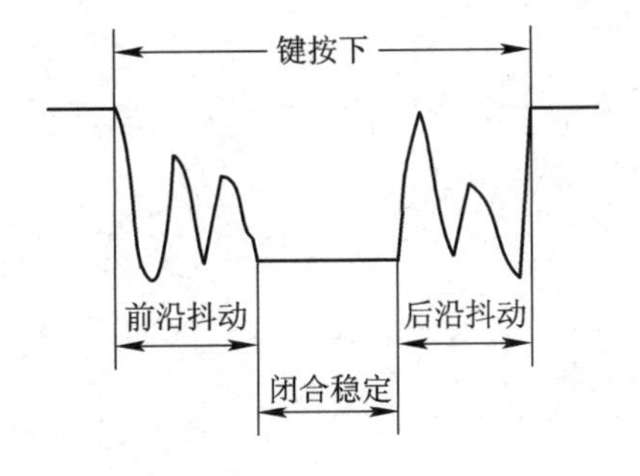

图 3-4　按键抖动示意图

消除按键抖动的措施有硬件去抖和软件去抖两种方式。当键数较少时，采用硬件去抖方式；当键数较多时，采用软件去抖方式。

1）硬件去抖(硬件电路)

常用的硬件去抖电路如图 3-5 所示。其中，图 3-5(a)是由两个与非门构成的 RS 触发器实现去抖的；图 3-5(b)是由 RC 滤波电路实现去抖的。

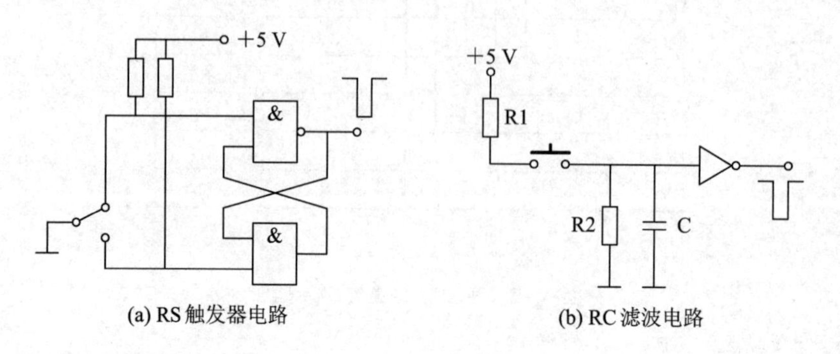

图 3-5　按键去抖的硬件电路

2）软件去抖(延时后继续判断)

软件去抖的方法是根据机械式按键操作原理，利用编程的延时实现。当检测到按键按下后，延时一段时间，一般为 10 ms，然后再次检测该键的状态，如果按键状态保持不变，则确认为真正有键按下。检测按键去抖流程图如图 3-6 所示。

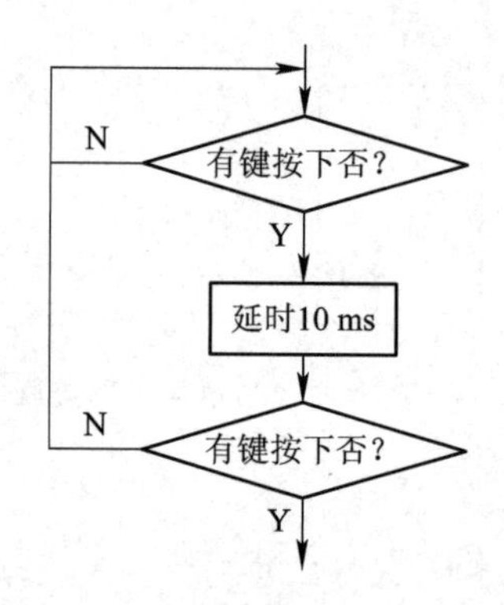

图 3-6　检测按键去抖流程图

3.1.2　本任务 C 语言知识

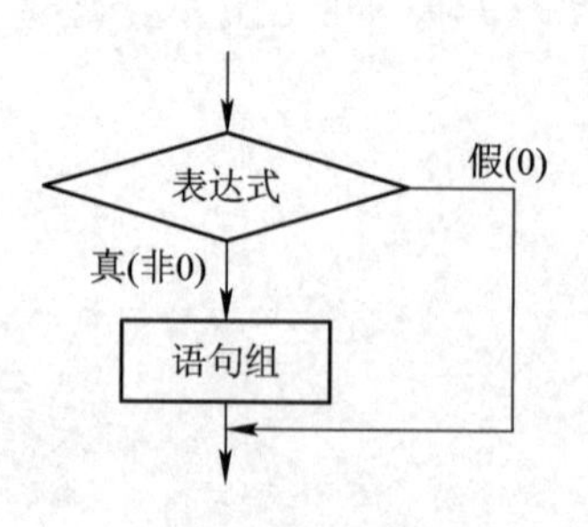

图 3-7　单分支 if 语句结构图

选择(分支)语句是判定所给定的条件是否满足，根据判定的结果(真或伪)决定执行给出的操作之一。

1. 单分支 if 语句

单分支 if 语句的结构如图 3-7 所示。其基本语法如下：

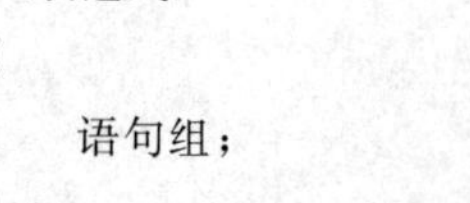

```
if(表达式)
{
    语句组;
}
```

2. if-else 语句

双分支 if-else 语句的结构如图 3－8 所示。其基本语法如下：

```
if(表达式)
{
  语句组 1;
}
else
{
  语句组 2;
}
```

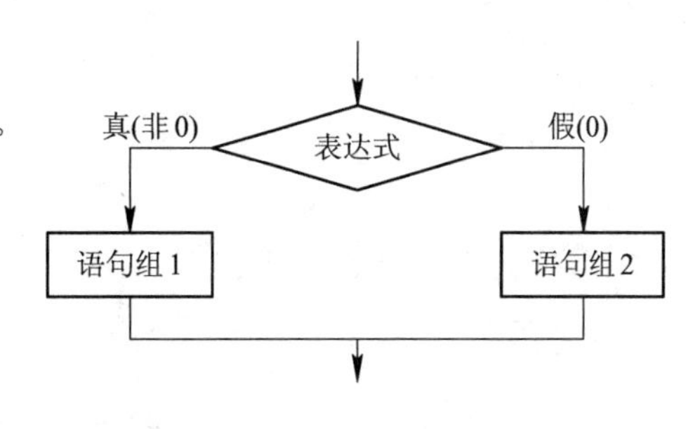

图 3－8　双分支 if-else 语句结构图

3. if-else-if 语句

if-else-if 语句是多分支语句，它的结构如图 3－9 所示。

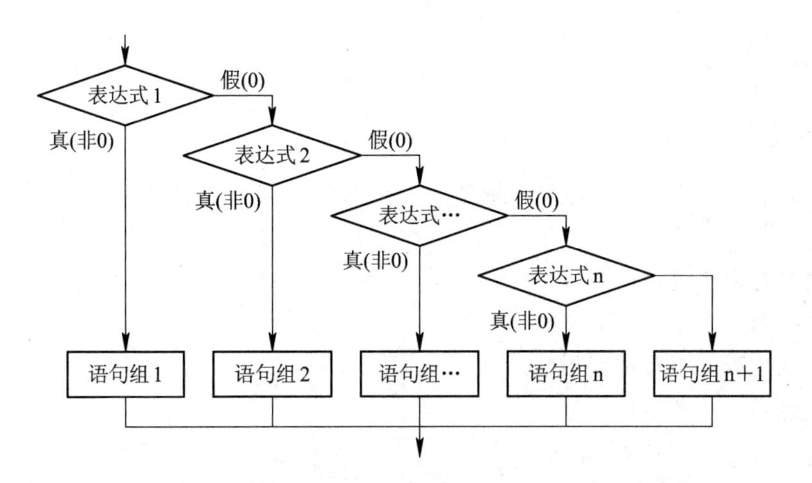

图 3－9　多分支 if-else-if 语句

if-else-if 语句的基本语法如下：

```
if(表达式 1)
{
  语句组 1;
}
  else if (表达式 2)
{
  语句组 2;
}
…
else if (表达式 n)
{
  语句组 n;
}
```

```
else
{
   语句组 n+1；
}
```

【例 3-1】 上一节的去抖程序采用 if 结构来实现，代码如下：

```
if(k1==0)               //检测按键 K1 是否按下
{
    delay10ms(1);       //消除抖动，大约 10 ms
    if(k1==0)           //再次判断按键是否按下
    {
      …
    }
}
```

任务实施

1. 硬件设计

采用按键作为控制信号，被控对象选用一只 LED 灯，当按键按下时，灯被点亮。具体需要完成：

(1) 判定有无按键动作。

(2) 去抖动。

(3) 确认是否真正有按键闭合。

(4) 闭合后执行动作程序指令。

2. 软件设计

按键 K1 通过 P3.3 端口与单片机连接，P1.0 接 LED 灯 D1，当按键 K1 按下后，点亮 D1 灯。参考程序如下：

```
/****************************************
程序名称：program3-1.c
程序功能：一位按键控制发光二极管亮
****************************************/
#include <reg51.h>          //包含头文件 reg51.h，定义了单片机的特殊功能寄存器
sbit  P1_0=P1^0;            //定义位名称
sbit  P3_3=k1;
void main()                 //主函数
{
    if(k1==0)               //检测按键 K1 是否按下
    {
        delay10ms(1);       //消除抖动，大约 10 ms
        if(k1==0)           //再次判断按键是否按下
```

```
        { while(1)
          P1_0=1;          //点亮D1灯
        }
      }
    }
```

3. Proteus仿真调试

通过仿真调试可以呈现按下K1键D1灯被点亮的运行结果，在此过程中需要严谨、耐心地调试程序，最终达到所要效果。独立按键控制灯亮仿真电路图如图3-10所示。

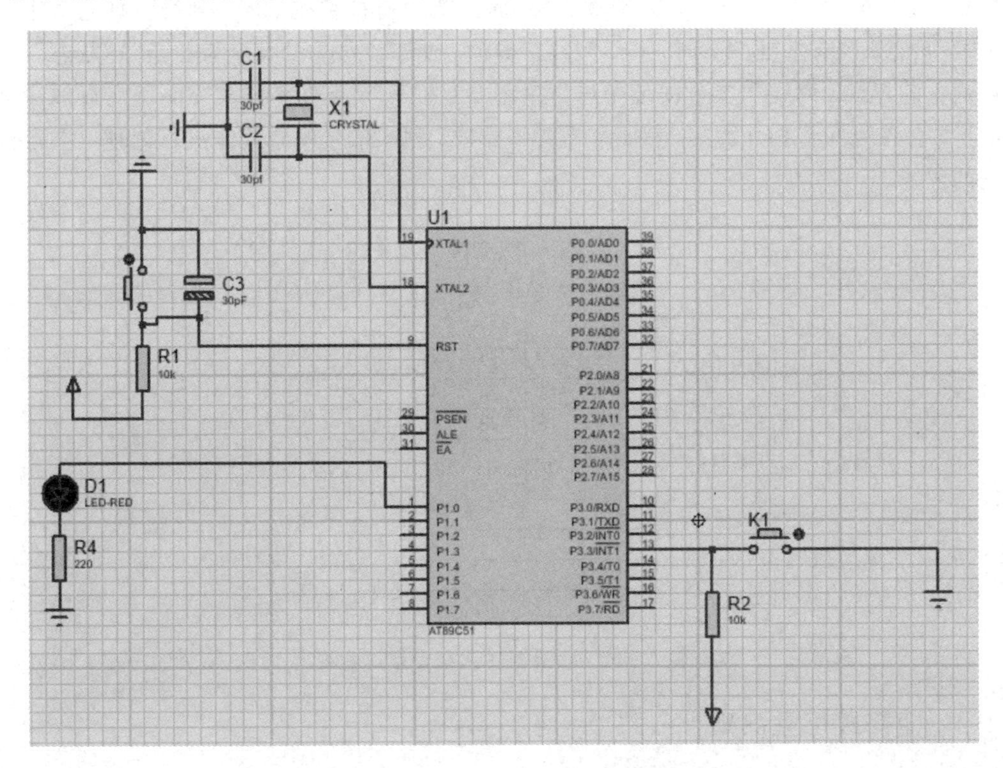

图3-10　独立按键控制灯亮仿真电路图

4. 拓展思考

上述任务中用一个按键可以控制一只灯点亮，那么多只灯的点亮就需要多个按键来控制，当按键数量增加后必然会增加I/O线的数量，有没有什么办法可以增加按键数量，但是又能在一定程度上减少I/O线的使用？

任务3.2　密码锁的控制

本任务主要是利用矩阵式键盘设计一位密码锁，通过任务来学习矩阵式键盘按键识别的方法以及掌握矩阵式键盘的应用。

3.2.1 矩阵式键盘结构

当键盘中按键数量较多时，为了减少 I/O 端口线的占用，通常将按键排列成矩阵形式。如图 3－11 所示为用 80C51 的 P1 口构成一个查询方式的 4×4 矩阵式键盘接口电路。在矩阵式按键中，行、列线交点处通过按键相连，行线为输出口，列线作为输入口，通过上拉电阻接到＋5 V 电源上，上拉电阻一般选择 10 kΩ。当没有按键按下时，列线引脚上全部为高电平“1”状态；当有按键按下时，行、列线将导通，此时，列线引脚上为非全“1”状态。矩阵式按键中的行线、列线和多个按键相连，各个按键按下与否均影响该按键所在行线、列线的电平，各按键间将相互影响，因此，需要将行线、列线信号配合起来进行处理，才能确定按键的位置。

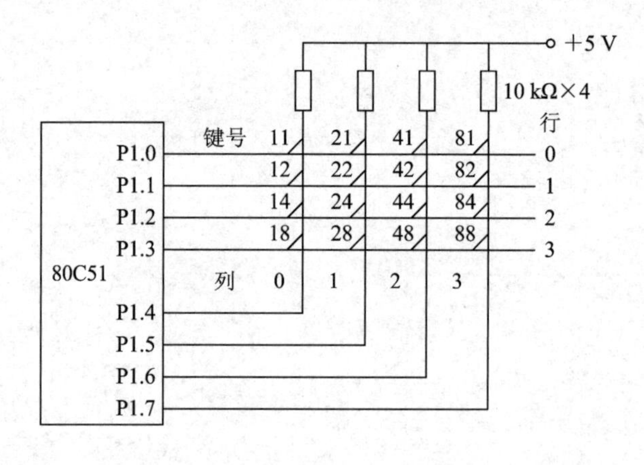

图 3－11　4×4 矩阵式键盘接口电路

3.2.2 矩阵式键盘识别

矩阵式键盘一般采用编程扫描法识别按键，主要包括：首先判别有无按键按下，一旦判断有按键按下，再通过键盘扫描取得闭合键的行、列号，利用计算法或查表法得到键值。在矩阵式按键中还要判断闭合键是否释放，如没有释放则继续等待，将闭合键的键值保存，同时转去执行该闭合键的功能。矩阵式键盘识别通常采用的是行列扫描法和行列反转法。

1. 行列扫描法

行列扫描法分为行扫描法和列扫描法。行扫描法就是将行线设定为扫描线输出口，列线设为输入口，通过行线逐行发出低电平信号，读入列线状态并逐列进行检测。如果某一行线所连接的按键没有按下，则列线的电平信号是全“1”；如果有键按下，则列线得到的是非全“1”信号，即根据列线的电平信号是否有“0”信号来判断有无按键按下。

在使用行扫描法时，为了提高效率，首先快速检查整个键盘中是否有按键按下。若无按键按下，则结束键盘扫描程序；若有按键按下，则消除按键的抖动，再用逐行扫描的方法来确定闭合键的具体位置(按下的是哪一个键)。具体操作步骤如下：

（1）先扫描第0行，行输出值为1110 B，参照图3－11，第0行为0，其余3行为1(通常把行输出值为0的行称为当前行)，然后读入列信号，判断是否为全1。若列输入值为全1，则当前行无按键按下。

（2）若第0行无按键按下，则再扫描第1行。行输出1101(第1行为0，其余3行为1)，再扫描下一行，依此规律逐行扫描，直到扫描某行时其列输入值不为全1，则根据行输出值和列输入值中0的位置确定闭合键的具体位置，从而用计算法或查表法得到闭合键的键值。

（3）计算闭合键的键值方法是，从左至右列线的列号为0～3，从上到下的行号为0～3，这样在键盘扫描时可根据闭合键所在的行号和列号直接计算出闭合键的键号。计算公式如下：

$$键值=行号\times 4+列号$$

（4）判断按键是否释放。计算出闭合键的键值后，再判断按键是否释放。若按键未释放，则等待；若按键已释放，则再延时消抖。

（5）命令处理。根据闭合键的键值，程序应完成该按键所设定的功能。若按下的是命令键，则转入命令键处理程序，完成命令键的功能；若按下的是数字键，则转入数字键处理程序，进行数字的存储及显示等操作。

列扫描法与行扫描法的区别在于设定列线为扫描线输出口，行线为输入口，其余与行扫描法类似。

2. 行列反转法

行列反转法直接得到的是闭合按键的键值，然后通过查键值表的方式将键值转换为键号，所以要先创建键值表。将矩阵式键盘的每一个按键的键值按键号递增的次序排列在一起就构成了键值表。如0号键的键值排列在键值表中第一位，后面则依次是1号、2号、3号一直到15号键的键值。当键号与按键的对应关系不同时，键值表中键值的排列次序也不同，但是无论如何都需要先确定矩阵式键盘中每个按键的键值。

如图3－12所示，矩阵式键盘中第0行、第1列交叉处的按键被按下，则该键的键值为：

（1）第一次置行线为输出口，并输出“0”信号，置列线为输入口，并输出信号为“1”，即X3～X0＝0000，Y3～Y0＝1111。

（2）读入列线状态：Y3～Y0 X3～X0＝11010000，图3－12中列线接P1口的高四位，行线接P1口的低四位。其中Y3～Y0＝1101中的“0”表示闭合按键位于第1列，“1”表示第0、2、3列上均无按键闭合。

（3）第二次置行线为输入口，并输出“1”信号，置列线为输出口，并输出信号为“0”，即X3～X0＝1111，Y3～Y0＝0000。

（4）读入行线状态：Y3～Y0 X3～X0＝00001110，其中X3～X0＝1110中的“0”表示闭合按键位于第0行，“1”表示第1、2、3行上均无按键闭合。

（5）将(2)、(4)读入的两个数据进行位或运算，可得第0行、第1列按键的键值为1101 1110，即为DEH。

按照上述方法，可计算出每个按键的键值，按照图3－12对应的键号将键值有序地排列在一起就得到与之对应的键值表，如表3－1所示。

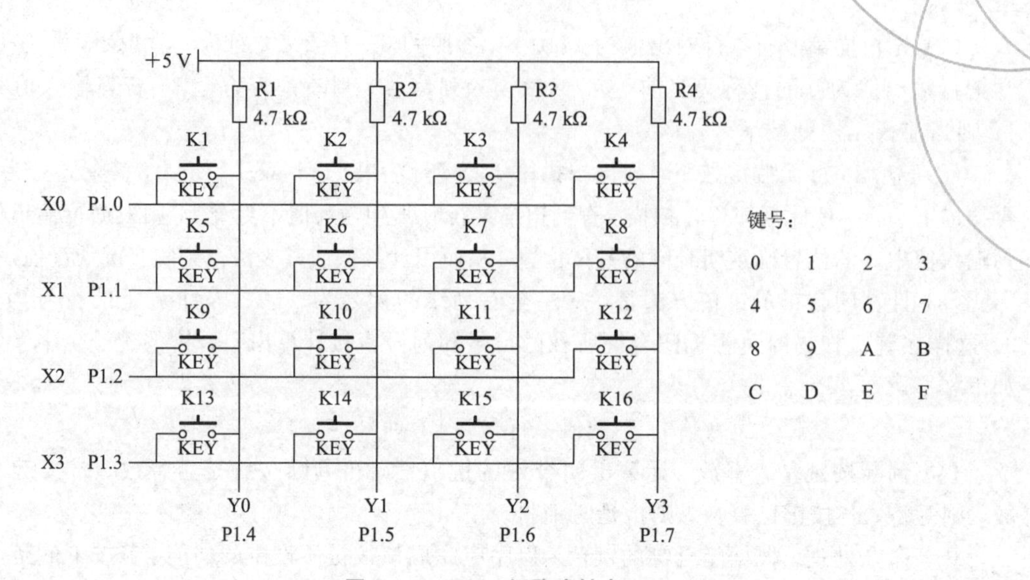

图 3-12 4×4 矩阵式键盘

表 3-1 4×4 矩阵式键盘键号、键值对应表

	第0列		第1列		第2列		第3列	
第0行	0	0XEE	1	0XDE	2	0XBE	3	0X7E
第1行	4	0XED	5	0XDD	6	0XBD	7	0X7D
第2行	8	0XEB	9	0XDB	A	0XBB	B	0X7B
第3行	C	0XE7	D	0XD7	E	0XB7	F	0X77

3.2.3 程序存储器的扩展

80C51程序存储器寻址空间为64 KB，其中80C51/87C51片内有4 KB的ROM或EPROM，80C31片内不带ROM。当片内ROM不够用时或采用80C31芯片时，需要扩展程序存储器。

1. 扩展器件选择

单片机外部程序存储器扩展大多使用EPROM器件。用作单片机外部程序存储器的EPROM器件主要是Intel公司生产的27C系列，即27C512、27C256、27C128、27C64、27C32等，容量分别为64 KB、32 KB、16 KB、8 KB、4 KB，如图3-13所示。

27C系列的引脚功能如下：

Q0～Q7：数据线。

A0～Ai(i=0～15)：地址线。

$\overline{\text{OE}}$：输出允许。

$\overline{\text{CE}}$：片选端。

VPP：+25 V电源，用于在专用装置上进行写操作。

VCC：+5 V电源，用于在线的读操作。

GND：接地。

27C512 27512		27C256 27256		27C128 27128		27C64 2764		27C32 2732	
A15	VCC	VPP	VCC	VPP	VCC	VPP	VCC		
A12	A14	A12	A14	A12	PGM	A12	PGM		
A7	A13	A7	A13	A7	A13	A7	NC	A7	VCC
A6	A8	A6	A8	A6	A8	A6	A8	A6	A8
A5	A9	A5	A9	A5	A9	A5	A9	A5	A9
A4	A11	A4	A11	A4	A11	A4	A11	A4	A11
A3	$\overline{OE}$	A3	$\overline{OE}$	A3	$\overline{OE}$	A3	$\overline{OE}$	A3	$\overline{OE}$/VPP
A2	A10	A2	A10	A2	A10	A2	A10	A2	A10
A1	$\overline{CE}$/VPP	A1	$\overline{CE}$	A1	$\overline{CE}$	A1	$\overline{CE}$	A1	$\overline{CE}$
A0	Q7	A0	Q7	A0	Q7	A0	Q7	A0	Q7
Q0	Q6	Q0	Q6	Q0	Q6	Q0	Q6	Q0	Q6
Q1	Q5	Q1	Q5	Q1	Q5	Q1	Q5	Q1	Q5
Q2	Q4	Q2	Q4	Q2	Q4	Q2	Q4	Q2	Q4
GND	Q3	GND	Q3	GND	Q3	GND	Q3	GND	Q3

图 3-13　27C 系列 EPROM DIP 封装引脚

程序存储器扩展也可采用 E^2PROM。E^2PROM 是近年来发展起来的电可擦除可编程只读存储器，其主要优点是能在应用系统中进行在线改写，并能在断电时保存数据而不需保护电源。E^2PROM 兼有程序存储器和数据存储器的特点，故在应用系统中既可作为程序存储器，也可作为数据存储器。目前多见的 E^2PROM 芯片有 2816、2817、2816A、2817A 等。

2. 程序存储器 EPROM 的扩展方法

80C51 单片机为外部程序存储器扩展提供了专用的$\overline{PSEN}$取指令控制信号，因此外部程序存储器形成了独立的空间。图 3-14 所示为扩展一片程序存储器 EPROM 的原理电路图，其连接方法介绍如下。

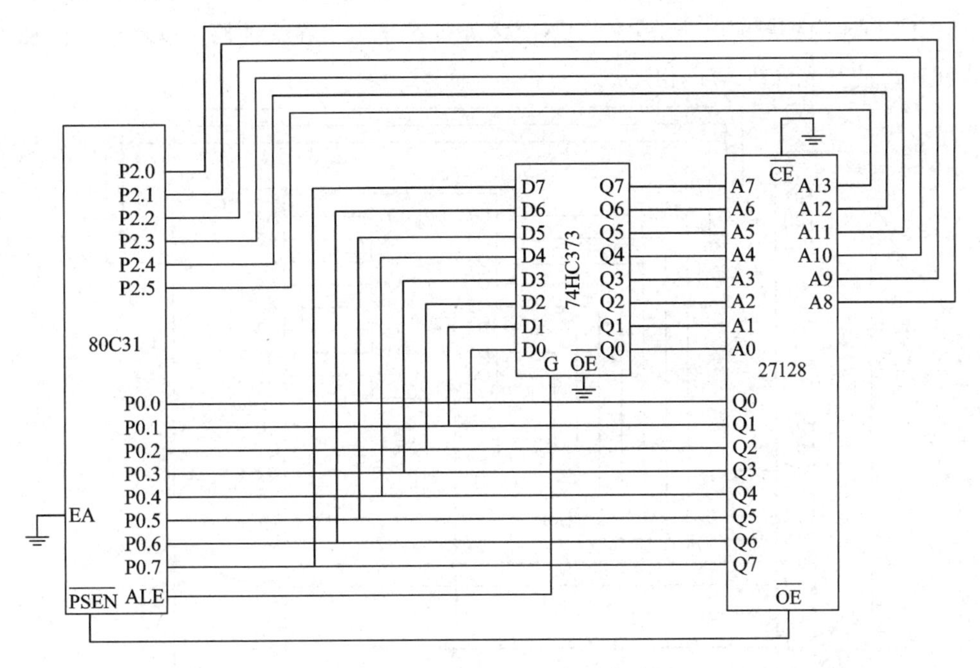

图 3-14　扩展 EPROM 原理电路图

(1) 地址线：程序存储器的低 8 位地址线 A0～A7 与 P0 口相连，高 8 位地址线 A8～A13 与 P2 口相连，扩展 16 KB 的 27128 只使用了 P2.0～P2.5。由于单片机的 P0 口分时输出 8 位地址和数据，故必须外加地址锁存器，并由 CPU 发出的地址锁存允许信号 ALE 的下降沿将地址信息锁存到锁存器中。单片机的 P2 口一般为高位地址线及片选线，由于 P2 口输出具有锁存功能，故不必外加地址锁存器。

图 3-15 为 74HC373 的引脚图，$\overline{OE}$ 为使能控制端，G 为锁存控制信号端。74HC373 有以下 3 种工作状态：

① 当$\overline{OE}$ 为低电平、G 为高电平时，输出端状态和输入端状态相同，即输出跟随输入。

② 当$\overline{OE}$ 为低电平、G 由高电平降为低电平时，输入端数据锁入内部寄存器中，内部寄存器的数据与输出端相同。当 G 保持为低电平时，即使输入端数据变化，也不会影响输出端状态，从而实现了锁存功能。

③ 当$\overline{OE}$ 为高电平时，锁存器缓冲三态门封闭，即三态门输出为高阻态，输入端 D0～D7 和输出端 Q0～Q7 隔离，则不能输出。

信号	引脚	784HC373	引脚	信号
$\overline{OE}$	1		20	VCC
Q0	2		19	Q7
D0	3		18	D7
D1	4		17	D6
Q1	5		16	Q6
Q2	6		15	Q5
D2	7		14	D5
D3	8		13	D4
Q3	9		12	Q4
GND	10		11	GND

图 3-15　74HC373 的引脚图

(2) 数据线：程序存储器的 8 位数据线与 P0 口从低到高对应相连。

(3) 控制线：程序选通有效信号 $\overline{PSEN}$ 端与程序存储器的输出允许端 $\overline{OE}$ 相连。27128 的片选端接地。地址锁存允许信号 ALE 通常接至地址锁存器的锁存控制端 G，地址锁存器三态输出的 $\overline{OE}$ 接地，保证输出常通。该 27128 所占的地址空间为 0000H～3FFFH。

(4) 用 E^2PROM 的扩展电路：图 3-16 是用 2816A E^2PROM 的扩展电路，它与用一片 27C16 EPROM 的扩展电路十分相似，不同之处仅在于为了在线改写，单片机应添加$\overline{WR}$，并与 2816A 的写允许线 $\overline{WE}$ 相连。

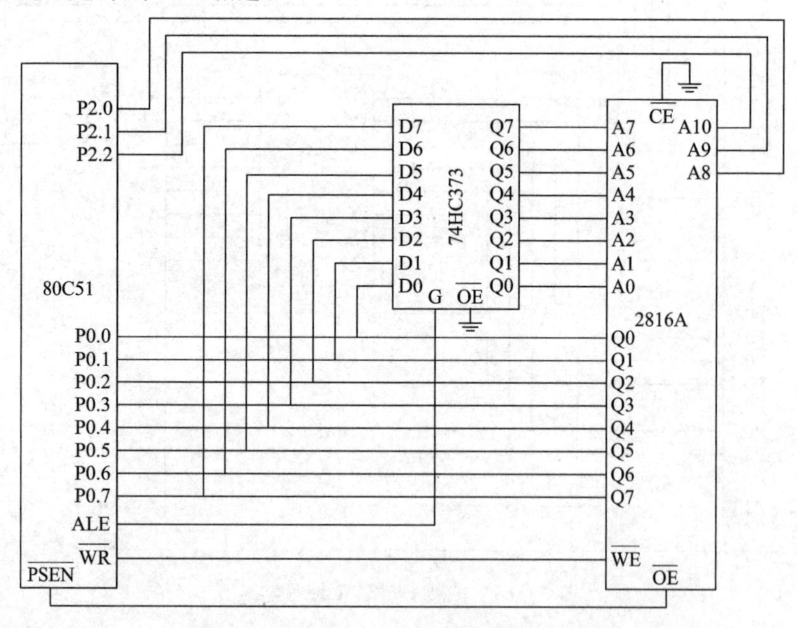

图 3-16　用 2816A E^2PROM 的扩展电路

80C51外部程序存储器扩展有以下特点：

(1) 对外部程序存储器的访问使用 $\overline{\text{PSEN}}$ 控制信号。

(2) 当选择外部程序存储器，特别是扩展内部无ROM的80C31时，$\overline{\text{EA}}$ 引脚必须接地。

(3) 扩展一片程序存储器时，片选端 $\overline{\text{CE}}$ 可以接地；扩展多片程序存储器时，各片选端 $\overline{\text{CE}}$ 可由P2口用于地址线后多余的口线选定。

(4) 在确定扩展的外部程序存储器的地址空间时，P2口用于地址线和片选线后多余的口线可取高电平或低电平，本书推荐取低电平确定地址。

图3-17为扩展两片27C64程序存储器的接口电路，其地址空间分别是：27C64(1)为02000H～03FFFH，27C64(2)为04000H～05FFFH。

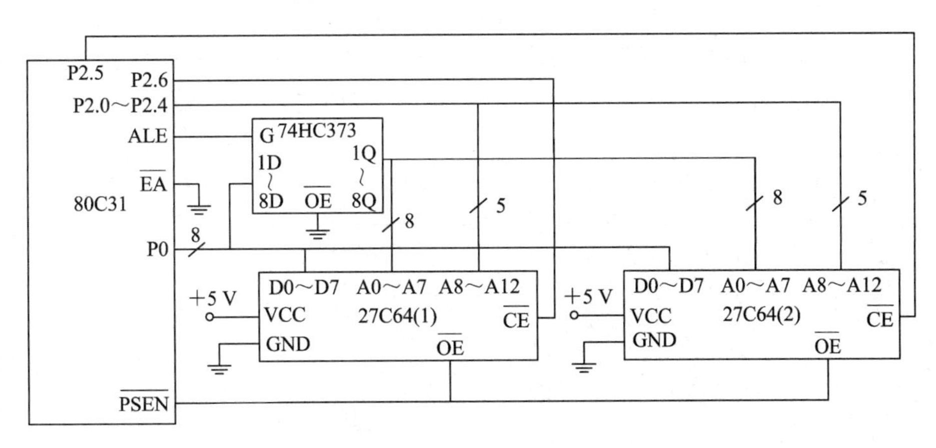

图3-17　扩展两片27C64程序存储器的接口电路

3.2.4　数据存储器的扩展

在80C51系统单片机中，片内数据存储器容量一般为128～256字节。当数据量较大时，就需在片外扩展RAM数据存储器，扩展容量最大可达64 KB，与程序存储器的64 KB扩展空间相互独立。

1. 扩展器件选择

单片机应用系统中并行扩展的数据存储器都使用静态随机存储器(Static Random Access Memory，SRAM)，近年来也有的使用非易失性Flash存储器。

由于SRAM的易失性，因此系统断电后，SRAM中的数据会立即消失。为了保证SRAM中数据断电后不消失，可选择非易失性SRAM。非易失性SRAM是将SRAM和备用电池及断电保护电路封装成SRAM插座构成。

单片机应用系统中常用的SRAM有62系列的6116、6264、62256、628128、628256等，存储容量分别为2 KB、8 KB、32 KB、128 KB、512 KB等。

引脚功能如下：

I/O0～I/O7：数据线。

A0～Ai(i=1～18)：地址线。

$\overline{OE}$：输出(读)允许。

$\overline{WE}$：输入(写)允许。

$\overline{CE}$($\overline{CS}$)：片选端。

VDD：电源。

VSS：接地。

2. 数据存储器的扩展方法

数据存储器扩展电路与程序存储器扩展电路相似，所用的地址线、数据线完全相同，读、写控制线用 $\overline{RD}$、$\overline{WR}$，而程序存储器由读选通信号 $\overline{PSEN}$ 控制。数据存储器扩展电路与程序存储器扩展电路虽然共处同一地址空间，但由于控制信号不同，故不会发生总线冲突。

图 3-18 为用一片 62256 扩展 32 KB 和用两片 62256 扩展 64 KB 外部数据存储器的电路图，图中所示的电路中因只扩展两片数据存储器，故不使用地址译码器。P2.7 与 62256(1) $\overline{CS}$ 相连，反相后与 62256(2) $\overline{CS}$ 相连。62256(1)、62256(2)的寻址范围和器件地址分别为 0000H～7FFFH、8000H～FFFFH。

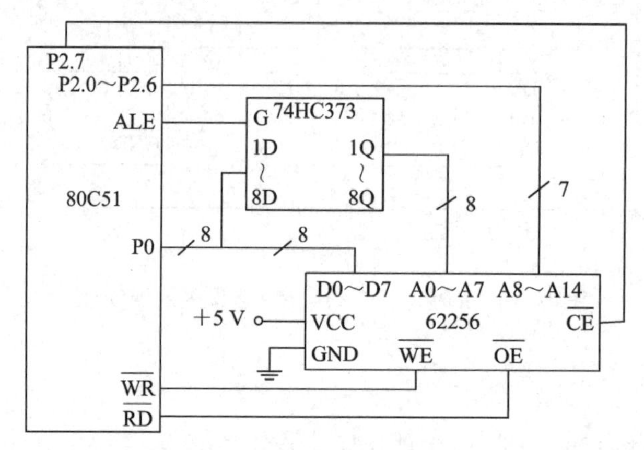

(a) 用一片 62256 扩展 32 KB 数据存储器

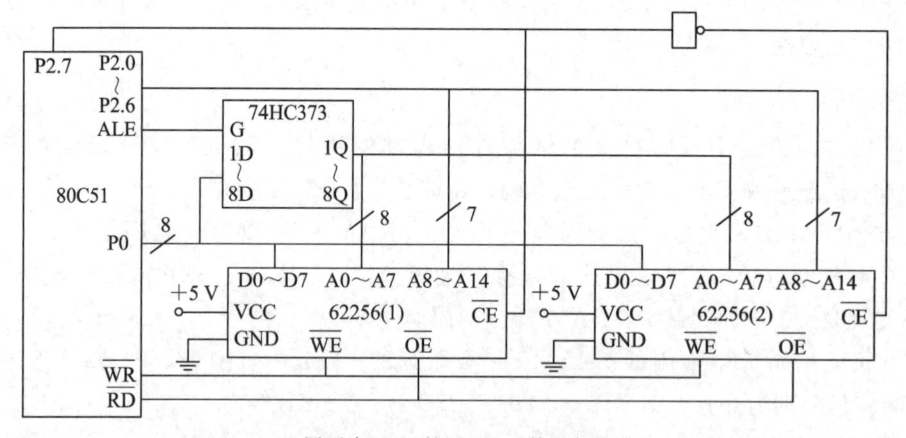

(b) 用两片 62256 扩展 64 KB 数据存储器

图 3-18 数据存储器的外围扩展

在单片机应用系统中，有时既需要扩展片外程序存储器，也需要扩展片外数据存储器，这种同时需要扩展的电路如图 3－19 所示。

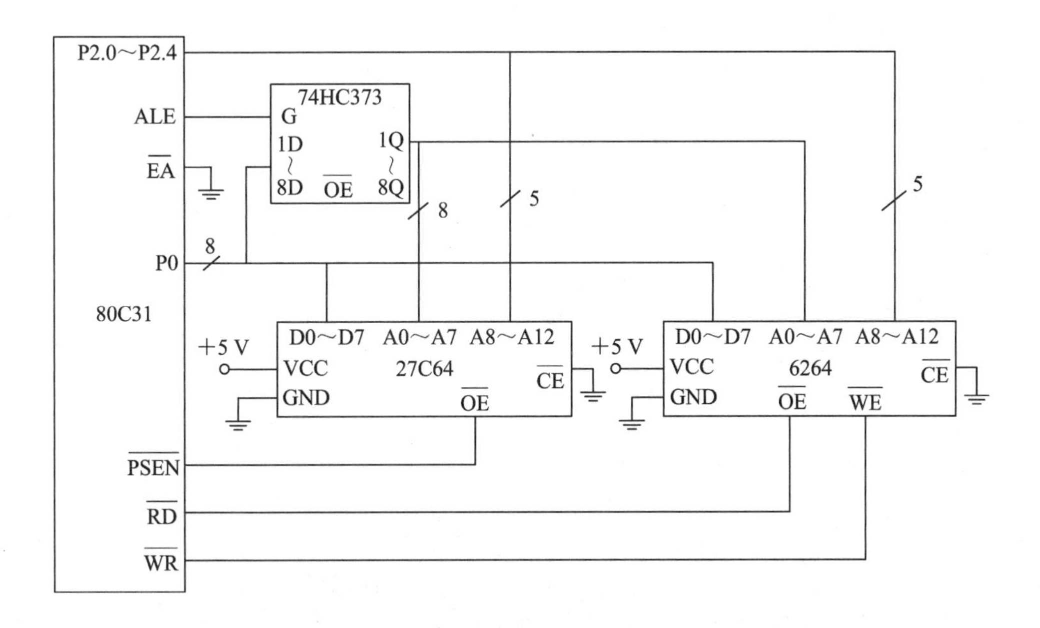

图 3－19　同时扩展外部数据存储器和程序存储器的电路

在这种电路中，程序存储器和数据存储器都由 P2 口提供高 8 位地址、P0 口提供低 8 位地址和 8 位数据或指令，且共用一个地址锁存器。两者均处同一地址空间，均为 0000H～1FFFH。但程序存储器由读选通信号 $\overline{\text{PSEN}}$ 控制，数据存储器的读和写由 $\overline{\text{RD}}$ 和 $\overline{\text{WR}}$ 信号控制。由于控制信号的不同，程序存储器和数据存储器的空间在逻辑上是严格分开的，所以在访问它们时是不会发生总线冲突的。

3.2.5　本任务 C 语言知识

1. switch 选择结构

switch 选择结构的一般形式如下：

```
switch(＜表达式＞)
{
    case  ＜常量表达式 1＞:   ＜语句序列 1＞
    case  ＜常量表达式 2＞:   ＜语句序列 2＞
      …
    case  ＜常量表达式 n＞:   ＜语句序列 n＞
    default:    ＜语句序列 n+1＞
}
```

switch 结构执行过程：当＜表达式＞的值与某一 case 后面的＜常量表达式＞的值匹配时，则执行此 case 后面所有的＜语句序列＞，直至遇到 break 语句或 switch 的结束符号“}”，否则，执行 default 后的＜语句序列＞。

2. break 语句

break 语句是一种控制语句，一般应用在 switch 选择结构中，或者用在循环语句、函数中，用来作为中止本次循环的指令。

【例 3-2】 将学生成绩由百分制转化为等级制，规则是 90 分(含)以上为 A 级；80 分(含)以上为 B 级；70 分(含)以上为 C 级；60 分(含)以上为 D 级；60 分以下为 E 级。参考程序如下：

```
void main()
{
  int  score, grade;
  printf("please input a score(0<=score<=100): ");
  scanf("%d", &score);
  grade=score/10;
  switch(grade)
  {
    case 10:
    case  9:          printf("grade is A\n"); break;
    case  8:          printf("grade is B\n"); break;
    case  7:          printf("grade is C\n"); break;
    case  6:          printf("grade is D\n"); break;
    default: printf("grade isE\n"); break;
  }
}
```

任务实施

1. 硬件设计

利用矩阵键盘设计一款 1 位密码锁的控制。要求完成一位简易密码锁设计：输入一位密码(为 0～9，A～F 之间的字符)，密码输入正确显示“T”并将锁打开；否则显示“F”，继续保持锁定状态。

2. 软件设计

一位密码锁控制参考程序如下：

```
/****************************************
程序名称：program3-2.c
程序功能：一位密码锁的控制
****************************************/
#include <reg51.h>                  //包含头文件 reg51.h，定义 51 单片机的专用寄存器
char scan_key (void);               //键盘扫描函数
void delay (unsigned int i);        //延时函数声明
```

```
sbit P3_0=P3^0;                  //控制发光二极管，其亮灭表示锁的打开和锁定状态
void main()                      //主函数
{
   unsigned char led[]={0xc0, 0xf9, 0xa4, 0xb0, 0x99, 0x92, 0x82, 0xf8, 0x80, 0x90,
0x88, 0x83, 0xc6, 0xa1, 0x86, 0x8e};                 //0～9、A～F的共阳极显示码
   unsigned char led1[]={0xff, 0x8e, 0xf8};          //“ ”、“F”和“T”的共阳极显示码
   unsigned char  i;
   P1=led1[0];                   //数码管显示空
   P3_0=1;                       //开锁指示灯关闭
   P0=0xff;                      //P0口低四位做输入口，先输出全1
   while(1)
   {
     i=scan_key();               //调用键盘函数
     if(i= =-1)continue;         //没有键按下，继续循环
     else  if(i! =5)             //假设密码是5，按键不是密码5
     {
        P1=led[i];               //显示按下键的数字号
        delay(1000);             //延时
        P1=led1[2];              //显示F
        delay(5000);             //延时
        P1=led1[0];              //显示空
     }
     else                        //按键是密码5
     {
        P1=led[i];               //显示按下键的数字号
        delay(1000);             //延时
        P1=led1[1];              //显示T
        P3_0=0;                  //开锁
        delay(5000);             //延时
        P1=led1[0];              //数码管显示空
        P3_0=1;                  //开锁指示灯关闭
      }
   }
}
//函数名：scan_key
//函数功能：判断是否有键按下，如果有键按下，则使用逐列扫描法得到键值
//返回值：键值0～15，-1表示无键按下
char scan_key ( )
{
  char i, temp, m, n;
```

```
bit find=0;                          //有键按下标志位
P2=0xf0;                             //向所有的列线上输出低电平
i=P0;                                //读入行值
i&=0x0f;                             //屏蔽掉高四位
if(i! =0x0f)                         //行值不为全 1，有键按下
{
delay(1200);                          //延时消抖
i=P0;                                 //再次读入行值
i&=0x0f;                              //屏蔽掉高四位
if(i! =0x0f)
{
  int t=0x01;                         //第二次判断有键按下
  for(i=0; i<4; i++)
  {
      P2=~t;
      t=<<1;                          //逐列送出低电平
      temp=P0;                        //读行值
      if(temp! =0xff)                 //判断有无键按下，为 0 则无键按下，否则有键按下
      {
        m=i;                          //保存列号至 m 变量
        find=1;                       //find 置 1，说明未找到按键标志
        switch(temp)                  //判断哪一行有键按下，记录行号到 n 变量
        {
           case 0xfe: n=0; break;     //第 0 行有键按下
           case 0xfd: n=1; break;     //第 1 行有键按下
           case 0xfb: n=2; break;     //第 2 行有键按下
           case 0xf7: n=3; break;     //第 3 行有键按下
           default: break;
        }
       break;                         //有键按下，退出 for 循环
      }
    }
  }
}
if(find==0)
  return -1;                          //无键按下则返回-1
    else
return(n*4+m);                        //否则返回键值，键值=行号×4+列号
}
```

3. 仿真调试

通过仿真调试可以呈现运行结果，在此过程中需要严谨、耐心地调试程序，最终达到所要效果。一位密码锁仿真电路图如图 3-20 所示。

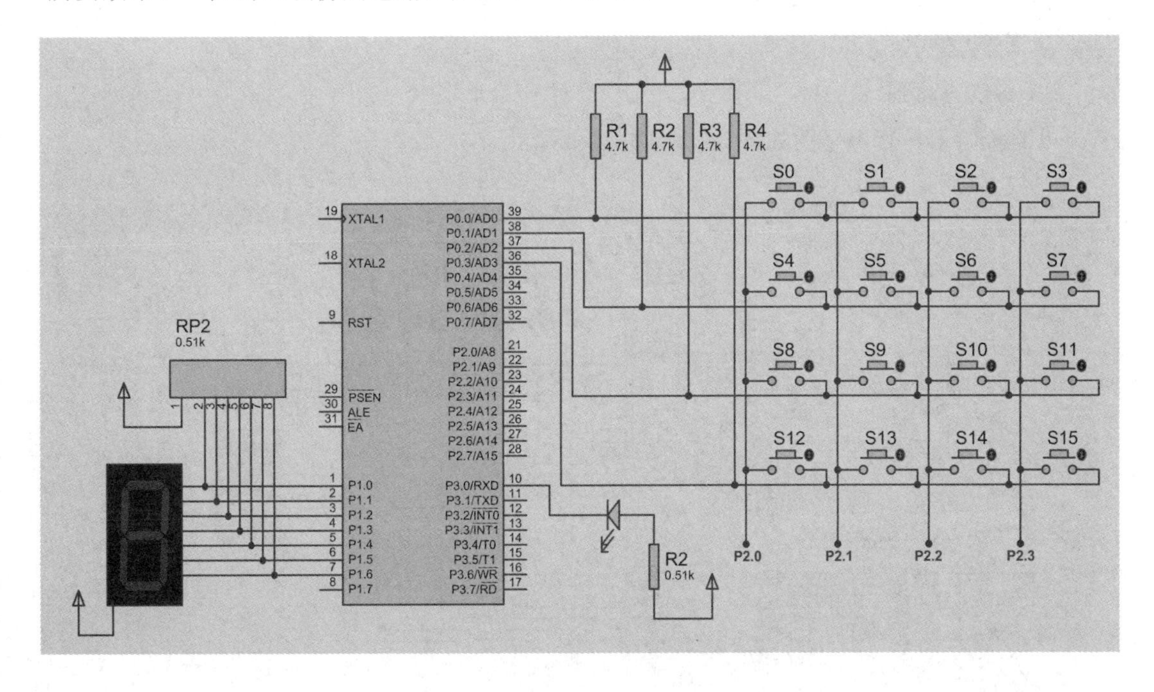

图 3-20　一位密码锁仿真电路图

4. 拓展思考

掌握了独立式按键和矩阵式按键的原理及使用方式后，在日常中常见的还有哪些地方应用到按键？独立式按键和矩阵式按键哪种更好控制呢？

任务 3.3　设计与制作抢答器

设计一个抢答器。要求：抢答器同时供 8 名选手或 8 个代表队比赛，分别用 8 个按钮表示；设置一个系统清除(停止)和抢答开始控制开关(开始)，由主持人控制；抢答器具有锁存与显示功能，即选手按动按钮，锁存相应的编号，并在 LED 数码管上显示，选手抢答实行优先锁存，其余选手不可再抢，优先抢答选手的编号一直保持到主持人将系统清除为止；每一次结束时要有清除复位。本任务中用到 8 个独立按键、1 个数码管、8 只 LED 灯。学生任务单附本项目最后。

任务实施

1. Proteus设计与仿真

1）仿真电路图

8路抢答器仿真电路图如图3-21所示。

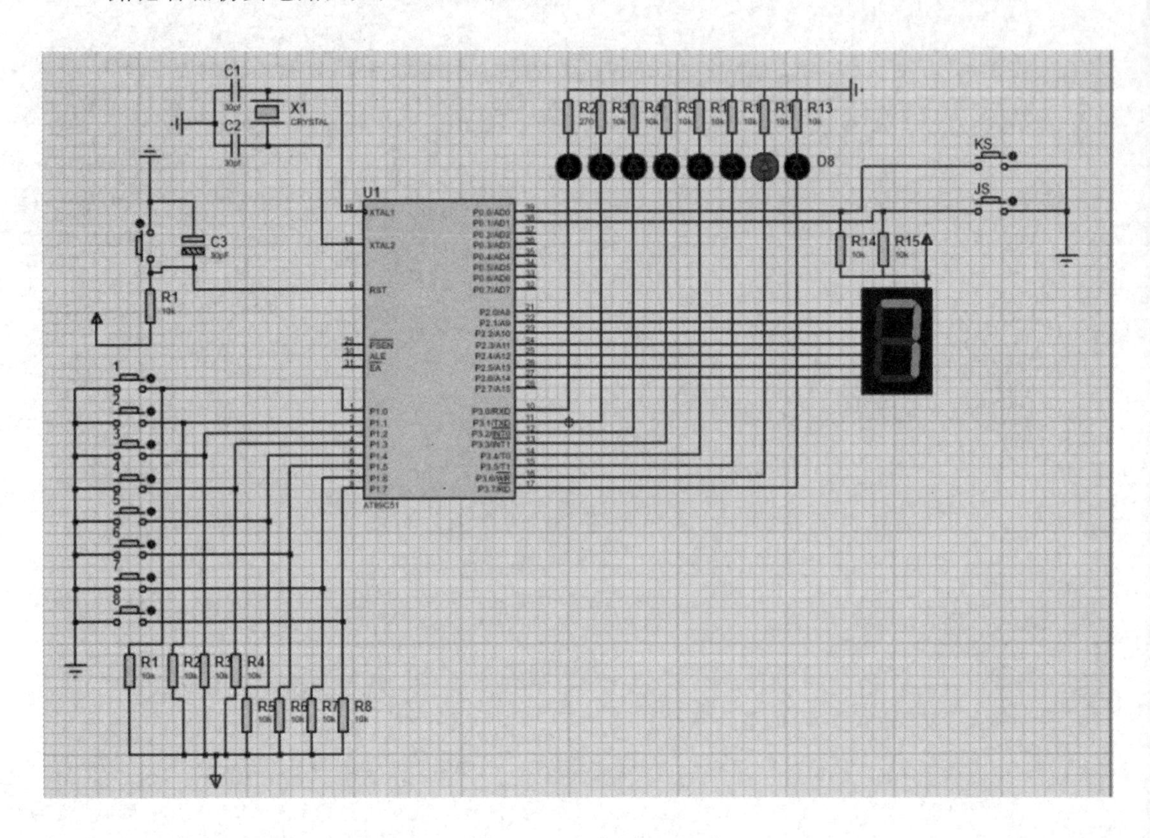

图3-21　8路抢答器仿真电路图

2）参考程序

八路抢答器控制参考程序如下：

```
/*****************************************
程序名称：program3-3.c
程序功能：八路抢答器的控制
*****************************************/
#include<reg51.h>
sbit ks=P0^0;           //开始信号
sbit js=P0^1;           //复位信号
void Delay10ms(unsigned int c);
```

```
void main()
{
   unsigned char i, m;
   unsigned char duanma[10]={0xff, 0xc0, 0xf9, 0xa4, 0xb0, 0x99, 0x92, 0x82,
0xf8, 0x80};
   unsigned char deng[10]={0x00, 0x00, 0x01, 0x02, 0x04, 0x08, 0x10, 0x20,
0x40, 0x80};
   int flag=1;
   i=0;
   m=0x00;
   while(1)
   {
       P3=m;
       if(ks==0)
       {
         Delay10ms(1);
         if(ks==0)
         {
           i=1;
           if(P1!=0xff)
           {
             P2=0x86;
             break;
           }
           P2=duanma[i];
           while(flag)
           {
             switch(P1)
             {
               case 0xfe: flag=0; i=2; break;    //D1灯亮，数码管显示数字1
               case 0xfd: flag=0; i=3; break;    //D2灯亮，数码管显示数字2
               case 0xfb: flag=0; i=4; break;    //D3灯亮，数码管显示数字3
               case 0xf7: flag=0; i=5; break;    //D4灯亮，数码管显示数字4
               case 0xef: flag=0; i=6; break;    //D5灯亮，数码管显示数字5
               case 0xdf: flag=0; i=7; break;    //D6灯亮，数码管显示数字6
               case 0xbf: flag=0; i=8; break;    //D7灯亮，数码管显示数字7
               case 0x7f: flag=0; i=9; break;    //D8灯亮，数码管显示数字8
               default: flag=1; break;
             }
```

```
            }
            P2=duanma[i];
            m=deng[i];
            }
        }
        if(js==0)
        {
            Delay10ms(1);
            if(js==0)
            {
                i=0;
                m=0x00;
                P2=duanma[i];
                flag=1;
            }
        }
    }
}
void Delay10ms(unsigned int c)   //延时函数
{
    unsigned char a, b;
    for(; c>0; c--)
    {
        for(b=38; b>0; b--)
        {
            for(a=130; a>0; a--)
            ;
        }
    }
}
```

2. 抢答器焊接调试

1）制作八路抢答器的电路板

在确保设备、人身安全的前提下，学生按计划分工进行单片机系统的制作和生产工作。首先进行PCB制板，如学过制版课程，可自行制版；如没有学过，则使用教师提前准备好的板或采用万能板制作均可。列出所需元件清单，如表3-2所示。准备好所需元件及焊接工具(电烙铁、焊锡丝、镊子、斜口钳、万用表等)，开始制作硬件电路板。

表 3-2　元件清单

序号	元件名称	规格型号	数量
1	单片机	AT89C51	1个
2	晶振	12 MHz	1个
3	电容	30 pF 瓷片电容	2个
		10 μF、16 V 电解电容	1个
4	电阻	1 kΩ	18个
		10 kΩ	1个
5	共阳极数码管显示器	7SEG-MPX1-CA	1片
6	发光二极管	LED	8个
7	按键	四爪微型轻触开关	11个

2）硬件电路测试

焊接完成后进行硬件电路的测试，具体包括：

(1) 测试单片机的电源和地是否正确连接。

(2) 测试单片机的时钟电路和复位电路是否正常。

(3) 测试 EA 引脚是否与电源相连。

(4) 测试 LED 数码管动态显示电路是否正确。

(5) 测试下载口界限是否正确。

小组反复讨论、分析并调试好单片机系统的硬件。

3）调试

硬件调试分单元电路调试和联机调试。单元电路试验在硬件电路设计时已经进行，这里的调试只是将其制成印刷电路板后试验电路是否正确，并排除一些加工工艺性错误(如错线、开路、短路等)。单元电路调试可单独模拟进行，也可通过开发装置由软件配合进行，而联机调试则必须在系统软件的配合下进行。

软件调试一般包括分块调试和联机调试两个阶段。程序的分块调试一般在单片机开发装置上进行，可根据所调程序功能块的入口参量初值编制一个特殊的程序段，并连同被调程序功能块一起在开发装置上运行；也可配合对应硬件电路单独运行某程序功能块，然后检查是否正确，如果执行结果与预想的不一致，则可以通过单步运行或设置断点的方法查出原因并加以改正，直到运行结果正确为止。

【项目小结】

本项目从简易的独立按键控制灯亮到复杂的抢答器的设计与制作，把独立式按键、矩阵式按键、存储器扩展等知识融入任务中，通过任务的完成，提升学习按键控制的应用能力。本项目中应掌握独立式按键的基本结构、识别方法，矩阵式键盘结构及按键识别方法、按键在实际中应用等知识。

在项目分析过程中，培养学生独立思考的能力；在项目实施过程中，提升学生互相帮助、取长补短的良好品德。项目学习的过程漫长又充满挑战，在这个过程中只有始终坚守本心，牢记学习使命，方能取得成功。

学习任务单见表3-3，项目考核评价表见表3-4所示。

【思考练习】

一、填空题

1. 由于按键闭合时机械触点的弹性作用，触点在闭合和断开的瞬间电接触不稳定，造成了__________________现象。

2. 在矩阵式键盘中，按键的唯一标志为__________。

3. 一个4×5的行、列结构可以构成一个含有__________个按键的键盘。

4. 按键根据连接电路不同分为__________式按键和__________式按键。

二、思考题

1. 一个4×4矩阵式键盘采用列扫描法如何计算键值？

2. 试分析按键的软件去抖程序结构。

3. 如果不进行去抖会给电路带来什么影响？

表3-3　学习任务单

<table>
<tr><td colspan="4">单片机应用技术学习任务单</td></tr>
<tr><td colspan="3">项目名称：项目3　抢答控制——稳扎稳打</td><td>专业班级：</td></tr>
<tr><td colspan="3">组别：</td><td>姓名及学号：</td></tr>
<tr><td>任务要求</td><td colspan="3"></td></tr>
<tr><td>系统
总体设计</td><td colspan="3"></td></tr>
<tr><td>仿真调试</td><td colspan="3"></td></tr>
<tr><td>成品
制作调试</td><td colspan="3"></td></tr>
<tr><td>心得体会</td><td colspan="3"></td></tr>
<tr><td rowspan="2">项目
完成确认</td><td>学生签字</td><td colspan="2">年　　月　　日</td></tr>
<tr><td>教师签字</td><td colspan="2">年　　月　　日</td></tr>
</table>

表3-4 项目考核评价表

<table>
<tr><td colspan="5">项目考核评价表</td></tr>
<tr><td colspan="3">项目名称：项目3 抢答控制——稳扎稳打</td><td colspan="2">专业班级：</td></tr>
<tr><td colspan="3">组别：</td><td colspan="2">姓名及学号：</td></tr>
<tr><td>考核内容</td><td colspan="2">考 核 标 准</td><td>标准分值</td><td>得分</td></tr>
<tr><td>课程思政</td><td>育人成效
(全程)</td><td>根据该同学在线上和线下学习过程中：
(1) 家国情怀是否体现；
(2) 工匠精神是否养成；
(3) 劳动精神是否融入；
(4) 职业素养是否提升；
(5) 安全责任意识是否提高；
(6) 哲学思想是否渗透。
教师酌情给出课程思政育人成效的分数</td><td>20</td><td></td></tr>
<tr><td rowspan="5">线上学习</td><td>资源学习
(课前)</td><td>根据线上资源学习进度和学习质量酌情给分</td><td>10</td><td></td></tr>
<tr><td>预习测试
(课前)</td><td>根据线上项目测试成绩给分</td><td>5</td><td></td></tr>
<tr><td>平台互动
(全程)</td><td>根据课程答疑中的互动数量酌情给分</td><td>10</td><td></td></tr>
<tr><td>虚拟仿真
(课后)</td><td>根据虚拟仿真实训成绩给分，可多次练习，取最高分</td><td>10</td><td></td></tr>
<tr><td>在线作业
(课后)</td><td>应用所学内容完成在线作业</td><td>7</td><td></td></tr>
<tr><td rowspan="4">线下学习</td><td>课堂表现
(课中)</td><td>(1) 学习态度是否端正；
(2) 是否认真听讲；
(3) 是否积极互动</td><td>8</td><td></td></tr>
<tr><td>学习任务单
(全程)</td><td>(1) 书写是否规范整齐；
(2) 设计是否正确、完整、全面；
(3) 内容是否翔实</td><td>10</td><td></td></tr>
<tr><td>仿真调试
(课中)</td><td>根据 Proteus 和 Keil 软件联合仿真调试情况，酌情给分</td><td>10</td><td></td></tr>
<tr><td>成品调试
(课中)</td><td>(1) 调试顺序是否正确；
(2) 能否熟练排除错误；
(3) 调试后运行是否正确</td><td>10</td><td></td></tr>
<tr><td colspan="4">项目成绩</td><td></td></tr>
</table>

项目4　报警控制——非同小可

情境导入

随着人们生活水平的日益提高，汽车已进入千家万户，如何安全准确的停车入库是车主们最为关注的一件事情。本项目设计了一款停车入库报警器，通过HC-SR04超声波测距模块检测车辆入库时是否在安全距离内。当车辆入库低于安全距离时，则输出低电平，把检测结果送入单片机，通过单片机控制报警灯和高音报警器的启动，发出警报提醒车主，适当改变车距，安全入库，保障人与车的安全。

学习目标

1. 知识目标

(1) 掌握中断的基本概念、中断优先级的设置；
(2) 掌握中断源的开放或关闭设置及中断源中断服务程序入口地址的确定；
(3) 掌握中断的使用方法。

2. 能力目标

(1) 掌握报警器的程序设计方法及其所用指令；
(2) 掌握报警器硬件设计的基本方法；
(3) 能够对设计的电路进行正确连接及调试。

3. 素质目标

(1) 培养道路交通安全意识；
(2) 弘扬工匠精神；
(3) 培养统筹安排，运筹帷幄能力。

任务 4.1 蜂鸣器模拟标准件生产线警报控制

本任务主要是利用蜂鸣器作警报器件，来模拟在标准生产线上发生故障后的报警提示，运用 MCS-51 单片机的输入/输出(I/O)口驱动一个蜂鸣器，用软件延时的方法让蜂鸣器发出声响。

知识链接

4.1.1 单片机中断系统概述

在单片机与外部设备交换信息时，存在一个快速的 CPU 与慢速的外设之间的矛盾。若采用查询方式，则不但占用了 CPU 的操作时间，并且响应速度慢。此外对 CPU 外部随机出现的紧急事件，也常常需要 CPU 马上响应。为解决这个问题，在单片机中引入了中断技术。

1. 中断的概念

中断是通过硬件来改变 CPU 程序运行方向的。单片机在执行程序的过程中，由于 CPU 以外的某种原因，需中止当前程序的执行，而去执行相应的处理程序，待处理结束后，再回来继续执行被中止了的源程序，这种情况称为中断。中断之后所执行的程序称为中断服务或中断处理程序，原来运行的程序则称为主程序。主程序被断开的位置称为断点。引起中断的原因，或发出中断申请的来源称为中断源。

引入中断技术可以实现：

(1) 使 CPU 与外设同步工作。CPU 启动外设工作后，就继续执行主程序，而外设把数据准备好后，发出中断请求，请求 CPU 中断源程序的执行，转去执行中断服务程序，中断处理完后，CPU 恢复执行主程序，外设也继续工作。这样 CPU 就可以指挥多个外设同时工作，从而大大提高 CPU 的利用率。

(2) 实时处理。在实时控制中，现场采集到的各种数据可在任一时刻发出中断请求，要求 CPU 及时处理，若 CPU 是开放的，CPU 就可以马上对数据进行处理。

(3) 故障处理。当单片机在运行过程中出现了事先预料不到的情况或故障时(如掉电、存储出错、溢出等)，可以利用中断系统自动处理，而不必停机。

2. 单片机中断系统结构

80C51 单片机的中断系统由与中断有关的特殊功能寄存器、中断入口、顺序查询逻辑电路组成，其结构框图如图 4-1 所示。

由图 4-1 可见，80C51 单片机有 5 个中断请求源，4 个用于中断控制的特殊功能寄存器 IE、IP、TCON(用 6 位)和 SCON(用 2 位)，可提供两个中断优先级，实现两级中断嵌

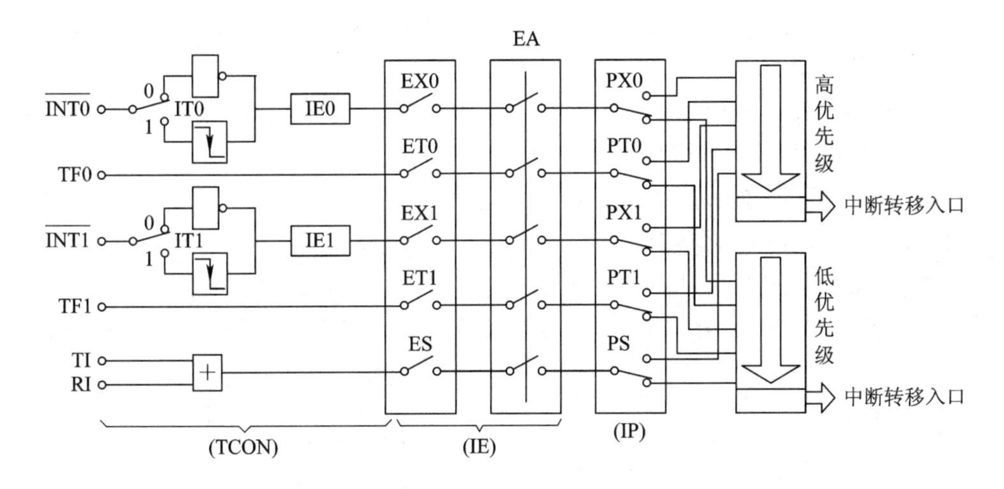

图4-1　中断系统结构框图

套。5个中断源对应5个固定的中断入口地址(矢量地址)。

1) 中断请求源

80C51单片机提供了5个中断请求源，其中2个为外部中断请求 $\overline{INT0}$ 和 $\overline{INT1}$，分别由P3.2和P3.3脚输入，两个为片内定时/计数器T0和T1的溢出中断请求TF0(TCON.5)和TF1(TCON.7)，1个片内串行口发送或接收中断请求TI(SCON.1)或RI(SCON.0)，这些中断请求源分别由特殊功能寄存器TCON和SCON的相应位锁存。

(1) 定时/计数器控制寄存器TCON。TCON为定时计数器T0、T1的控制寄存器，同时也锁存了T0、T1的溢出中断源及外部中断请求源等。与中断有关的位如图4-2所示。

TCON	8FH		8DH		8BH	8AH	89H	88H
(88H)	TF1		TF0		IE1	IT1	IE0	IT0

图4-2　与中断有关的位

具体介绍如下：

① IT0：外部中断0触发方式控制位。当IT0=0时，外部中断0控制为电平触发方式。在此方式下，CPU在每个机器周期的S5P2期间采样 $\overline{INT0}$(P3.2)的输入电平，若采到低电平，则认为有中断请求，随即置位IE0。若采到高电平，则认为无中断请求或中断请求已清除，随即对IE0清“0”。在电平触发方式中，CPU响应中断后不能自动使IE0清“0”，也不能由软件使IE0清“0”，故在中断返回前必须清除 $\overline{INT0}$ 引脚上的低电平，否则会再次响应中断造成出错。

若IT0=1，则外部中断0控制为边沿触发方式。在此方式下，CPU在每个机器周期的S5P2期间采样 $\overline{INT0}$(P3.2)的输入电平，若相继两次采样，一个周期采样为高电平，接下来的下一个周期采样为低电平，则置位IE0，表示外部中断0正在向CPU请求中断，直到该中断被CPU响应时，IE0由硬件自动清零。在边沿触发方式中，为保证CPU在两个机器周期内检测到先高后低的负跳变，输入高低电平的持续时间起码要保持1个机器周期。

② IE0：外部中断0标志，若IE0=1，则外部中断0向CPU请求中断。

③ IT1：外部中断1触发方式控制位，功能与IT0类似。

④ IE1：外部中断 1 标志，若 IE1=1，则外部中断 0 向 CPU 请求中断。

⑤ TF0：T0 溢出中断标志，在启动 T0 计数后，T0 从初值开始加 1 计数，当计满溢出时，由硬件使 TF0 置 1，向 CPU 申请中断，CPU 响应 TF0 中断后，由硬件对 TF0 清零，TF0 也可由软件清零(查询方式)。

⑥ TF1：T1 溢出中断标志，功能与 TF0 类似。

系统复位后，TCON 各位均清零。

(2) 串行口控制寄存器 SCON。SCON 为串行口控制寄存器，字节地址为 98H，SCON 的低 2 位 TI 和 RI 锁存串行口的接收中断标志和发送中断标志。SCON 的格式如图 4-3 所示。

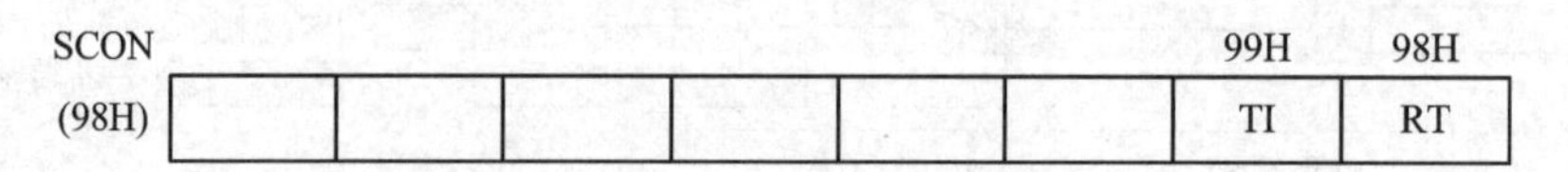

图 4-3　SCON 格式

具体介绍如下：

① TI：串行口的发送中断标志。在串行口以方式 0 发送时，每当发送完 8 位数时，由硬件使 TI 置 1；若以方式 1、方式 2 或方式 3 发送，在发送停止位的开始时，TI 置 1。TI=1 表示串行口发送正在向 CPU 请求中断，但 CPU 响应中断时不会对 TI 清零，必须由软件清零。

② RI：串行口的接收中断标志。若串行口接收器允许接收，并以方式 0 工作，每当接到第 9 位时，使 RI 置 1，若以方式 1、2、3 工作，且 SM2=0，当接到停止位的中间时，RI 置 1；若串行口以方式 2 或方式 3 工作，且 SM2=1，仅当接收到的第 9 位数据 RB8 为 1，且同时还要在接收到停止位中间时，RI 才置 1。RI=1 表示接收器正在向 CPU 请求中断。同样 CPU 响应中断时，不会对 RI 清零，必须由软件清零。

系统复位后，SCON 各位均清零。

2) 中断控制

(1) 中断禁止与开放。特殊功能寄存器 IE 为中断允许寄存器，通过向 IE 写入中断控制字，控制 CPU 对中断源的开放与屏蔽，以及每个中断源是否允许中断。IE 格式如图 4-4 所示。

IE	AFH			ACH	ABH	AAH	A9H	A8H
(A8H)	EA			ES	ET1	EX1	ET0	EX0

图 4-4　IE 格式

具体介绍如下：

① EA：CPU 中断总允许位。当 EA=1 时，CPU 允许中断，每个中断源是允许还是禁止，分别由各自的允许位确定；当 EA=0 时，CPU 屏蔽所有的中断要求。

② ES：串行口中断允许位。ES=1，允许串行口中断；ES=0，禁止串行口中断。

③ ET1：T1 中断允许位。ET1=1，允许 T1 中断；ET1=0，禁止 T1 中断。

④ EX1：外部中断 1 允许位。EX1=1，允许外部中断 1 中断；EX1=0，禁止外部中断 1 中断。

⑤ ET0：T0 中断允许位。ET0=1，允许 T0 中断；ET0=0，禁止 T0 中断。

⑥ EX0：外部中断 0 允许位。EX0=1，允许外部中断 0 中断；EX0=0，禁止外部中断 0 中断。

系统复位后，IE 中各位均清零，禁止所有中断。

(2) 中断优先级设定。80C51 单片机有两个中断优先级，对于每一个中断请求源，可编程为高优先级中断或低优先级中断，可实现二级中断嵌套。一个正在执行的低优先级中断能被高优先级中断所中断，但不能被另一个低优先级中断所中断，一直执行到结束，遇到中断返回指令 RETI，返回主程序后再执行一条指令才能响应新的中断请求。

特殊功能寄存器 IP 为中断优先级寄存器，锁存各中断源优先级的控制位，用户可由软件设定。IP 格式如图 4-5 所示。

IP				BCH	BBH	BAH	B9H	B8H
(B8H)				PS	PT1	PX1	PT0	PX0

图 4-5 IP 格式

具体介绍如下：

① PS：串行口中断优先级控制位。PS=1，设定串行口为高优先级中断；PS=0，串行口为低优先级中断。

② PT1：T1 中断优先级控制位。PT1=1，设定定时器 T1 为高优先级中断；PT1=0，T1 为低优先级中断。

③ PX1：外部中断 1 中断优先级控制位。PX1=1，设定外部中断 1 为高优先级中断；PX1=0，为低优先级中断。

④ PT0：T0 中断优先级控制位。PT0=1，设定定时器 T0 为高优先级中断；PT0=0，T0 为低优先级中断。

⑤ PX0：外部中断 0 中断优先级控制位。PX0=1，设定外部中断 0 为高优先级中断；PX0=0，为低优先级中断。

系统复位后，IE 中各位均清零。各中断源均为低优先级中断。

80C51 单片机的中断系统有两个不可寻址的优先级有效触发器。其中一个指示某高优先级的中断正在执行，所有后来申请的中断都被阻止。另外一个触发器指示某低优先级的中断正在执行，所有的同级中断都被阻止，但不阻止高优先级的中断。

若同时收到几个同一优先级的中断请求，CPU 通过内部硬件查询逻辑按自然优先级顺序确定响应哪一个中断请求。其自然优先级由硬件形成，排列如表 4-1 所示。

表 4-1 中断优先级

中 断 源	同级自然中断优先级
外部中断 0	最高级
定时器 T0 中断	↓
外部中断 1	↓
定时器 T1 中断	↓
串行口中断	最低级

4.1.2　中断响应

1. 中断的响应条件

单片机CPU响应中断的条件主要有:

(1) 有中断源发出中断请求。

(2) CPU开总中断(即EA=1)。

(3) 申请中断的中断源开中断(允许寄存器IE相应位置1)。

以上是响应中断的基本条件。尚需满足以下条件,才能确保CPU响应中断:

(1) 无同级或高一级的中断正在服务。

(2) 现行指令执行到最后一个机器周期且已结束。

(3) 若现行指令为RETI或访问特殊功能寄存器IE或IP的指令,执行完该指令且紧随其后的另一条指令也已执行完。

2. 中断响应过程

单片机一旦响应中断,首先置位响应的优先级有效触发器,然后执行一个硬件子程序调用,把断点压入堆栈保护,然后将对应的中断入口地址值装入程序计数器PC,使程序转向该中断入口地址,以执行中断服务程序。执行完中断服务程序,返回原来被中断的地方(断点),继续执行原来的程序。

80C51单片机中各中断源与对应的入口地址如表4-2所示。

表4-2　80C51单片机中各中断源与对应的入口地址

中　断　源	入口地址
外部中断0	0003H
定时器T0中断	000BH
外部中断1	0013H
定时器T1中断	001BH
串行口中断	0023H

各入口地址之间只相隔8个字节,一般的中断服务程序是容纳不下的。通常在中断服务程序入口地址处放一条无条件转移指令,这样可使中断服务程序安排在64 KB空间的任意处。采用C语言进行编程的时候,C51编译器会根据中断类型号自动分配地址,只需要在定义中断服务函数的时候给出对应的中断类型号即可。

3. 中断响应时间

由上述可知,CPU不是在任何情况下都对中断请求立即响应,而且不同的情况对中断响应的时间也不同,下面以外部中断为例,说明中断响应时间。

外部中断请求信号的电平在每个机器周期的S5P2期间,经反相后锁存到IE0或IE1

标志位，CPU 在下一个机器周期才会查询到这些值，这时如果满足响应条件，CPU 响应中断时，需执行一条两个机器周期的调用指令，以转到相应的中断服务程序入口。这样从外部中断请求有效到开始执行中断服务程序的第一条指令至少需要 3 个机器周期。

如果在申请中断时 CPU 正在处理最长指令(如乘法、除法指令)，则额外等待时间增加 3 个机器周期，若正在执行 RETI 或访问 IE、IP 指令，则额外等待时间又增加 2 个机器周期。

综合估算，若系统中只有一个中断源，则响应时间为 3～8 个机器周期。

4.1.3　HC-SR04 超声波测距模块简介

1. HC-SR04 超声波测距模块原理

HC-SR04 超声波测距模块可提供 2～400 cm 的非接触式距离感测功能，测距精度可达到 3 mm；模块包括超声波发射器、接收器与控制电路。其基本工作原理如下：

(1) 采用 I/O 口 TRIG 触发测距，提供 10 μs 的高电平信号。

(2) 模块自动发送 8 个 40 kHz 的方波，自动检测是否有信号返回。

(3) 有信号返回，通过 I/O 口 ECHO 输出一个高电平，高电平持续的时间就是超声波从发射到返回的时间。

(4) 测试距离=(高电平时间×声速(340 m/s))/2。

HC-SR04 超声波测距模块实物如图 4-6 所示，包括 VCC(5 V 电源线)、GND(地线)、TRIG(触发控制信号输入)、ECHO(回响信号输出)4 支线。

图 4-6　HC-SR04 超声波测距模块

2. 电气参数

HC-SR04 超声波测距模块电气参数如表 4-3 所示。

表 4-3 HC-SR04 超声波测距模块电气参数

电 气 参 数	HC-SR04 超声波模块
工作电压	DC 5 V
工作电流	15 mA
工作频率	40 Hz
最远射程	4 m
最近射程	2 cm
测量角度	15 度
输入触发信号	10 μs 的 TTL 脉冲

3. 超声波时序图

超声波时序图如图 4-7 所示。

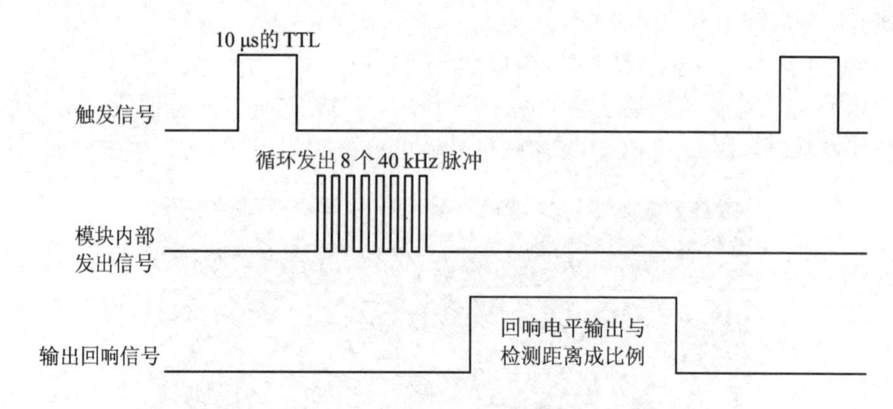

图 4-7 超声波时序图

一个 10 μs 以上脉冲触发信号，HC-SR04 超声波测距模块内部将发出 8 个 40 kHz 周期电平，即输出超声波，并检测回波。一旦检测到有回波信号则输出回响信号，回响信号的脉冲宽度与所测的距离成正比。由此通过发射信号到收到的回响信号时间间隔可以计算得到距离：μs/58=厘米或者 μs/148=英寸；或是：距离=高电平时间×声速(340 m/s)/2。建议测量周期为 60 ms 以上，以防止发射信号对回响信号的影响。

注意：

(1) 此模块不宜带电连接，如果要带电连接，则应先让模块的 GND 端连接，否则会影响模块的正常工作。

(2) 测距时，被测物体的面积不少于 0.5 平方米且平面要求尽量平整，否则会影响测量的结果。

超声波测距模块原理图如图 4-8 所示。

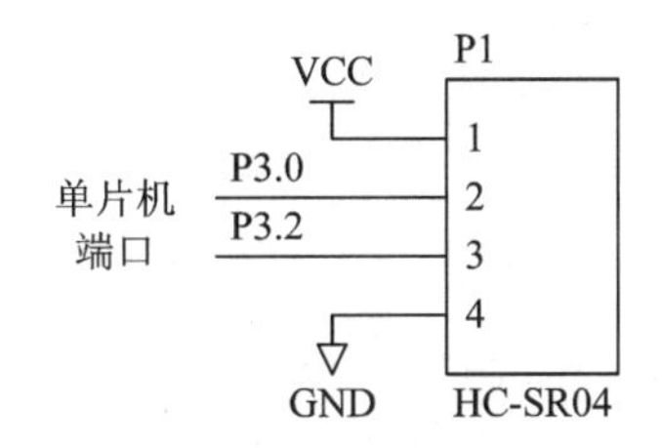

图4-8 超声波测距模块原理图

4.1.4 蜂鸣器工作原理

蜂鸣器(buzzer)发声原理是电流通过电磁线圈，使电磁线圈产生磁场来驱动振动膜发声的。

1. 蜂鸣器的结构原理

压电式蜂鸣器主要由多谐振荡器、压电蜂鸣片、阻抗匹配器及共鸣箱、外壳等组成。有的压电式蜂鸣器外壳上还装有发光二极管。多谐振荡器由晶体管或集成电路构成。当接通电源后(1.5～15 V直流工作电压)，多谐振荡器起振，输出1.5～2.5 kHz的音频信号，阻抗匹配器推动压电蜂鸣片发声。

电磁式蜂鸣器由振荡器、电磁线圈、磁铁、振动膜片及外壳等组成。接通电源后，振荡器产生的音频信号电流通过电磁线圈，使电磁线圈产生磁场。振动膜片在电磁线圈和磁铁的相互作用下，周期性地振动发声。

2. 蜂鸣器的分类

按驱动方式原理的不同可将蜂鸣器分为有源蜂鸣器(内含驱动线路，也叫自激式蜂鸣器)和无源蜂鸣器(外部驱动，也叫他激式蜂鸣器)。

按构造方式的不同，可将蜂鸣器分为电磁式蜂鸣器和压电式蜂鸣器。

按封装的不同，可将蜂鸣器分为DIP BUZZER(插针式蜂鸣器)和SMD BUZZER(贴片式蜂鸣器)。

按电流的不同，可将蜂鸣器分为直流蜂鸣器和交流蜂鸣器。其中，直流蜂鸣器是一种常见的压电式蜂鸣器，它用的材料是压电材料，即当受到外力导致压电材料发生形变时压电材料会产生电荷。同样，当通电时压电材料会发生形变。在直流蜂鸣器中，只要有驱动直流电压通过就会响；而交流蜂鸣器则需要给蜂鸣器一个脉冲信号就会响，常用PWM波控制蜂鸣器频率。

4.1.5 本任务C语言知识

1. 字符串

1) 字符串定义

为了测定字符串的实际长度，C语言规定了一个字符串结束标志，以字符'\0'作为标志。如果有一个字符串，前面9个字符都不是空字符(即'\0')，而第10个字符是'\0'，则此字符串的有效字符为9个。系统对字符串常量也自动加一个'\0'作为结束符。'\0'代表

ASCII码为0的字符。从ASCII码表中可以查到，ASCII码为0的字符不是一个可以显示的字符，而是一个空操作符，即它什么也不干。用'\0'作为字符串结束标志不会产生附加的操作或增加有效字符，而只起一个供辨别的标志作用。

2）字符串数组

用%s格式符输出字符串时，printf函数中的输出项是字符数组名，而不是数组元素名。如写成printf("%s", c[0])；是不对的。如果数组长度大于字符串实际长度，则也只输出到遇到'\0'结束。输出字符不包括结束符'\0'。例如：

```
char c[10]={"China"};      /* 字符串长度为5，加'\0'共占6个字节 */
```

printf("%s", c)；只输出字符串的有效字符“China”，而不是输出10个字符。这就是用字符串结束标志的好处。如果一个字符数组中包含一个以上'\0'，则在遇到第一个'\0'时输出就结束。可以用scanf函数输入一个字符串，例如：

```
scanf("%s", c);
```

scanf函数中的输入项c是已定义的字符数组名，输入的字符串应短于已定义的字符数组的长度。例如：

```
char c[6];
```

例如从键盘输入：

China↙（↙表示回车）

系统会自动在China后面加一个结束符'\0'。

2. 中断类型号

中断响应过程就是自动调用并执行中断函数的过程。常用的中断函数定义如下：

```
void 函数名()        interrupt   n
```

其中，n为中断类型号，C51编译器允许0～31个中断，故n的范围为0～31。

51系列单片机提供的5个中断源所对应的中断类型号如表4-4所示。

表4-4　51系列单片机提供的5个中断源对应的中断类型号

中　断　源	中断类型号
外部中断0	0
定时/计数器0	1
外部中断1	2
定时/计数器1	3
串行口	4

任务实施

1. 硬件设计

蜂鸣器是电流通过电磁线圈，使电磁线圈产生磁场来驱动震动膜发声的，因此需要一定的电流才能驱动它。单片机I/O引脚输出电平较小，驱动电流也比较小，因此，需要增加一个电流放大器来驱动蜂鸣器。在本任务中采用交流蜂鸣器，即给蜂鸣器一个脉冲信号就会响。蜂鸣器一端与5V电源相连，一端与P3.3口相连。在程序设计中输出信号取反操作，使得P3.3口发出定时的高低电平作为脉冲信号，驱动蜂鸣器发声。蜂鸣器控制电路图如图4-9所示。

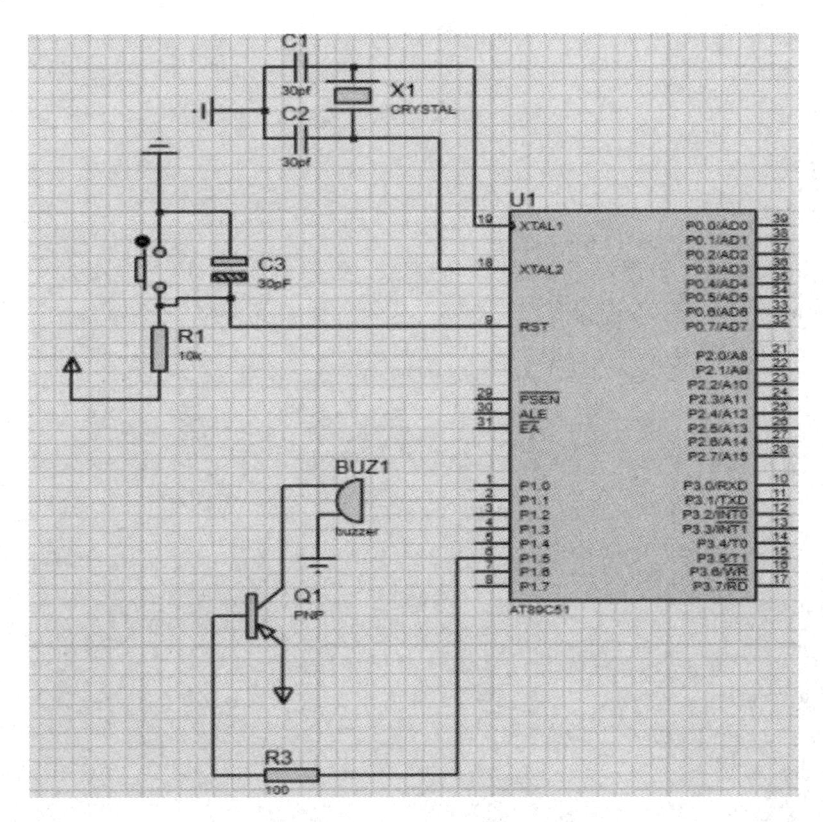

图4-9　蜂鸣器控制电路图

2. 软件设计

用单片机信号控制蜂鸣器发出声响。参考程序如下：

```
/*****************************************
程序名称：program4-1.c
程序功能：控制蜂鸣器发声
*****************************************/
#include "reg51.h"      //此文件中定义了单片机的一些特殊功能寄存器
sbit beep=P1^5;
/*****************************************
* 函数名：delay
* 函数功能：延时函数，i=1时，大约延时10 μs
*****************************************/
void delay(unsigned int i)
{
    while(i--);
```

```
}
void main()
{
  while(j<500)
  {  beep=~beep;
      delay(10);
      j++;
  }
}            //延时大约 100 μs，通过修改此延时时间达到不同的发声效果
```

3. 仿真调试

通过仿真调试可以呈现蜂鸣器发出声响效果，蜂鸣器声响的大小可以通过调整程序中延时时间长短进行控制，在此过程中需要细心、耐心地调试程序，最终达到所要效果。蜂鸣器控制仿真电路图如图 4-10 所示。

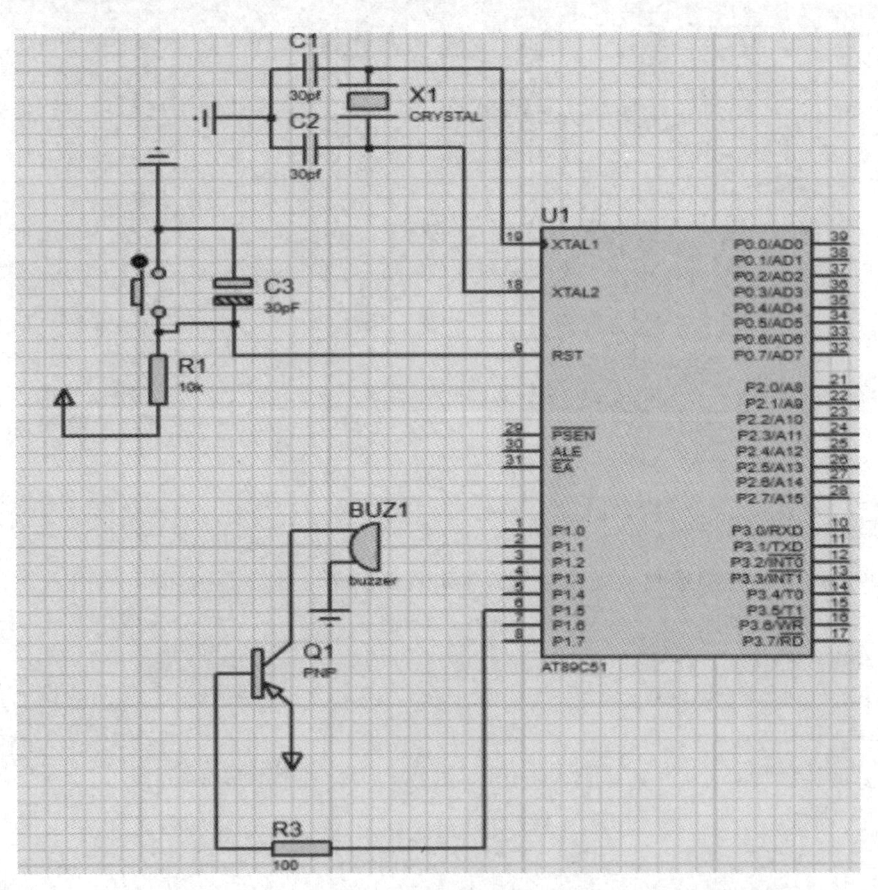

图 4-10　蜂鸣器控制仿真电路图

4. 拓展思考

上面所学蜂鸣器的控制比较简单，是否可以设计一款报警器，让蜂鸣器作为报警信号呢？

任务4.2 跑马灯中断系统控制

本任务主要是用单片机控制8只LED灯，在主程序中执行8只灯跑马灯效果，当有外部中断申请时，则在中断服务子程序中执行8只灯同时闪烁3次的效果，让这个过程循环起来。

知识链接

4.2.1 外部中断响应

80C51单片机外部中断请求为 $\overline{INT0}$ 和 $\overline{INT1}$，分别由P3.2和P3.3脚输入。IT0与IT1为外部中断触发方式控制位，有电平触发方式和边沿触发方式两种。

IE0：外部中断0标志。若IE0=1，则外部中断0向CPU请求中断。

IE1：外部中断1标志。若IE1=1，则外部中断1向CPU请求中断。

当P3.2或者P3.3引脚接收到信号后，表示有外部中断源发出中断请求，则CPU开总中断(即EA=1)，同时申请中断的外部中断源开中断(IE0或者IE1位置1)。单片机响应中断，进入外部中断服务程序执行中断请求。执行完中断服务程序后返回主程序继续执行主程序。

4.2.2 I/O口的扩展

80C51单片机共有4个8位并行I/O口，一般不能完全提供给用户使用。因此，单片机应用系统中常因I/O口不够用而需要扩展。

由于80C51单片机的外部数据存储器RAM与I/O是统一编址的，因此用户可以把外部64 KB的数据存储器RAM空间的一部分作为扩展外部I/O口的地址空间，这样单片机就可以像访问外部RAM一样访问外部接口芯片，对其进行读写操作了。

1. 外部I/O口与外部RAM的选址方法

由于外部I/O口与外部RAM是统一编址的，因此共占用16根地址线，P2口提供高8位地址，P0口提供低8位地址。为了唯一地选中外部某一存储单元(I/O接口芯片作为数据存储器的一部分)必须进行两种选择，首先是选择该存储器芯片(或I/O接口芯片)，称为片选，即选择外围设备(器件)地址；其次是选择该芯片的某一存储单元(或I/O芯片的寄存器)，称为字选，即选择外围设备(器件)的子地址。常用的选址方法有线选法和全地址译码法。

1) 线选法

若系统只扩展少量的外部RAM和I/O接口芯片，一般都采用线选法。

所谓线选法就是把单独的地址线接到某一个外部芯片的片选端，只要这一地址线为低电平，就选中芯片。如图 4-11 所示为线选法的一个例子，图中有的芯片除了片选地址外还有片内地址，而片内地址是由低位地址线进行译码选择的。根据图 4-11 的连接方法，各芯片的地址编码如表 4-5 所示。

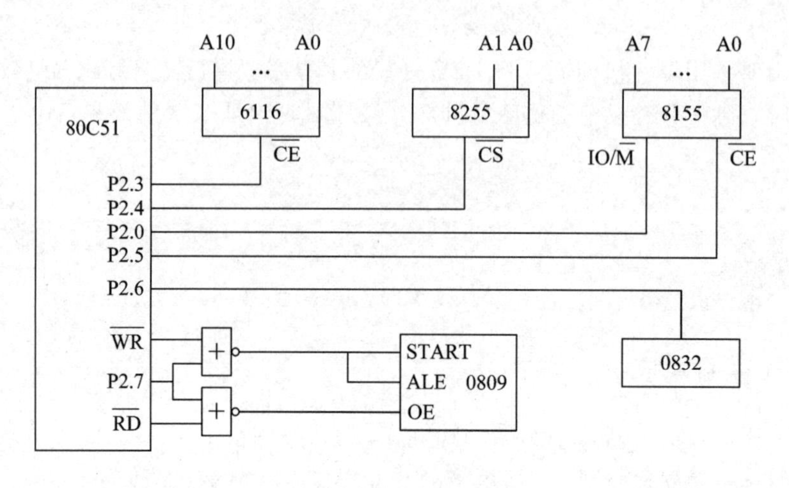

图 4-11　线选法连接图

表 4-5　图 4-7 的地址编码

外部器件		地址选择线(×/0)	片内地址单元数/个	地址编码
6116		1111 0×××××××××××	2048	F000H～F7FFH
8255		1110 1111 1111 11××	4	EFFCH～EFFFH
8155	RAM	1101 1110 ××××××××	256	DE00H～DEFFH
	I/O	1101 1111 1111 1×××	6	DFF8H～DFFDH
0832		1011 1111 1111 1111	1	BFFFH
0809		0111 1111 1111 1×××	8	7FF8H～7FFFH

图 4-11 中，6116 内部有 2 KB，需占用 11 根地址线，故其片选线只能选择 P2.3 以下的高位地址线。在片内 11 位地址中，字选未用的位均设为 1 状态，也可以设为 0 状态。80C51 单片机发出的 16 位地址码中，既包含了字选控制，又包含了片选控制。而片选控制线任一时刻只能有一片芯片工作，否则将会出错。

2）全地址译码法

对于 RAM 和 I/O 口容量较大的，当芯片所需的片选信号多于可利用的地址线时，可采用全地址译码法。全地址译码法采用译码器对高位地址线进行译码，译出的信号作为片选信号，用低位地址线选择芯片的片内地址。如图 4-12 所示为全地址译码的例子，因译码器的输入端只占用了 3 根最高位地址线，故剩余的 13 根地址线都可作为片内地址线。片内地址线字选未用的位设为 1 状态。根据图 4-12 的连接方法，各芯片的地址编码如表 4-6 所示。

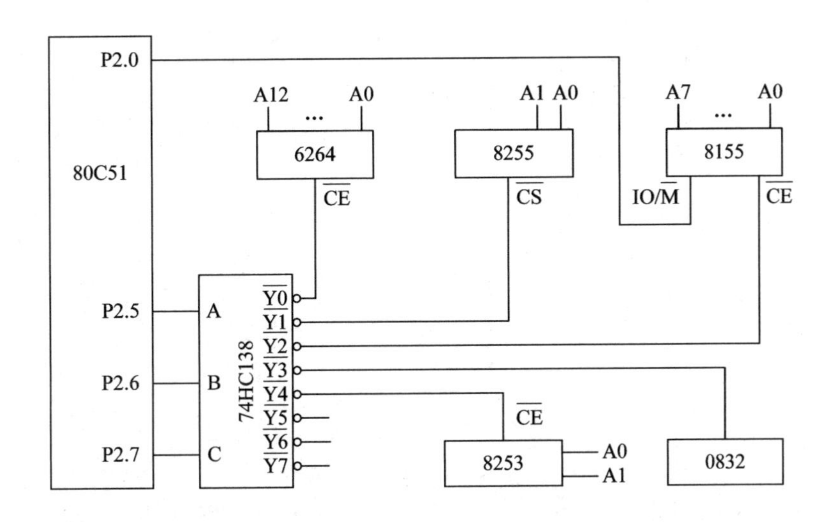

图 4－12　全地址译码法连接图

表 4－6　图 4－12 的地址编码

外部器件		地址选择线	片内地址单元数/个	地址编码
6264		000××××××××××××××	8192	0000H～1FFFH
8255		0011 1111 1111 11××	4	3FFCH～3FFFH
8155	RAM	0101 1110 ××××××××	256	5E00H～5EFFH
	I/O	0101 1111 1111 1×××	6	5EF8H～5FFDH
0832		0111 1111 1111 1111	1	7FFFH
8253		1001 1111 1111 11××	4	9FFCH～9FFFH

如图 4－13 所示为 74HC138 的引脚图。该芯片为 3－8 译码器，具有 3 个选择输入端，可组合成 8 种输入状态，输出端有 8 个，分别对应 8 种输入状态，见表 4－7。74HC138 还有 3 个使能端 E3、$\overline{E2}$、$\overline{E1}$，必须同时输入有效电平时，译码器才能工作，即输入电平为 100 时，才选通译码器，否则译码器的输出全无效。

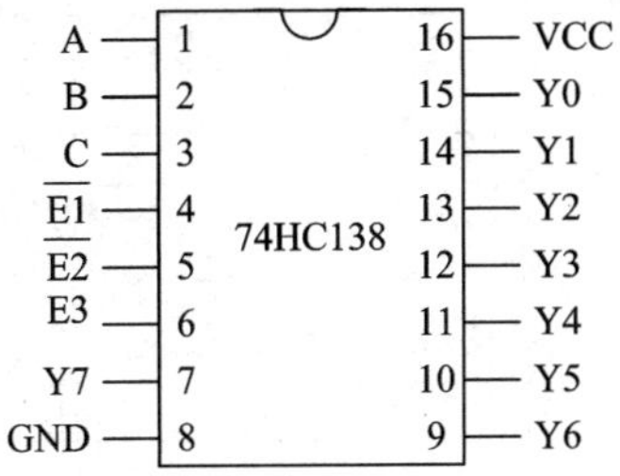

图 4－13　74HC138 引脚图

表 4-7 74HC138 输入、输出状态表

输入						输出							
使能			选择			Y0	Y1	Y2	Y3	Y4	Y5	Y6	Y7
E3	$\overline{E2}$	$\overline{E1}$	C	B	A								
1	0	0	0	0	0	0	1	1	1	1	1	1	1
1	0	0	0	0	1	1	0	1	1	1	1	1	1
1	0	0	0	1	0	1	1	0	1	1	1	1	1
1	0	0	0	1	1	1	1	1	0	1	1	1	1
1	0	0	1	0	0	1	1	1	1	0	1	1	1
1	0	0	1	0	1	1	1	1	1	1	0	1	1
1	0	0	1	1	0	1	1	1	1	1	1	0	1
1	0	0	1	1	1	1	1	1	1	1	1	1	0
0	×	×	×	×	×	1	1	1	1	1	1	1	1
×	1	×	×	×	×	1	1	1	1	1	1	1	1
×	×	1	×	×	×	1	1	1	1	1	1	1	1

3) I/O 口的虚拟译码

单片机应用系统中，当需要大容量数据存储器，而其他外围设备(器件)较少时，可采用 I/O 口的虚拟译码，即数据存储器占用全部寻址空间，外围设备(器件)采用 I/O 口线选通，不用译码输出来给定设备(器件)地址。例如图 4-14 为用两片 62256 扩展 64 KB 数据存储器的扩展系统，图中 P1.0 口线作为外围设备(器件)选通线。这样 62256(1)、62256(2)地址线 P2.7 和 P2.7 反相后选通，地址编码分别为 0000H～7FFFH、8000H～FFFFH。外设 1 号由 P1.0 I/O 口选通，无器件地址，假设该外设 1 号内部有 4 个子地址单元，那么它们要占据 64 KB 寻址范围中的 4 个地址单元，这 4 个地址单元会与 62256(1)、62256(2)的地址相重叠。由于并行总线扩展外围设备(器件)都用地址指针 DPTR 间接寻址，因此可把外设 1 号的 4 个子地址规定在 64 KB 寻址范围中的 4 个最高地址，即 FFFCH、FFFDH、FFFEH、FFFFH。访问 62256(1)、62256(2)时，P1.0 置 1，并且不得使用 4 个最高地址单元；访问外设 1 号时，P1.0 置 0，只允许访问 4 个最高地址单元。

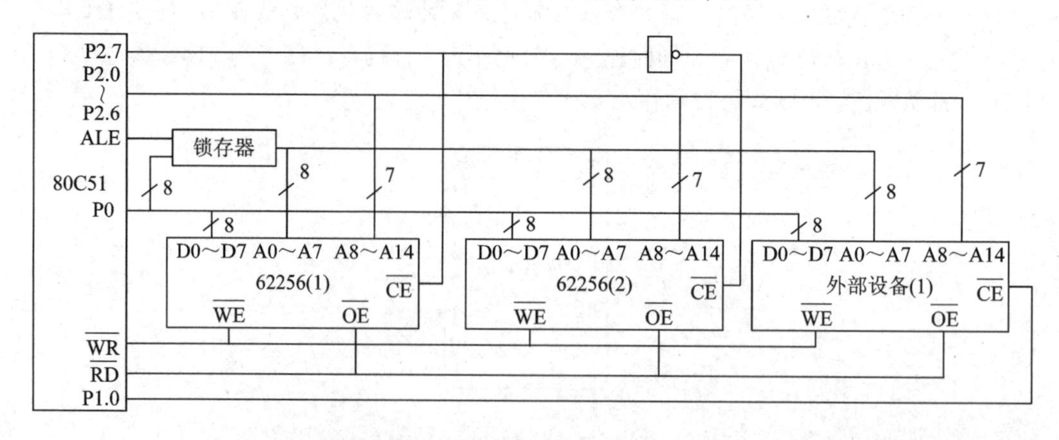

图 4-14 I/O 口的虚拟译码

2. I/O口扩展的方法

I/O口的扩展方法很多，可以构成各种不同的扩展电路，本书将它们区分为简单I/O口扩展和用多功能芯片的扩展。

1）简单I/O口扩展

采用TTL电路、CMOS电路锁存器或三态门作为I/O口扩展芯片，是单片机应用系统中经常采用的方法。这种I/O口一般都是通过P0口扩展的，具有电路简单、成本低、配置灵活的优点，一般在扩展单个8位输出或输入时十分方便。

可以作为I/O口扩展芯片使用的芯片有373、377、244、245、273、367等。在实际应用中可根据系统对输入、输出的要求，选择合适的扩展芯片。

图4-15为采用74HC244作扩展输入、74HC273作扩展输出的简单I/O口扩展电路，图中输入控制信号由P2.0和$\overline{RD}$相或而得，输出控制信号由P2.0和$\overline{WR}$相或而得。可见输入和输出口地址均为0FEFFH(P2.0=0)，但分别由$\overline{RD}$和$\overline{WR}$信号控制，故输入和输出在逻辑上不会发生冲突。该扩展电路如需实现的功能是按下任一按键时，相应的发光二极管发亮。

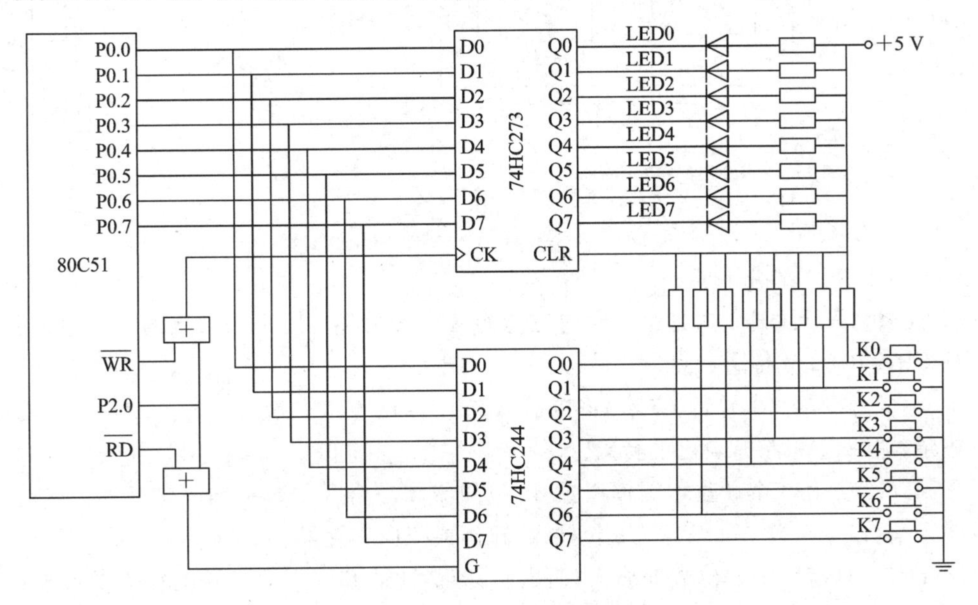

图4-15　简单I/O口扩展电路

2）用多功能芯片扩展I/O口

多功能芯片亦称可编程接口芯片，这种可编程接口芯片利用编程的方法，可使一个接口芯片执行多种不同的接口功能，因此使用起来十分方便，用它来连接单片机和外设时，不需要或只需要很少的外加硬件。

目前各计算机生产厂家已生产了很多系列的可编程接口芯片，限于篇幅在此仅介绍在80C51单片机中常用的8255和8155两种接口芯片。

(1) 8255可编程并行I/O扩展接口。

① 8255的结构及引脚功能。

8255在单片机应用系统中被广泛用作可编程并行I/O扩展接口。图4-16所示为8255

的内部结构框图及引脚图。

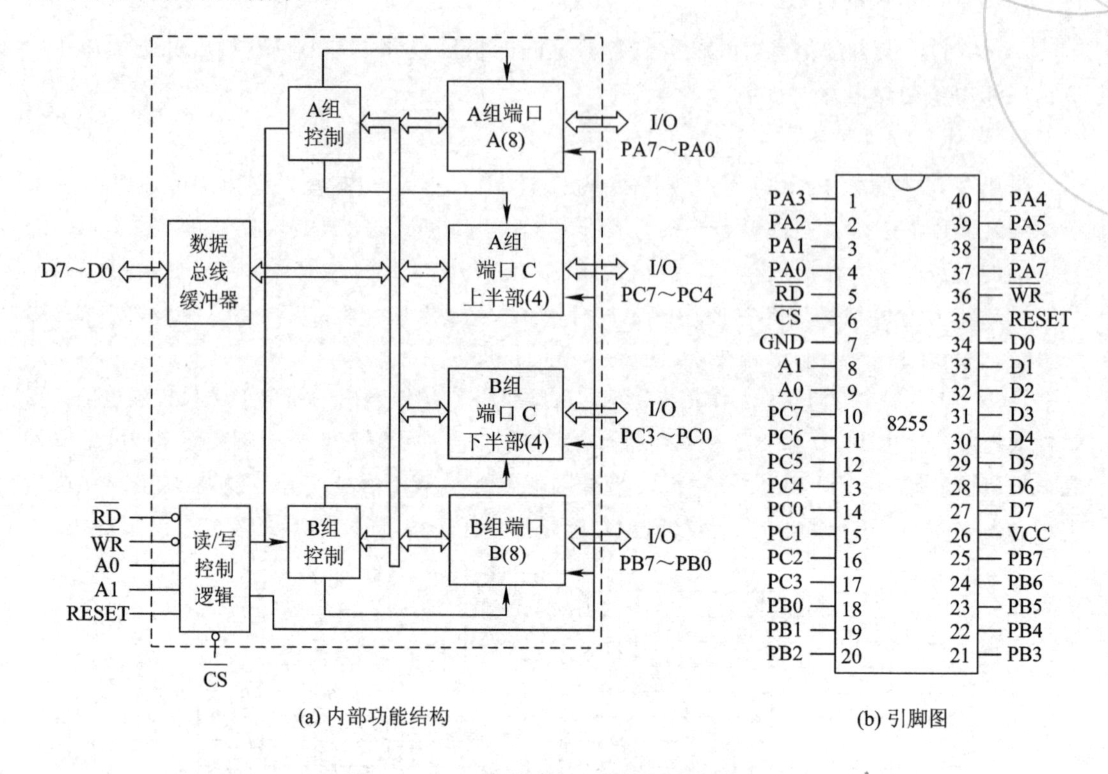

(a) 内部功能结构　　(b) 引脚图

图 4-16　8255 的内部结构框图及引脚图

8255 由以下 4 部分组成：

a. 数据总线缓冲器。这是一个双向三态的 8 位缓冲器，用于和系统的数据总线相连，以实现 CPU 和 8255 传递信息。

b. 并行 I/O 端口。并行 I/O 端口包括 A 口、B 口、C 口。这 3 个 8 位 I/O 端口功能由编程确定，但每个口都有自己的特点。

• A 口：具有一个 8 位数据输出锁存/缓冲器和一个 8 位数据输入锁存器。它是最灵活的输入/输出寄存器，可编程为 8 位输入/输出或双向寄存器。

• B 口：具有一个 8 位数据输入/输出锁存/缓冲器和一个 8 位数据输入缓冲器(不锁存)。它可编程为 8 位输入或输出寄存器，但不能双向输入输出。

• C 口：具有一个 8 位数据输出锁存/缓冲器和一个 8 位数据输入缓冲器(不锁存)。这个口在工作方式控制下可分为两个 4 位口使用。C 口除了作为输入、输出口使用外，还可以作为 A 口、B 口选通方式工作时的状态控制信号。

c. 读/写控制逻辑。它用于管理所有的数据、控制字或状态字的传送。它接收来自 CPU 的地址信号和控制信号来控制各个口的工作状态。其控制信号有：

• $\overline{CS}$：片选端，低电平有效。允许 8255 与 CPU 交换信息。

• $\overline{RD}$：读控制端，低电平有效。允许 CPU 从 8255 端口读取数据或外设状态信息。

• $\overline{WR}$：写控制端，低电平有效。允许 CPU 将数据、控制字写入 8255 中。

• A1、A0：端口地址选择。它们和 $\overline{RD}$、$\overline{WR}$ 信号相配合用来选择端口及内部控制寄存器，并控制信息传送的方向，如表 4-8 所示。

表 4-8　8255 端口选择及功能

A1	A0	RD	WR	CS	操　作
0	0	0	1	0	A 口→数据总线
0	1	0	1	0	B 口→数据总线
1	0	0	1	0	C 口→数据总线
0	0	1	0	0	数据总线→A 口
0	1	1	0	0	数据总线→B 口
1	0	1	0	0	数据总线→C 口
1	1	1	0	0	数据总线→控制寄存器
×	×	×	×	1	数据总线为三态
1	1	0	1	0	非法状态
×	×	1	1	0	数据总线为三态

• RESET：复位控制端，高电平有效。有效时，控制寄存器都复位清零，所有端口都被置成输入方式。

d. A 组和 B 组控制电路。这是两组根据 CPU 的命令字控制 8255 工作方式的电路。每组控制电路从读、写控制逻辑接收各种命令，从内部数据总线接收控制字(即指令)并发出适当的命令到相应的端口。A 组控制电路控制 A 口及 C 口的高 4 位；B 组控制电路控制 B 口及 C 口的低 4 位。

② 8255 的工作方式。

8255 有 3 种工作方式，即方式 0、方式 1、方式 2，如图 4-17 所示。

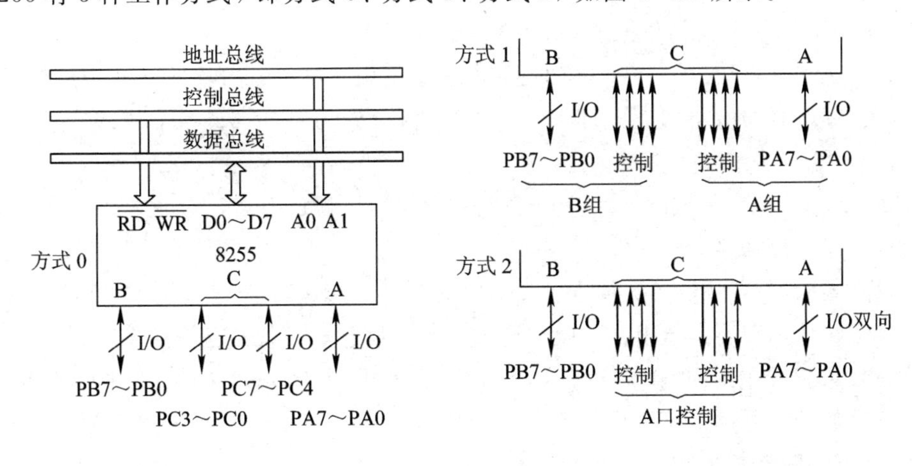

图 4-17　8255 的 3 种工作方式

a. 方式 0(基本输入/输出方式)。这种工作方式不需要任何选通信号。A 口、B 口及 C 口的高 4 位和低 4 位都可以设定为输入或输出。作为输出口时，输出的数据都被锁存；作为输入口时，输入数据不锁存。

b. 方式 1(选通输入/输出方式)。在这种工作方式下，A、B、C 3 个口分为两组：A 组包括 A 口和 C 口的高 4 位，A 口可由编程设定为输入口或输出口，C 口的高 4 位用来作为输入/输出操作的控制和同步信号；B 组包括 B 口和 C 口的低 4 位，B 口同样由编程设定为输入口或输出口，C口的低4位用来作为输入/输出操作的控制和同步信号。A口和B口的输入数据或输出数据都被锁存。

c. 方式2(双向总线方式)。在这种工作方式下，A口为8位双向总线口，C口的PC3～PC7用来作为输入/输出的同步控制信号。在这种情况下，B口和C口的PC0～PC2只能编程为方式0或方式1工作。

端口C在方式1和方式2时，8255内部规定的联络信号如表4-9所示。

表4-9 端口C联络信号分布

位	方式1		方式2	
	输入	输出	输入	输出
PC7	I/O	$\overline{OBF_A}$	×	$\overline{OBF_A}$
PC6	I/O	$\overline{ACK_A}$	×	$\overline{ACK_A}$
PC5	IBF_A	I/O	IBF_A	×
PC4	$\overline{STB_A}$	I/O	$\overline{STB_A}$	×
PC3	$INTR_A$	$INTR_A$	$INTR_A$	$INTR_A$
PC2	$\overline{STB_B}$	$\overline{ACK_B}$	I/O	I/O
PC1	IBF_B	$\overline{OBF_B}$	I/O	I/O
PC0	$INTR_B$	$INTR_B$	I/O	I/O

用于输入的联络信号有：

$\overline{STB}$(Strobe)：低电平有效。$\overline{STB}$是外部设备向8255发来的选通信号，在该信号有效时，8255把外部设备发来的数据装入8255的锁存器中。

IBF(Input Buffer Full)：输入缓冲器满信号，高电平有效。当数据已装入锁存器之后，可向外部设备发出缓冲满的信号(即IBF高电平有效)作为对外部设备的应答，用来告诉外部设备暂时不能发送下一个数据。

INTR(Interrupt)：中断请求信号，高电平有效。在IBF为高，$\overline{STB}$为高时才有效，用来向CPU请求中断服务。

输入操作过程：当外设的数据准备好后，发出$\overline{STB}=0$的信号，输入数据装入8255的锁存器，装满后使IBF=1，CPU可以查询这个状态信息，用来决定是否接收8255的数据。或者当$\overline{STB}$重新变为高时，INTR有效，向CPU发出中断请求。CPU在中断服务程序中接收8255的数据，并使INTR =0。

用于输出的联络信号有：

$\overline{ACK}$(Acknowledge)：响应信号输入，低电平有效。当外设取走并处理完8255的数据后发出该响应信号。

$\overline{OBF}$(Output Buffer Full)：输出缓冲器满，低电平有效。当CPU把数据送入8255锁存器后有效，这个输入的低电平用来通知外设开始接收数据。

INTR(Interrupt)：中断请求信号，高电平有效。在外设处理完一组数据后，$\overline{ACK}$变低，并且当$\overline{OBF}$变高，然后在$\overline{ACK}$又变高后使INTR有效，申请中断，进入下一次输出过程。

用户可以通过软件对 C 口的相应位进行置位/复位来控制 8255 的开中断和关中断。

在方式 1 和方式 2 下，A 口输入、输出控制开或关中断的相应位分别是 PC4、PC6；在方式 2 下，B 口输入、输出控制开或关中断的相应位均是 PC2。

③ 8255 的控制字。

8255 有两种控制字，即控制 A 口、B 口、C 口的工作方式的方式控制字和控制 C 口各位置位/复位控制字。两种控制字写入的控制寄存器相同，只是用 D7 位来区分是哪一种控制字。D7＝1 时为工作方式控制字；D7＝0 时为 C 口置位/复位控制字。两种控制字的格式如图 4－18 所示。

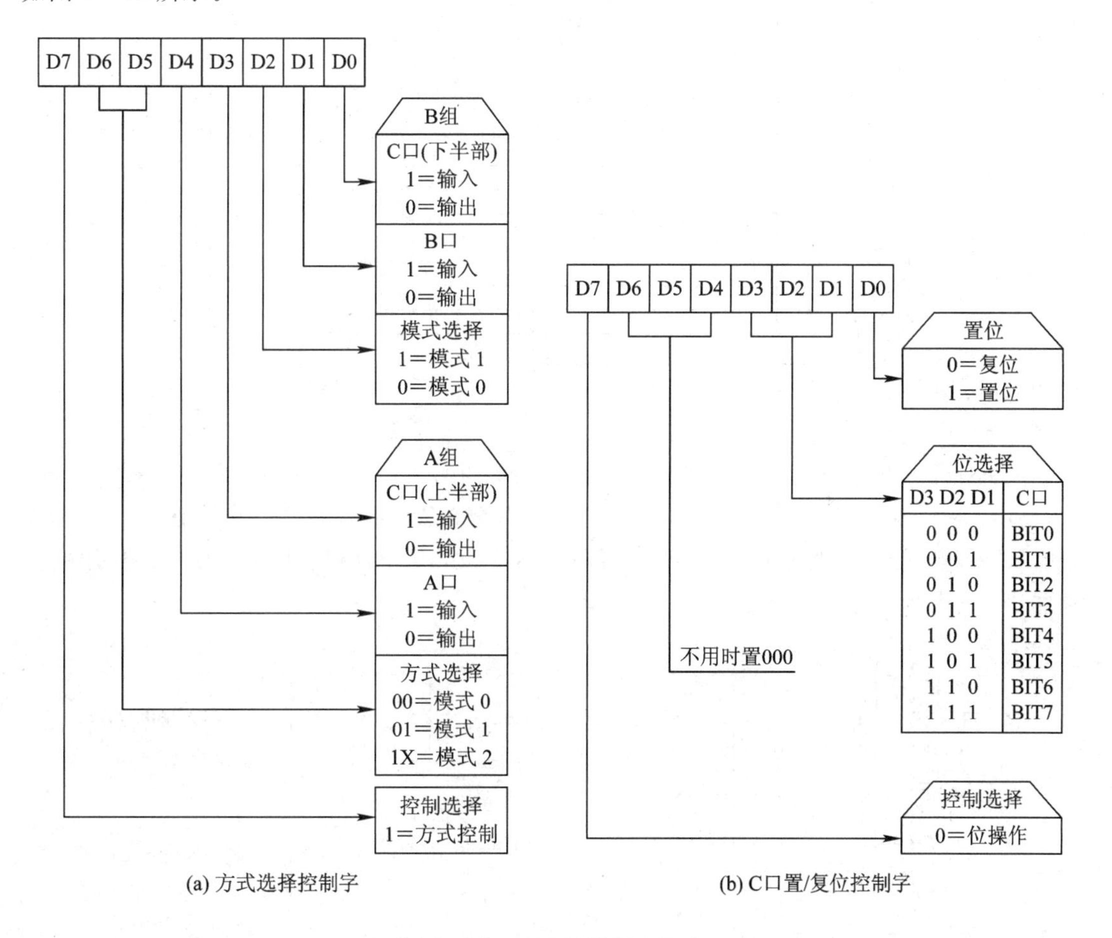

图 4－18　8255 的控制字格式

例如，当将 95H(10010101B)写入控制寄存器后，8255 被编程为 A 口方式 0 输入，B 口方式 1 输出，PC7～PC4 为输出，PC3～PC0 为输入。

例如，将 07H(00000111B)写入控制寄存器后，8255 的 PC3 置 1，写入 08H 时 PC4 清零。

④ 8255 与 80C51 单片机的连接。

8255 与 80C51 单片机的连接电路如图 4－19 所示，图中 8255 的片选信号 $\overline{CS}$ 及端口地址选择线 A1、A0 分别由 80C51 的 P0.7、P0.1、P0.0 经 74HC373 锁存后提供。80C51 的

$\overline{RD}$、$\overline{WR}$ 分别接 8255 的 $\overline{RD}$、$\overline{WR}$；8255 的 D0～D7 接 80C51 的 P0.0～P0.7。结合表 4-8 中 8255A、B、C 口及控制寄存器端口选择和图 4-19 中电路图的连接方式，可知 8255 的 A 口、B 口、C 口及控制口的地址分别为 FF7CH、FF7DH、FF7EH、FF7FH。

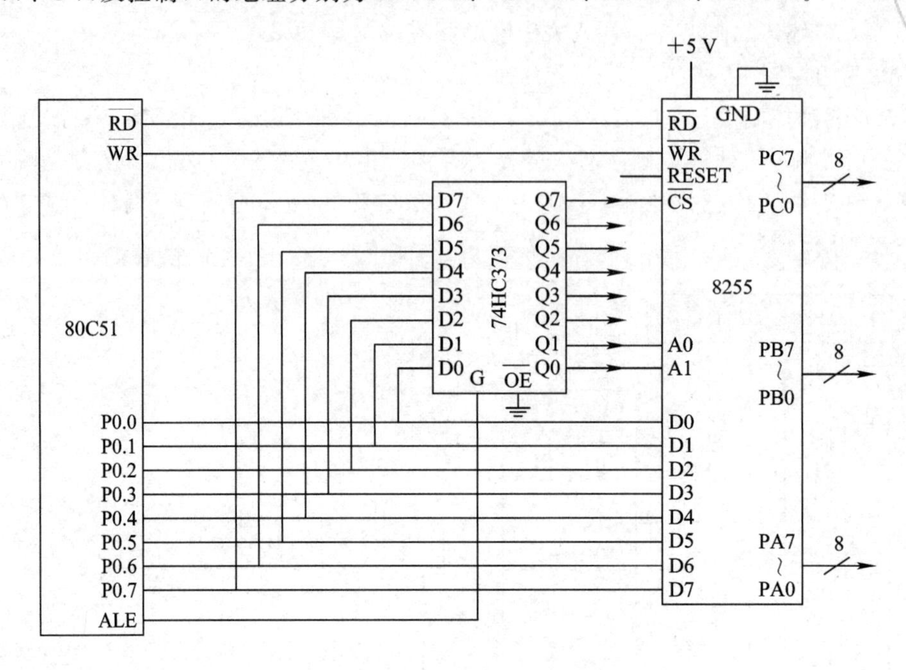

图 4-19　80C51 单片机与 8255 的连接

(2) 8155 可编程并行 I/O 扩展接口。

8155 芯片内有 256 个字节 RAM、2 个 8 位、1 个 6 位可编程 I/O 口和 1 个 14 位可编程定时/计数器，能方便地进行 I/O 口扩展和 RAM 扩展，是单片机应用系统中广泛使用的一种芯片。其引脚及组成框图如图 4-20 所示。

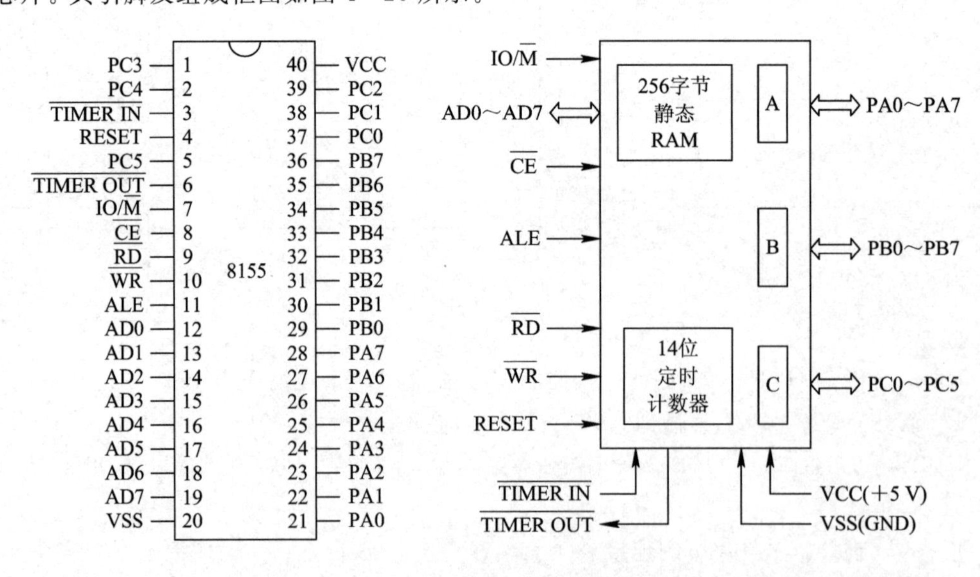

图 4-20　8155 引脚及组成框图

① 8155 的结构及引脚功能。

8155 为 40 脚双列直插式封装，其引脚功能及特点如下：

• RESET：复位端，高电平有效。当 RESET 加上 5 μs 左右的正脉冲时，8155 初始化复位，把 A 口、B 口、C 口均初始化成输入方式。

• AD0～AD7：三态地址数据总线。采用分时方法区分地址及数据信息。通常与 80C51 单片机的 P0 口相连。其他地址码可以是 8155 中 RAM 单元地址或 I/O 口地址。地址信息由 • ALE 的下降沿锁存到 8155 的地址锁存器中，与 $\overline{RD}$ 和 $\overline{WR}$ 信号配合输入或输出数据。

• $\overline{CE}$：片选信号线，低电平有效。它与地址信息一起由 ALE 信号的下降沿锁存到 8155 的锁存器中。

• IO/$\overline{M}$：RAM 和 I/O 口选择线。IO/$\overline{M}$=0 时，选中 8155 的片内 RAM，AD7～AD0 为 RAM 地址(00H～FFH)，若 IO/$\overline{M}$=1，选中 8155 的 3 个 I/O 口以及命令/状态寄存器和定时/计数器。

• $\overline{RD}$：读信号，低电平有效。$\overline{CE}$=0，$\overline{RD}$=0 时，将 8155 的片内 RAM 单元或 I/O 口的内容传送到 AD7～AD0 总线上。

• $\overline{WR}$：写信号，低电平有效。$\overline{CE}$=0，$\overline{WR}$=0 时，将 CPU 输出送到 AD7～AD0 总线上的地址信息写到片内 RAM 单元或 I/O 口中。

• ALE：地址锁存允许信号。ALE 信号的下降沿将 AD7～AD0 总线上的地址信息和 $\overline{CE}$ 及 IO/$\overline{M}$ 的状态信息都锁存到 8155 内部锁存器中。

• PA7～PA0：A 口通用输入/输出线。它由命令寄存器中的控制字来决定输入/输出。

• PB7～PB0：B 口通用输入/输出线。它由命令寄存器中的控制字来决定输入/输出。

• PC5～PC0：可用编程的方法来决定 C 口作为通用输入/输出线或作 A 口、B 口数据传送的控制应答联络线。

• $\overline{\text{TIMER IN}}$：定时/计数器脉冲输入端。

• $\overline{\text{TIMER OUT}}$：定时/计数器矩形脉冲或方波输出端(取决于工作方式)。

• VCC：+5 V 电源。

• VSS：接地端。

② 8155 的 RAM 和 I/O 口地址编码。

8155 在单片机应用系统中是和外部数据存储器统一编址的，为 16 位地址数据，其高 8 位由片选线 $\overline{CE}$ 提供，低 8 位地址为片内地址。当 IO/$\overline{M}$=0 时，单片机对 8155 RAM 读/写，RAM 低 8 位编址为 00H～FFH；当 IO/$\overline{M}$=1 时，单片机对 8155 中的 I/O 进行读/写。8155 内部 I/O 口及定时计数器的低 8 位地址如表 4-10 所示。

③ 8155 的工作方式与基本操作。

8155 可作为 I/O 口、片外 256 字节 RAM 及定时器使用。

a. 8155 作为片外 256 字节 RAM 使用。在这种工作状态使用时，将 8155 的 IO/$\overline{M}$ 引脚置低电平，此时 8155 只能作为片外 RAM 使用。与应用系统中其他数据存储器统一编址，使用 MOVX 读/写操作指令。

表 4-10 8155I/O 口编址

AD7	AD6	AD5	AD4	AD3	AD2	AD1	AD0	I/O 口
×	×	×	×	×	0	0	0	命令/状态寄存器口
×	×	×	×	×	0	0	1	PA 口
×	×	×	×	×	0	1	0	PB 口
×	×	×	×	×	0	1	1	PC 口
×	×	×	×	×	1	0	0	定时器低 8 位
×	×	×	×	×	1	0	1	定时器高 8 位

b. 8155 作为扩展 I/O 使用。8155 作为扩展 I/O 使用时，IO/$\overline{M}$ 引脚必须置高电平。这时 PA、PB、PC 口的端口地址的低 8 位分别为 01H、02H、03H(设地址无关位为 0 时)。

8155 的 I/O 工作方式选择是通过对 8155 内部寄存器送命令字来实现的。命令寄存器由 8 位锁存器组成，只能写入不能读出。命令寄存器格式如图 4-21 所示，每位定义如下：

7	6	5	4	3	2	1	0
TM2	TM1	IEB	IEA	PC2	PC1	PB	PA

图 4-21 命令寄存器格式

0 位：定义 A 口。PA=0，A 口为输入方式；PA=1，A 口为输出方式。

1 位：定义 B 口。PB=0，B 口为输入方式；PB=1，B 口为输出方式。

2 位、3 位：定义 A、B、C 口的工作方式，见表 4-11。

表 4-11 2 位、3 位与 A、B、C 口工作方式表

<table>
<tr><th rowspan="2">I/O 口或其引脚</th><th colspan="4">D3、D2 取值</th></tr>
<tr><th>0 0</th><th>1 1</th><th>0 1</th><th>1 0</th></tr>
<tr><td>A 口
B 口</td><td>基本 I/O</td><td>基本 I/O</td><td>选通 I/O
基本 I/O</td><td>选通 I/O</td></tr>
<tr><td>PC5</td><td rowspan="6">输入</td><td rowspan="6">输出</td><td rowspan="3">输出</td><td>$\overline{STB_B}$</td></tr>
<tr><td>PC4</td><td>BF_B</td></tr>
<tr><td>PC3</td><td>INTRB</td></tr>
<tr><td>PC2</td><td>$\overline{STB_A}$</td><td>$\overline{STB_A}$</td></tr>
<tr><td>PC1</td><td>BF_A</td><td>BF_A</td></tr>
<tr><td>PC0</td><td>$INTR_A$</td><td>$INTR_A$</td></tr>
</table>

注：表中状态控制信号的下注脚 A、B 分别表示 A 口和 B 口。

INTR：A 口或 B 口中断请求输出线，作为单片机的外部中断源，高电平有效。当 8155 的 A 口(或 B 口)缓冲器接收到设备打入的数据或设备从缓冲器取走数据时，中断请求信号 INTR 升高(仅当命令寄存器相应中断允许位为 1 时)，向单片机请求中断，单片机对 8155 的相应 I/O 口进行一次读/写操作，INTR 变为低电平。

BF：A 口或 B 口缓冲器已满输出线。缓冲器有数据时 BF 为高电平，否则为低电平。

$\overline{STB}$：A 口或 B 口设备选通信号输入线，低电平有效。

4位：PA口中断控制。IEA=1，允许中断；IEA=0，禁止中断。

5位：PB口中断控制。IEB=1，允许中断；IEB=0，禁止中断。

6位、7位：规定定时器工作方式，如图4-22所示。

TM2	TM1	
0	0	是空操作，不影响计数器操作。
0	1	是停止，停止计数器操作。
1	0	也是停止，但定时器在到达置定的计数值后停止。
1	1	是启动，置定时器输出方式和计数值后启动定时器。如定时已在工作，则到原置定的计数值后，按新置定的定时器输出方式和计数值重新启动定时器。

图4-22　规定定时器工作方式

8155的状态寄存器口地址和命令寄存器相同。与控制字寄存器相反，状态字寄存器只能读出不能写入，它表示了I/O口作为输入/输出的状态以及定时器工作状态。状态字寄存器格式如图4-23所示，定义如下：

D7	D6	D5	D4	D3	D2	D1	D0
×	TIMER	INTE B	B BF	INTR B	INTE A	A BF	INTR A

图4-23　状态字寄存器格式

D0：A口中断请求标志。

D1：A口缓冲器满/空标志(输入/输出)。

D2：A口中断允许。

D3：B口中断请求标志。

D4：B口缓冲器满/空标志(输入/输出)。

D5：B口中断允许。

D6：定时/计数器中断请求标志。

D7：未使用。

c. 8155作为定时/计数器扩展使用。

8155内部的可编程定时/计数器是一个14位的减法计数器，可用来定时或对外部事件计数。在$\overline{\text{TIMER IN}}$端接外部脉冲时为计数方式，接系统脉冲时，为定时方式，计满溢出时由$\overline{\text{TIMER OUT}}$端输出短形脉冲或方波。定时/计数器低位字节寄存器的地址为×××××100B，高位字节寄存器的地址为×××××101B。定时/计数器寄存器的地址格式如图4-24所示。

启动定时/计数器前，首先应装入定时/计数器长度，因为是14位减法计数器，故计数长度的值可在0002H～3FFFH之间选择。其低8位值应装入定时/计数器低位字节，高6位值应装入定时/计数器高位字节，然后再装入命令字并启动定时/计数器。定时/计数器高位字节中的高2位M2、M1用来定义输出方式，如表4-12所示。

高位地址 ×××××101

D7	D6	D5	D4	D3	D2	D1	D0
M2	M1	T13	T12	T11	T10	T9	T8

输出方式　　计数初值高6位

低位地址 ×××××100

D7	D6	D5	D4	D3	D2	D1	D0
T7	T6	T5	T4	T3	T2	T1	T0

计数初值低8位

图 4-24　定时/计数器地址格式

表 4-12　输出方式表

M2	M1	输出方式	定时器输出波形
0	0	单次方波	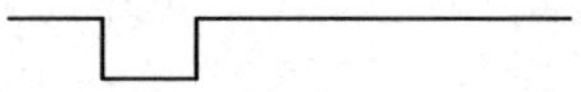
0	1	连续方波	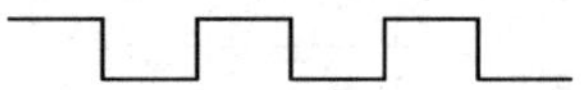
1	0	在终止计数时的单个脉冲	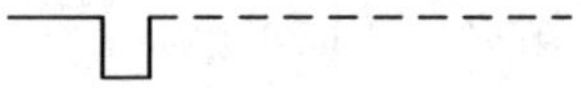
1	1	连续脉冲	

④ 8155与80C51单片机的连接。

8155可以直接与80C51单片机连接，不需任何外加逻辑电路。如图4-25所示为80C51单片机与8155的基本连接方法。由于8155片内有地址锁存器，所以P0口输出的低8位地址不需另加锁存器，直接与8155的AD7～AD0相连，既作为低8位地址总线，又作为数据总线，利用80C51的ALE信号的下降沿锁存P0口送出的地址信息。片选信号和IO/$\overline{\text{M}}$选择信号分别接P2.7和P2.0。结合表4-10可得出如下地址：

RAM字节地址：7E00H～7EFFH。

命令/状态寄存器：7F00H。

A口地址：7F01H。

B口地址：7F02H。

C口地址：7F03H。

定时/计数器低8位：7F04H。

定时/计数器高8位：7F05H。

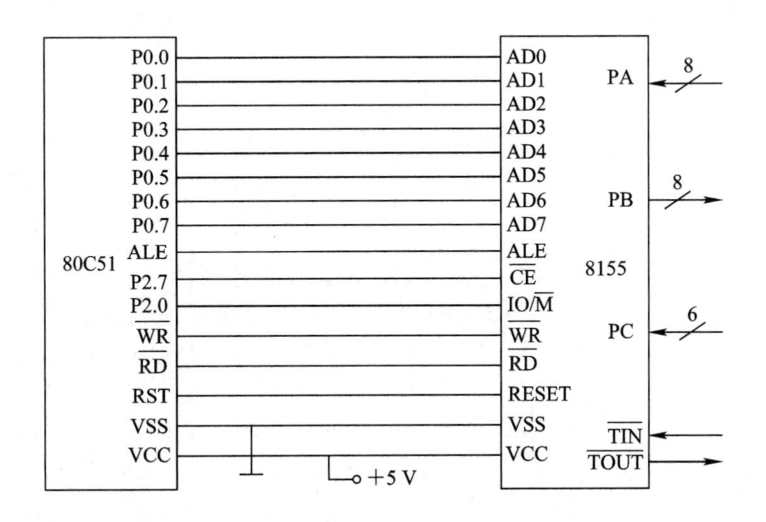

图4-25　80C51单片机与8155的连接

4.2.3　本任务C语言知识

1. 外部中断子程序编写

```
主程序中设置中断：              //设置INT0，外部中断0
T0=0;                           //电平触发方式
EX0=1;                          //打开INT0的中断允许
EA=1;                           //打开总中断
void Int0() interrupt 0         //外部中断0的中断函数
{
  delay(1000);                  //延时消抖
  if(k1==0)
  {
     P0=0xc0;                   //中断子程序显示0
  }
}
```

2. 中断返回指令

中断返回指令的功能是从堆栈中取出16位断点送至PC，使程序返回到主程序。C语言编程可以自动返回主程序，不需要其余指令。

任务实施

1. 硬件设计

如图4-26所示，P0口连接了8个发光二极管，主程序实现跑马灯操作，INT1引脚上接了一个按键作为外部中断源信号，当有外部中断请求时，即按键按下时，将转到外部中断程序进行执行，执行灯闪烁的效果。

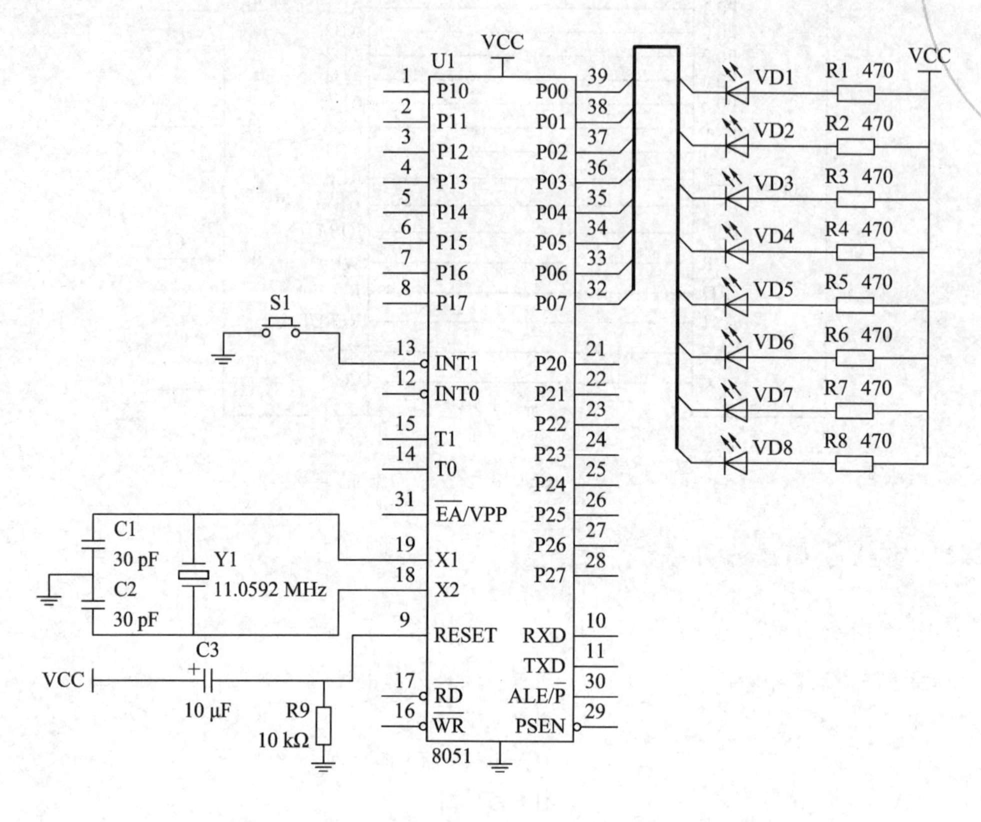

图 4-26　跑马灯中断硬件原理图

2. 软件设计

闪烁中断跑马灯参考程序如下：

```
/*******************************************
程序名称：program4-2.c
程序功能：主程序执行跑马灯，外部中断为灯闪烁
*******************************************/
 #include<reg51.h>
 sbit S1=P3^3;                    //位定义外部中断1信号
 void  delay10ms(unsigned int c);
 void main()
 {
   IT1=0;                         //外部中断1为低电平触发
   EX1=1;                         //开外部中断1
   EA=1;                          //开总中断
   while(1)                       //跑马灯程序
   {
```

```
        P0＝0xfe;
        delay10ms(100);
        P0＝0xfd;
        delay10ms(100);
        P0＝0xfb;
        delay10ms(100);
        P0＝0xf7;
        delay10ms(100);
        P0＝0xef;
        delay10ms(100);
        P0＝0xdf;
        delay10ms(100);
        P0＝0xbf;
        delay10ms(100);
        P0＝0x7f;
        delay10ms(100);
    }
}
void int_1() interrupt 2                //中断服务子程序，INT1 的中断号为 2
{
    unsigned int i;
    delay10ms(1);
    if (S1==0)
    {
        delay10ms(1);
        if(S1==0)
        {
            for(i=0; i<=2; i++)    //闪烁三次
            {
                P0=0xff;             //熄灭 8 位信号灯
                delay10ms(50);       //调用 0.5 秒延时函数
                P0=0x00;             //点亮 8 个信号灯
                delay10ms(50);       //调用 0.5 秒延时函数
            }
        }
    }
}
void delay10ms(unsigned int c)          //延时子函数
{
    unsigned char a, b;
```

```
for(; c>0; c--)
{
  for(b=38; b>0; b--)
  {
    for(a=130; a>0; a--)
    ;
  }
}
}
```

3. 仿真调试

通过仿真调试可以呈现主程序执行跑马灯效果，由外部中断请求信号后，则执行灯的闪烁效果，在此过程中需要细心、耐心地调试程序，最终达到所要效果。跑马灯中断仿真电路图如图4-27所示。

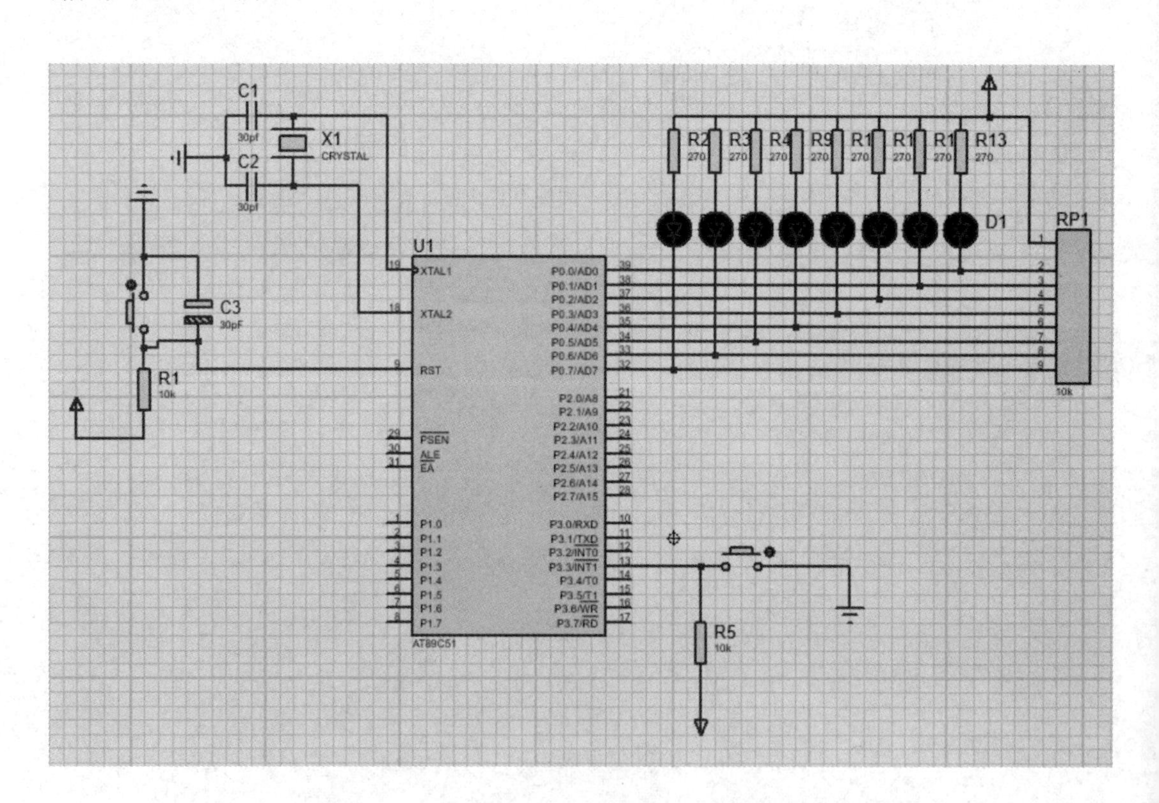

图4-27 跑马灯中断仿真电路图

4. 拓展思考

上述中断应用在霓虹灯控制效果中，那么将中断应用在其余行业当中也能实现控制吗？

任务4.3 设计与制作入库停车报警器

当单片机检测到超声波测距传感器送来的脉冲信号，经单片机内部程序处理后，判断距离，当发现距离小于设定值时，则驱动光报警电路开始报警，然后程序开始循环工作，检测是否还有下次触发信号等待报警，从而使报警器进入连续工作状态。学习任务单附在本项目最后。

任务实施

1. Proteus设计与仿真

1）仿真电路图

报警器仿真电路图如图4-28所示。

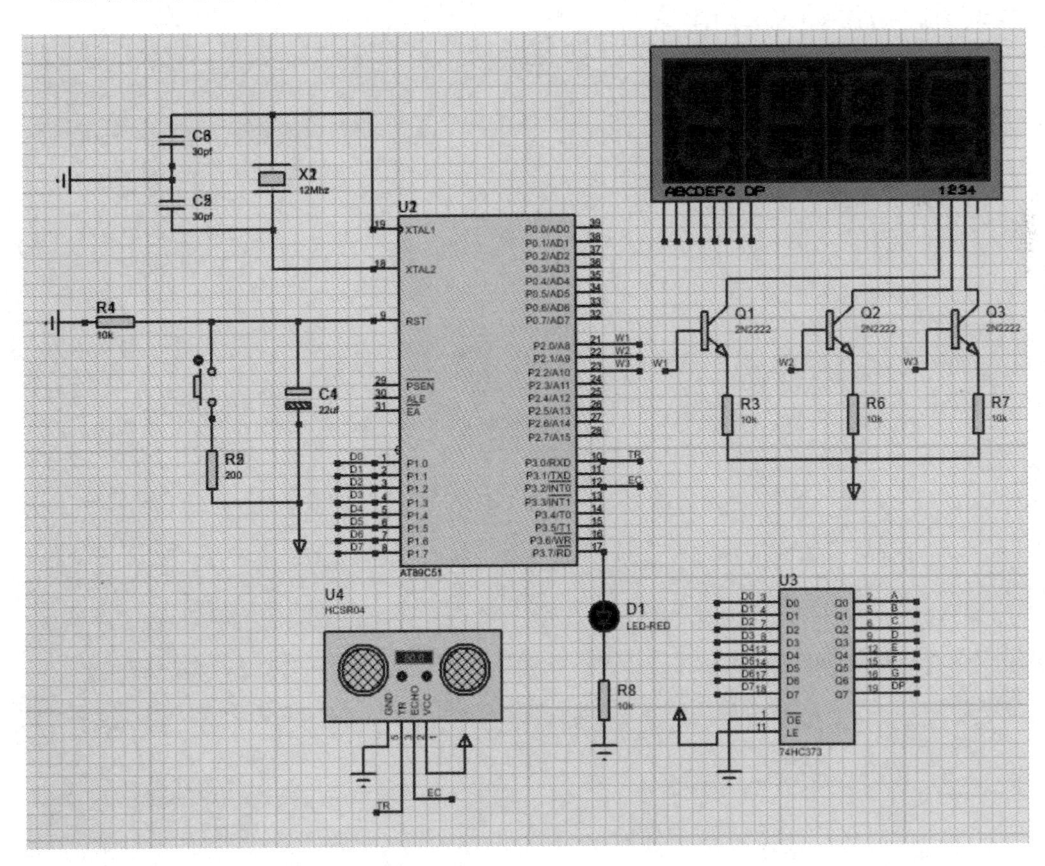

图4-28 报警器仿真电路图

2）参考程序

报警器控制参考程序如下：

```
/*****************************************
程序名称：program4-3.c
程序功能：报警器的控制
*****************************************/
#include"reg51.h"
#include"intrins.h"
#define uint unsigned int
#define uchar unsigned char
//端口定义
sbit trig=P3^0;
sbit echo=P3^2;
sbitLED1=P3^7;
uint time=0, s=0;
uchar i=0;
bit flag=0;
uchar buffer[3]={0, 0, 0};
uchar code table[11]={0x3f, 0x06, 0x5b, 0x4f, 0x66, 0x6b, 0x7d, 0x07, 0x7f, 0x6f, 0x40};
void Delay(unsigned char i);
//延时函数
void delayms(uint ms)
{
    uchar i=100, j;
    for(; ms>0; ms--)
    {
        while(--i)
        {
            j=10;
            while(--j);
        }
    }
}
void timer1()interrupt 3
{
    TH1=0xfc;
    TL1=0x18;
    switch(i)
    {
        case 0: P2=0xfe; P1=table[buffer[0]]; i=0; break;     //百位
        case 1: P2=0xfd; P1=table[buffer[1]]; i=1; break;     //十位
```

```
        case 2：P2=0xfb；P1=table[buffer[2]]；i=2；break；       //个位
        default：break；
    }
}
//计算距离，把回波时间转换成距离
void count(void)
{
    time=TH0 * 256+TL0；
    TH0=0；
    TL0=0；
    if((s<=15)||flag==1)   //j距离小于15，显示距离，并报警
    {
        flag=0；
        buffer[0]=10；//百位"—"
        buffer[1]=10；//十位"—"
        buffer[2]=10；//个位"—"
        for(int i=1；i<=10；i++)
          LED1=1；
          Delay(100)；
          LED1=0；
          Delay(100)；
        {
        }
    }
    else
    {
        buffer[0]=s/100；
        buffer[1]=s%100/10；
        buffer[2]=s%10；
    }
}
void zd0()interrupt 1
{
    flag=1；
    echo=0；
}
void startmodule()
{
    char i；
    trig=1；
    for(i=0；i<20；i++)_nop_()；
    trig=0；
```

```
}
//计时函数
void timer_count(void)
{
    TR0=1;
    while(echo);
    TR0=0;
    ET1=1;
    count();
}
void main(void)
{
    TMOD=0x11;
    TH0=0;
    TL0=0;
    TL1=0x18;
    TH1=0xfc;
    ET0=1;
    EA=1;
    TR1=1;
    while(1)
    {
        ET1=0;
        startmodule();
        while(! echo);
        timer_count();
        delayms(30);
    }
}
void Delay(unsigned char i)
{
    unsigned char i, j;
    for(k=0; k=i; k++)
      for(j=0; j<255; j++)
      ;
}
```

2. 报警器焊接调试

1）制作报警器的电路板

在确保设备、人身安全的前提下，学生按计划分工进行单片机系统的制作和生产工作。首先进行PCB制板，如学过制版课程，可自行制版；如没有学过，则使用教师提前准备好的板或采用万能板制作均可。列出所需元件清单，如表4-13所示。准备好所需元件及焊接工具(电烙铁、焊锡丝、镊子、斜口钳、万用表等)，开始制作硬件电路板，如图4-29所示。

表 4-13　元 件 清 单

序号	元件名称	规格型号	数量
1	单片机	AT89S51	1 个
2	晶振	12 MHz	1 个
3	电容	30 pF 瓷片电容	2 个
		10 μF、16 V 电解电容	1 个
4	电阻	10 kΩ	5 个
		220Ω	1 个
5	发光二极管		1 个
6	按键	四爪微型轻触开关	1 个
7	三极管	2N222	3 个
8	测距模块	HC-SR04	1 个

图 4-29　报警器万用板

2）硬件电路测试

焊接完成后要进行硬件电路的测试，具体包括：

(1) 测试单片机的电源和地是否正确连接。

(2) 测试单片机的时钟电路和复位电路是否正常。

(3) 测试测距模块 HC-SR04 是否连接正确。

(4) 测试 LED 数码管动态显示电路是否正确。

(5) 测试下载口界限是否正确。

小组反复讨论、分析并调试好单片机系统的硬件。

3）联机调试

将已通过仿真的软件程序下载到单片机中，运行报警器，观察结果，看是否运行正常，如不正常，则分析可能的原因，进行软硬件的故障排查，直至运行正常。

【项目小结】

本项目从简易的蜂鸣器发声控制到复杂的停车报警器设计与制作，把中断知识融入任务中，通过任务的完成，提升学习单片机外部中断控制系统的应用能力。在本项目学习过程中应掌握单片机中断概念、中断过程、中断条件、外部中断控制过程及应用调试等知识。在项目的各个任务分析设计过程中培养学生道路交通安全意识，设计与制作过程中弘扬一丝不苟的工匠精神，培养统筹安排、运筹帷幄的能力。学习任务单见表4-14，项目考核评价见表4-15。

【思考练习】

一、填空题

1. 在Keil C51中定义中断函数时必须用到关键字____________________。
2. 51系列单片机中断优先级有________种级别。
3. 外部中断触发方式有____________和____________。
4. 外部中断1由单片机的____________引脚触发。

二、思考题

1. 80C51单片机有几个中断源，有几个中断优先级，各中断标志是如何产生的，又是如何清除的？
2. 中断响应时间是否为确定不变的，为什么？
3. 试编制程序，使定时器T0(工作方式1)定时100 ms产生一次中断，使接在P1.0的发光二极管间隔1 s亮一次，亮10次后停止。
4. 设计一个程序，能够实时显示某信号负跳变的次数，并用两位数码管显示出来(设负跳变的次数小于99次)。

表 4－14　学习任务单

<table>
<tr><td colspan="4">单片机应用技术学习任务单</td></tr>
<tr><td colspan="3">项目名称：项目 4　报警控制——非同小可</td><td>专业班级：</td></tr>
<tr><td colspan="3">组别：</td><td>姓名及学号：</td></tr>
<tr><td>任务要求</td><td colspan="3"></td></tr>
<tr><td>系统
总体设计</td><td colspan="3"></td></tr>
<tr><td>仿真调试</td><td colspan="3"></td></tr>
<tr><td>成品
制作调试</td><td colspan="3"></td></tr>
<tr><td>心得体会</td><td colspan="3"></td></tr>
<tr><td rowspan="2">项目
完成确认</td><td>学生签字</td><td colspan="2">年　　月　　日</td></tr>
<tr><td>教师签字</td><td colspan="2">年　　月　　日</td></tr>
</table>

表4-15 项目考核评价表

<table>
<tr><td colspan="5">项目考核评价表</td></tr>
<tr><td colspan="3">项目名称：项目4 报警控制——非同小可</td><td colspan="2">专业班级：</td></tr>
<tr><td colspan="3">组别：</td><td colspan="2">姓名及学号：</td></tr>
<tr><td>考核内容</td><td colspan="2">考 核 标 准</td><td>标准分值</td><td>得分</td></tr>
<tr><td>课程思政</td><td>育人成效</td><td>根据该同学在线上和线下学习过程中：
(1) 家国情怀是否体现；
(2) 工匠精神是否养成；
(3) 劳动精神是否融入；
(4) 职业素养是否提升；
(5) 安全责任意识是否提高；
(6) 哲学思想是否渗透。
教师酌情给出课程思政育人成效的分数</td><td>20</td><td></td></tr>
<tr><td rowspan="5">线上学习</td><td>资源学习</td><td>根据线上资源学习进度和学习质量酌情给分</td><td>10</td><td></td></tr>
<tr><td>预习测试</td><td>根据线上项目测试成绩给分</td><td>5</td><td></td></tr>
<tr><td>平台互动</td><td>根据课程答疑中的互动数量酌情给分</td><td>10</td><td></td></tr>
<tr><td>虚拟仿真</td><td>根据虚拟仿真实训成绩给分，可多次练习，取最高分</td><td>10</td><td></td></tr>
<tr><td>在线作业</td><td>应用所学内容完成在线作业</td><td>7</td><td></td></tr>
<tr><td rowspan="4">线下学习</td><td>课堂表现</td><td>(1) 学习态度是否端正；
(2) 是否认真听讲；
(3) 是否积极互动</td><td>8</td><td></td></tr>
<tr><td>学习任务单</td><td>(1) 书写是否规范整齐；
(2) 设计是否正确、完整、全面；
(3) 内容是否翔实</td><td>10</td><td></td></tr>
<tr><td>仿真调试</td><td>根据 Proteus 和 Keil 软件联合仿真调试情况，酌情给分</td><td>10</td><td></td></tr>
<tr><td>成品调试</td><td>(1) 调试顺序是否正确；
(2) 能否熟练排除错误；
(3) 调试后运行是否正确</td><td>10</td><td></td></tr>
<tr><td colspan="4">项目成绩</td><td></td></tr>
</table>

项目5 电子时钟——精益求精

情境导入

限时器能够帮助人们准确控制时间，例如游戏中的倒计时、网页中的自动刷新、一道美味佳肴的计时烹饪等。对于小学生家长来说，如何改变孩子写作业拖拉情况是他们关注的焦点。本项目设计了一款作业时间限时器，通过单片机定时器实现定时功能，通过对时间进行设定，提醒作业完成时长，从而帮助学生提高写作业效率，形成良好时间观念。

学习目标

1. 知识目标

(1) 掌握定时/计数器的原理及工作方式；

(2) 掌握利用单片机的定时/计数器的编程和应用；

(3) 掌握 LCD 显示器的工作原理。

2. 能力目标

(1) 掌握单片机系统软、硬件设计方法；

(2) 掌握液晶显示器作为单片机的一种输出设备的使用方法；

(3) 掌握作业限时器设计及 Proteus 仿真的方法。

3. 素质目标

(1) 培养提高效率，节约资源的意识；

(2) 弘扬刻苦钻研、精益求精的劳动精神；

(3) 培养自主学习意识。

任务 5.1 模拟交通信号灯的定时控制

知识链接

5.1.1 定时/计数器结构与原理

80C51 单片机内部设有两个可编程的 16 位定时/计数器，简称定时器 0(T0)和定时器 1(T1)，它们均可用于定时控制、延时以及对外部事件计数。在定时/计数器中除了两个 16 位的计数器之外，还有两个特殊功能寄存器(控制寄存器和方式寄存器)。80C51 定时/计数器逻辑结构如图 5-1 所示。

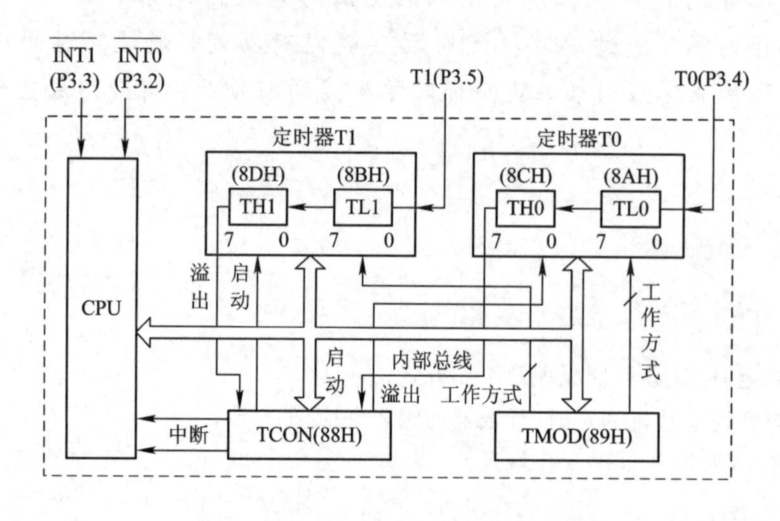

图 5-1 80C51 定时/计数器逻辑结构图

由图 5-1 可见，16 位定时/计数器分别由两个 8 位专用寄存器组成，即 T0 由 TH0 和 TL0 构成，T1 由 TH1 和 TL1 构成，其地址分别为 8AH～8DH。这些寄存器用于存放定时或计数初值，每个定时/计数器都可以由软件设置成定时工作方式或计数工作方式。8 位定时器方式寄存器 TMOD 主要用于选定定时器的工作方式，8 位定时器控制寄存器 TCON 主要用于控制定时器的启动与停止。当定时器工作在计数方式时，外部事件是通过引脚 T0(P3.4)或 T1(P3.5)输入的，外部输入信号的下降沿将触发计数。计数器在每个机器周期的 S5P2 期间采样外部输入信号，若一个机器周期采样值为 1，下一个机器周期采样值为 0，则计数器加 1，故识别一个从 1 到 0 的跳变需 2 个机器周期，所以对外部输入信号最高的计数速率是晶振频率的 1/24。同时，外部输入信号的高电平与低电平保持时间均需大于一个机器周期。

16 位定时/计数器实质上是一个加 1 计数器。当定时/计数器工作在定时方式时，计数器的加 1 信号由振荡器的 12 分频信号产生，即每过一个机器周期，计数器增 1，直至计满溢出。定时时间与系统的振荡频率有关。因一个机器周期等于 12 个振荡脉冲，所以计数频率 Fcount＝1/12Fosc。如晶振为 12 MHz，则计数周期为

$$T=\frac{1}{12\ \text{MHz}\times 1/12}=1\ \mu\text{s}$$

当定时/计数器被设定为某种工作方式后，它就会按设定的工作方式独立运行，不再占用 CPU 的操作时间，直到加 1 计数器计满溢出才向 CPU 申请中断。

5.1.2　定时/计数器工作方式

定时/计数器是一种可编程的部件，在其工作之前必须将控制字写入工作方式寄存器和控制寄存器，这个过程称为定时/计数器的初始化。

1. 工作方式寄存器 TMOD

TMOD 用于控制 T0 和 T1 的工作方式，其格式如图 5－2 所示。

TMOD	D7	D6	D5	D4	D3	D2	D1	D0
(89H)	GATE	$C/\overline{T}$	M1	M0	GATE	$C/\overline{T}$	M1	M0
	定时器1				定时器0			

图 5－2　TMOD 的格式

各位定义如下：

(1) M0、M1：工作方式控制位，可构成如表 5－1 所示的 4 种工作方式。

表 5－1　4 种工作方式

M1	M0	工作方式	功能描述
0	0	方式 0	13 位计数器
0	1	方式 1	16 位计数器
1	0	方式 2	自动再装入 8 位计数器
1	1	方式 3	定时器 0：分成两个 8 位计数器 定时器 1：停止计数

(2) $C/\overline{T}$：功能选择位。$C/\overline{T}=0$ 为定时器方式，$C/\overline{T}=1$ 为计数器方式。

(3) GATE：选通控制位。当 GATE＝0 时，只用软件对 TR0(或 TR1)置 1 即可启动定时器开始工作；当 GATE＝1 时，只有在 $\overline{\text{INT0}}$(或 $\overline{\text{INT1}}$)引脚为 1，且用软件对 TR0(或 TR1)置 1 才能启动定时器工作。

TMOD 不能位寻址，只能用字节方式设置工作方式。复位时，TMOD 所有位均为 0。

2. 控制寄存器 TCON

TCON 的作用是控制定时器的启动、停止以及标志定时器的溢出和中断情况。TCON 的格式如图 5－3 所示。

TCON	8FH	8EH	8DH	8CH	8BH	8AH	89H	88H
(88H)	TF1	TR1	TF0	TR0	IE1	IT1	IE0	IT0

图 5-3 TCON 的格式

各位定义如下：

(1) TF1：定时器 1 溢出标志，T1 溢出时由硬件置 1，并申请中断，CPU 响应中断后，又由硬件清 0。TF1 也可由软件清 0。

(2) TF0：定时器 0 溢出标志，功能与 TF1 相同。

(3) TR1：定时器 1 运行控制位，可由软件置 1 或清 0 来启动或停止 T1。

(4) TR0：定时器 0 运行控制位，功能与 TR1 相同。

(5) IE1：外部中断 1 请求标志。

(6) IE0：外部中断 0 请求标志。

(7) IT1：外部中断 1 触发方式选择位。

(8) IT0：外部中断 0 触发方式选择位。

TCON 中的低 4 位用于中断工作方式将在后面再详细讨论。复位时，TCON 所有位均为 0。TCON 是可以位寻址的，因此可用位操作指令清除溢出位或启动定时器。

3. 定时/计数器的工作方式

由表 5-1 可知，对 TMOD 中 M1、M0 的设置可选择 4 种工作方式，这 4 种工作方式中除了工作方式 3 以外，其他 3 种工作方式的基本原理都是一样的。下面介绍这 4 种工作方式的结构、特点及工作情况。

1) 工作方式 0

工作方式 0 时，定时/计数器是一个 13 位的定时/计数器。其逻辑结构如图 5-4 所示，以 T0 为例进行说明。在这种方式下，16 位寄存器(TH0 和 TL0)只用 13 位。其中 TL0 的高 3 位未用，低 5 位也是整个 13 位的低 5 位，TH0 占高 8 位。当 TL0 的低 5 位溢出时，向 TH0 进位，而 TH0 溢出时，向中断标志 TF0 进位(称硬件置位 TF0)，并申请中断。可通过查询 TF0 是否置位，或是否产生定时器 0 中断确认定时器 0 是否完成操作。

当 $C/\overline{T}=0$ 时，多路开关接通内部振荡器，T0 对机器周期加 1 计数，其定时时间为

$$t=(2^{13}-\text{T0 初值})\times\text{机器周期}$$

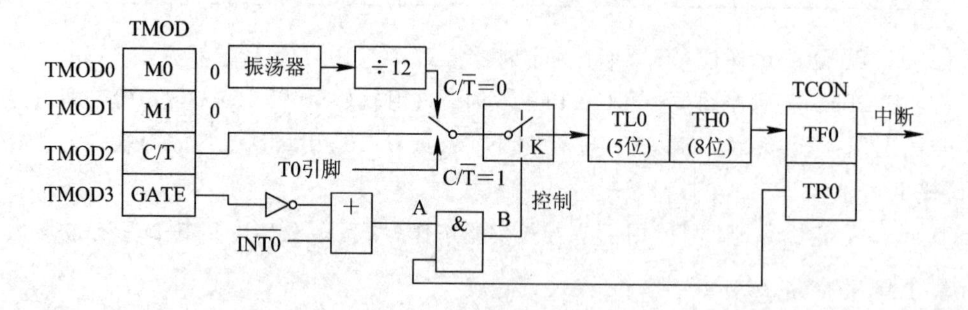

图 5-4 工作方式 0 逻辑结构图

当 $C/\overline{T}=1$ 时，多路开关与引脚 T0(P3.4)相连，外部计数脉冲由引脚 T0 输入，当外

部输入信号电平发生由 1 到 0 跳变时，计数器加 1，这时 T0 成为外部事件计数器。

当 GATE=0 时，$\overline{\text{INT0}}$ 被封锁，且仅由 TR0 便可控制 T0 的开启与关闭。

当 GATE=1 时，T0 的开启与关闭取决于 $\overline{\text{INT0}}$ 和 TR0 相与的结果，即只有当 $\overline{\text{INT0}}$=1 和 TR0=1 时，T0 才被开启。

2）工作方式 1

工作方式 1 时，定时/计数器是一个 16 位的定时/计数器，其逻辑结构如图 5-5 所示。工作方式 1 的操作几乎与工作方式 0 完全相同，唯一的差别是在工作方式 1 中，定时器是以 16 位二进制数参与操作的，且定时时间为

$$t=(2^{16}-\text{T0 初值})\times\text{机器周期}$$

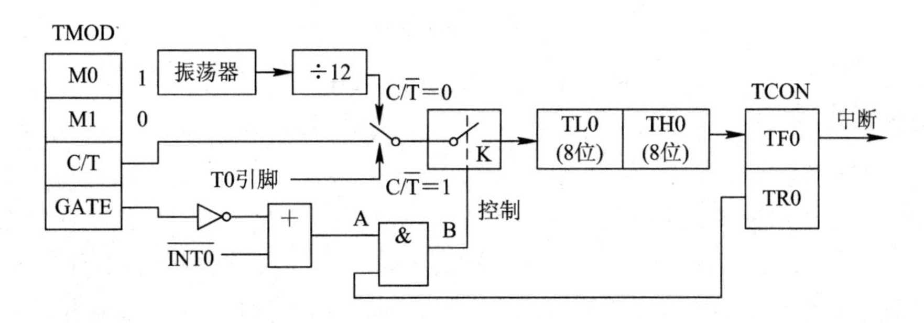

图 5-5 工作方式 1 逻辑结构图

3）工作方式 2

工作方式 2 时，定时/计数器是能重置初值的 8 位定时/计数器，其逻辑结构如图 5-6 所示。工作方式 0、方式 1 若用于循环重复定时计数时，每次计满溢出，寄存器全部为 0，第二次还得重新装入计数初值。这样不仅在编程时麻烦，且影响定时时间精度。而工作方式 2 可在计数器计满时自动装入初值。工作方式 2 把 16 位的计数器拆成两个 8 位计数器，TL0 用作 8 位计数器，TH0 用来保存初值，每当 TL0 计满溢出时，可自动将 TH0 的初值再装入 TL0 中。工作方式 2 的定时时间为

$$t=(2^{8}-\text{TH0 初值})\times\text{机器周期}$$

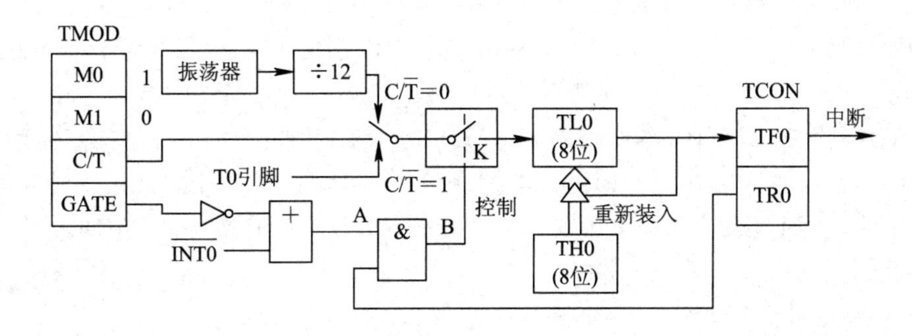

图 5-6 工作方式 2 逻辑结构图

4）工作方式 3

工作方式 3 只适用于定时器 T0。定时器 T0 在工作方式 3 下被拆成两个独立的 8 位计数器 TL0 和 TH0（见图 5-7）。其中 TL0 用原 T0 的控制位、引脚和中断源：C/$\overline{T}$、GATE、

TR0、TF0、T0(P3.4引脚)、$\overline{\text{INT0}}$(P3.2引脚)。而TH0只能作为定时器使用，它占用了T1的TR1和TF1，即占用了T1的中断标志和运行控制位。

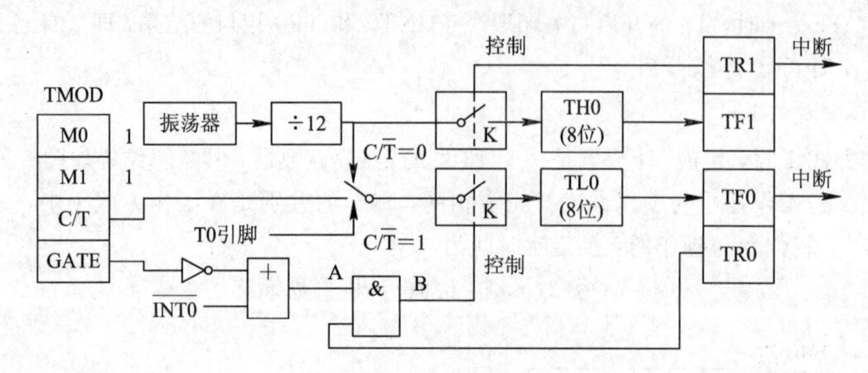

图5-7　工作方式3逻辑结构图

一般在系统需增加一个额外的8位定时器时，T0可设置为工作方式3，此时T1仍可定义为工作方式0、工作方式1和工作方式2。由于TR1、TF1和T1中断源均被T0占用，故只能用在不需要中断控制的场合。此时仅有控制位C/$\overline{T}$切换其定时器或计数器工作方式，计数溢出时，只能将输出送入串行口。在这种情况下，T1一般设置为工作方式2，用作串行口波特率发生器。在设置好工作方式时，T1自动开始计数；若要停止操作，只需把T1设置为工作方式3即可。

5.1.3　定时/计数器应用举例

定时/计数器初值的计算方法如下：

$$X=M-\text{计数值}$$

在不同工作方式下，最大计数值分别是：

工作方式0：$M=2^{13}=8192$。

工作方式1：$M=2^{16}=65\ 536$。

工作方式2：$M=2^{8}=256$。

工作方式3：定时器0分为两个8位计数器，M均为256。

【例5-1】　晶振Fosc=6 MHz，利用T0，工作方式0，产生周期为4 ms的方波，由P0.0输出。

解　根据题意，只要使P0.0每隔2 ms取一次反即可得到4 ms的方波。定时时间为2 ms(时间不长)，选工作方式0即可，M1M0=00；定时，C/$\overline{T}$=0；在此用软件启动T0工作，GATE=0。T1不用，可任意设置。故TMOD=00H，系统复位后TMOD=0，可不对TMOD清0。

下面计算定时值为2 ms，T0的初值。

$$\text{机器周期 } T=\frac{12}{\text{Fosc}}=\frac{12}{6\times10^{6}}=2\ \mu\text{s}$$

则工作方式0时T0的初值为

$$X=2^{13}-\frac{2000}{2}=7192$$

即

$$X=7192D=1C18H=1110000011000B$$

因为在做13位计数器使用时，TL0的高3位未用，应填写0，TH0占高8位，所以X的实际填写值应为

$$X=1110000000011000B=E018H$$

则

$$(TH0)=0E0H，(TL0)=18H$$

初始化程序编写如下：

```
TMOD=0x00;          //设定T0为工作方式0的定时方式
TL0=0x18;           //置T0计数器初值
TH0=0xE0;
TR0 =1;             //启动T0
```

【例5-2】 用定时器T1定时的工作方式1，实现1 s的定时，晶振为12 MHz，编写定时函数。

解 在工作方式1下，最大的计数值为$M=2^{16}=65\ 536$，而晶振为12 MHz的机器周期为1 μs，所以最大定时时间$T_{max}=65\ 536$ μs=65.536 ms，不能满足本题定时要求，可选用定时时间为50 ms，再循环20次实现。所以设T1的定时时间为50 ms，则初始值X为

$$X=65\ 536-50\ 000=15\ 536=3CB0H$$

则

$$(TL1)=0B0H，(TH1)=3CH$$

定时函数程序如下：

```
void delay1s()
{
    unsigned char i;
    TMOD=0x10;                  //设置T1为工作方式1
    TR1=1;                      //启动T1
    for(i=1; i<=20; i++)        //20次循环控制
    {
        TH1=0x3c;               //恢复计数器初始值
        TL1=0xb0;
        While(!TF1);            //定时50 ms时间到，TF1=0
        TF1=0;                  //定时时间到，TF1清零
    }
}
```

【例5-3】 设定T1的工作方式2，实现10 ms的延时，已知晶振频率Focs=6 MHz。编程实现其延时功能。

解 根据题意，当Focs=6 MHz时，工作方式2的最大的定时时间为

$$tmax=2^8\times\frac{12}{Fosc}=2^8\times\frac{12}{6}\times10^6=512\ \mu s=0.512\ ms$$

利用工作方式2定时0.5 ms，循环20次实现10 ms定时。

定时 500 μs 的初值为

$$X=256-\frac{500}{2}=6$$

(1) 计算 T1 定时 0.5 ms 时的初值 X：

$$0.5\times10^{-3}=(2^8-X)\times\frac{12}{6\times10^6}$$

$$X=2^8-250=6=06H$$

即

$$(TL1)=06H$$

(2) 定工作方式——对 TMOD 赋值：

根据题意(TMOD)＝20H

(3) 启动定时器工作——将 TR1 置 1：设 GATE＝0，直接由软件置位 TR1 启动定时器工作，即 TR1＝1。

(4) 延时函数程序如下：

```
void delay10ms()
{
    unsigned char i;
    TMOD=0x20;              //设置 T1 为工作方式 2 的定时工作方式
    TH1=0x06;               //设置计数器初始值
    T L1=0x06;              //两个 8 位计数器值相同
    TR1=1;                  //启动 T1
    for(i=1; i<=20; i++)
    {
        While(! TF1);       // 查询定时时间是否到时
        TF1=0;              // 0.5 ms 定时时间到时，标志位 TF1 清零
    }
}
```

说明：本例中在检测到溢出标志 TF1＝1 之后，不需要重置计数器初值，这是工作方式 2 与其他工作方式应用不同的地方，也是工作方式 2 的特点之一。

5.1.4 本任务 C 语言知识

在使用定时/计数器时需对其进行初始化，初始化程序中所用的 C 语言知识已在前面几个项目中学习过，在此不再重复，仅就初始化的大致步骤进行以下说明：

(1) 确定工作方式——对 TMOD 赋值。

可以对 TMOD 进行整体赋值，采用 C 语言赋值语句即可。

例如：

```
TMOD=0x20;
```

(2) 向定时/计数器 TH0、TL0 或 TH1、TL1 写入初值。

根据计算出的计数初值，通过赋值方式直接赋给 TH0、TL0 或 TH1、TL1 即可。

例如：

```
TH1=0x06;            //设置计数器初始值
TL1=0x16;
```

(3) 根据需要开放定时/计数器的中断——直接对允许控制寄存器IE的位赋值。

例如：

```
IT0=1;              //开定时器0中断
IT1=1;              //开定时器1中断
EA=1;               //开总中断
```

(4) 启动定时/计数器工作——若用软件启动(GATE=0)，则对TR0或TR1置1；若由外部中断引脚电平启动(GATE=1)，则尚需给 $\overline{\text{INT0}}$ 或 $\overline{\text{INT1}}$ 加高电平才能启动。一般采用软件启动定时器方式。

例如：

```
TR0=1;
TR1=1;
```

任务实施

1. 硬件设计

在维持交通秩序中起重要作用的是交通信号灯，同时也是车辆和行人道路安全保障的重要手段，我们每一个人都应该遵守交通法规，安全行驶。以绿、黄、红色三只共两组发光二极管(LED)代表交通信号灯，利用MCS-51单片机，实现交通信号灯的定时控制。

2. 软件设计

程序结构图如图5-8所示。

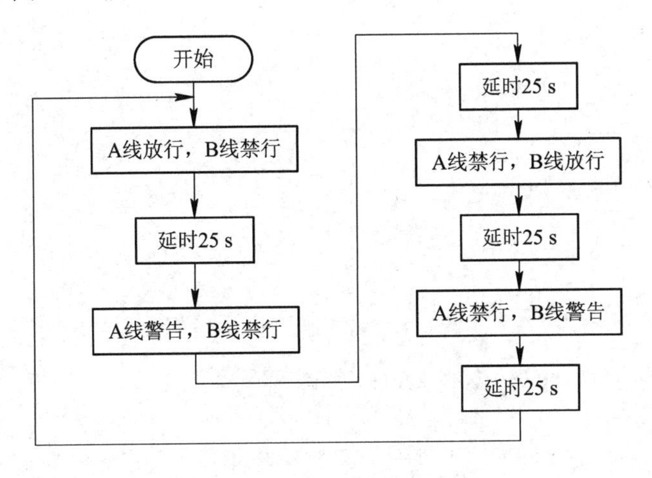

图5-8 程序结构图

参考程序如下：

```
/*******************************************
程序名称：program5-1.c
程序功能：交通信号灯的控制
```

```
**************************************************/
#include "reg51.h"              //此文件中定义了单片机的一些特殊功能寄存器
typedef unsigned int u16;       //对数据类型进行声明定义
typedef unsigned char u8;
sbit LSA=P2^2;
sbit LSB=P2^3;
sbit LSC=P2^4;
//--定义使用的I/O口--//
#define GPIO_DIG    P0
#define GPIO_TRAFFIC P1
sbit RED10    = P1^0;           //上人行道红灯
sbit GREEN10 = P1^1;            //上人行道绿灯
sbit RED11    = P1^2;
sbit YELLOW11= P1^3;
sbit GREEN11 = P1^4;
sbit RED00    = P3^0;           //右人行道红灯
sbit GREEN00 = P3^1;            //右人行道绿灯
sbit RED01    = P1^5;
sbit YELLOW01= P1^6;
sbit GREEN01 = P1^7;
u8 code smgduan[10]={0x3f, 0x06, 0x5b, 0x4f, 0x66, 0x6d, 0x7d, 0x07,
0x7f, 0x6f, 0x77};              //显示0~9的值

u8 DisplayData[8];
u8 Second;
void delay(u16 i)
{
  while(i--);
}
void DigDisplay()
{
  u8 i;
  for(i=0; i<8; i++)
  {
    switch(i) //位选，选择点亮的数码管
    {
      case(0): LSA=0; LSB=0; LSC=0; break;      //显示第0位
      case(1): LSA=1; LSB=0; LSC=0; break;      //显示第1位
      case(2): LSA=0; LSB=1; LSC=0; break;      //显示第2位
      case(3): LSA=1; LSB=1; LSC=0; break;      //显示第3位
      case(4): LSA=0; LSB=0; LSC=1; break;      //显示第4位
      case(5): LSA=1; LSB=0; LSC=1; break;      //显示第5位
```

```
        case(6): LSA=0; LSB=1; LSC=1; break;        //显示第 6 位
        case(7): LSA=1; LSB=1; LSC=1; break;        //显示第 7 位
      }
      GPIO_DIG=DisplayData[i];                      //发送段码
      delay(100);                                   //间隔一段时间扫描
      GPIO_DIG=0x00;                                //消隐
    }
}
void Timer0Init()
{
      TMOD|=0X01;         //选择为定时器 0 模式,工作方式 1,仅用 TR0 打开启动
      TH0=0XFC;           //给定时器赋初值,定时 1 ms
      TL0=0X18;
      ET0=1;              //打开定时器 0 中断允许
      EA=1;               //打开总中断
      TR0=1;              //打开定时器
}
void main()
{
      Second = 1;
      Timer0Init();
      while(1)
{
if(Second == 70)
{
      Second = 1;
}
//人民路通行,25 秒——//
if(Second < 26)
{
      DisplayData[0] = 0x00;
      DisplayData[1] = 0x00;
      DisplayData[2] = smgduan[(25 - Second) % 100 / 10];
      DisplayData[3] = smgduan[(25 - Second) %10];
      DisplayData[4] = 0x00;
      DisplayData[5] = 0x00;
      DisplayData[6] = DisplayData[2];
      DisplayData[7] = DisplayData[3];
      DigDisplay();
      GPIO_TRAFFIC = 0xFF;          //将所有的灯熄灭
      RED00 = 1;
      GREEN00 = 1;
```

```
    GREEN11 = 0;                    //人民路绿灯亮
    GREEN10= 0;                     //人民路人行道绿灯亮
    RED01 = 0;                      //人民路红灯亮
    RED00 = 0;                      //人民路人行道红灯亮
}
//--黄灯等待切换状态，5 秒--//
else if(Second < 31)
{
    DisplayData[0] = 0x00;
    DisplayData[1] = 0x00;
    DisplayData[2] = smgduan[(30 - Second) % 100 / 10];
    DisplayData[3] = smgduan[(30 - Second) %10];
    DisplayData[4] = 0x00;
    DisplayData[5] = 0x00;
    DisplayData[6] = DisplayData[2];
    DisplayData[7] = DisplayData[3];
    DigDisplay();
    GPIO_TRAFFIC = 0xFF;            //将所有的灯熄灭
    RED00 = 1;
    GREEN00 = 1;
    YELLOW11 = 0;                   //人民路黄灯亮
    RED10= 0;                       //人民路人行道红灯亮
    YELLOW01 = 0;                   //中华路黄灯亮
    RED00 = 0;                      //中华路人行道红灯亮
}
//--中华路通行--//
else if(Second < 56)
{
    DisplayData[0] = 0x00;
    DisplayData[1] = 0x00;
    DisplayData[2] = smgduan[(55 - Second) % 100 / 10];
    DisplayData[3] = smgduan[(55 - Second) %10];
    DisplayData[4] = 0x00;
    DisplayData[5] = 0x00;
    DisplayData[6] = DisplayData[2];
    DisplayData[7] = DisplayData[3];
    DigDisplay();
    GPIO_TRAFFIC = 0xFF;            //将所有的灯熄灭
    RED00 = 1;
    GREEN00 = 1;
    RED11 = 0;                      //人民路红灯亮
    RED10 = 0;                      //人民路人行道红灯亮
```

```
            GREEN01 = 0;                //中华路绿灯亮
            GREEN00 = 0;                //中华路人行道绿灯亮
        }
        //--黄灯等待切换状态，5秒--//
        else
        {
            DisplayData[0] = 0x00;
            DisplayData[1] = 0x00;
            DisplayData[2] = smgduan[(60 - Second) % 100 / 10];
            DisplayData[3] = smgduan[(60 - Second) %10];
            DisplayData[4] = 0x00;
            DisplayData[5] = 0x00;
            DisplayData[6] = DisplayData[2];
            DisplayData[7] = DisplayData[3];
            DigDisplay();
            GPIO_TRAFFIC = 0xFF;        //将所有的灯熄灭
            RED00 = 1;
            GREEN00 = 1;
            YELLOW11 = 0;               //人民路黄灯亮
            RED10= 0;                   //人民路人行道红灯亮
            YELLOW01 = 0;               //中华路黄灯亮
            RED00 = 0;                  //中华路人行道红灯亮
        }
    }
}
void Timer0() interrupt 1
{
    static u16 i;
    TH0=0XFC;                           //给定时器赋初值，定时1 ms
    TL0=0X18;
        i++;
    if(i==1000)
    {
        i=0;
        Second ++;
    }
}
```

3. 仿真调试

通过仿真调试可以看到模拟交通灯的效果，在此过程中需要细心、耐心地调试程序，最终达到所要效果。交通信号灯仿真电路图如图5-9所示。

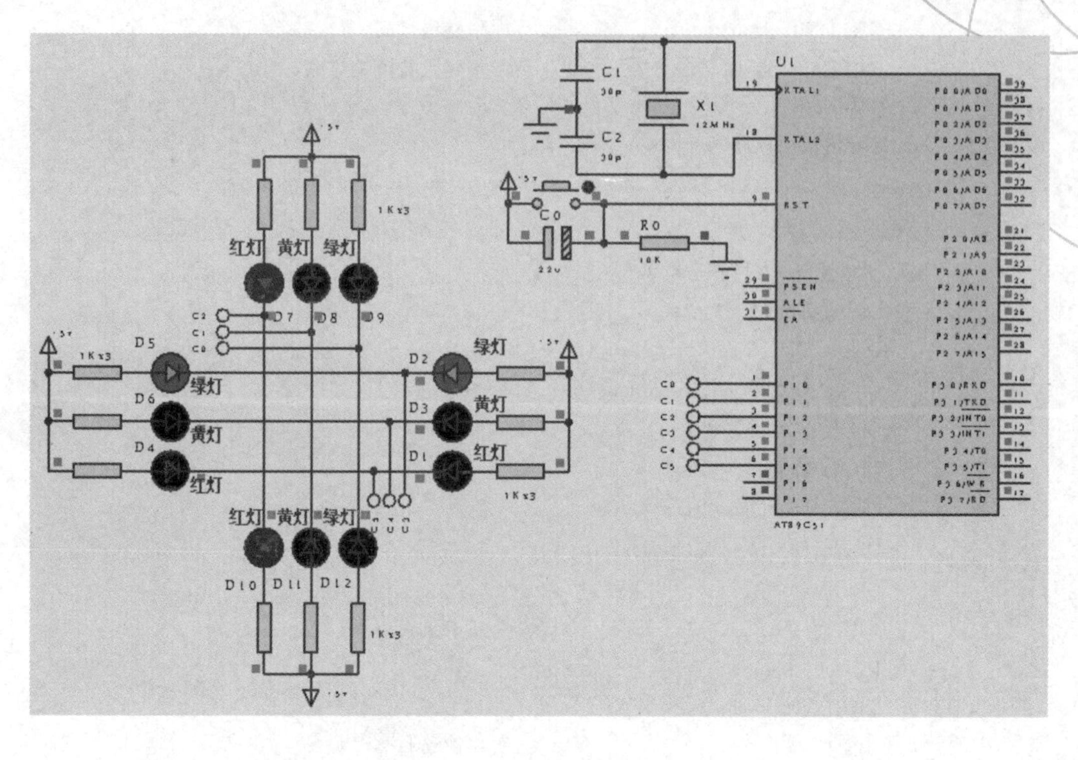

图5-9 交通信号灯仿真电路图

4. 拓展思考

上述是单片机中定时/计数器的定时功能应用，除了定时功能以外，定时/计数器还有计数功能，试着想想如何实现计数功能的控制。

任务5.2 标准件生产线计件系统控制

本任务主要是对标准件生产线进行工件计数统计。利用一个16字×2行的字符型液晶显示器(LCD1602)，设计一种通用的液晶显示模块，在此基础上实现显示数字、字母、符号等。在设计液晶显示的同时，加深对外部中断服务程序的理解，采用Proteus仿真软件实现液晶显示仿真。LCD1602在仿真软件Proteus中对应的元件是LM016L。具体要求：通过外部中断信号端口引进一个工件计数信号，利用液晶模块显示工件数量数字。

知识链接

5.2.1 定时/计数器的计数功能应用

在TMOD中需要将功能选择位设为计数方式。$C/\overline{T}=1$为计数器方式。

【例5-4】　瓶装水生产线上，每50瓶水为一组，用单片机实现控制过程，试着编写初始化程序。

解　设置T0为工作方式2，软件启动，采用中断方式。设置为计数状态，GATE置为1，测试时，在$\overline{INT0}$端为0时置TR0为1，当$\overline{INT0}$端变为1时启动计数，$\overline{INT0}$端再次变为0时停止计数。此时的计数值就是被测正脉冲的宽度。参考程序如下：

```
TMOD=0X06;              //设T0为工作方式2计数
TL0=156;
TH0=156;                //装计数初值
EA=1;
ET0=1;                  //开T0中断
TR0=1;                  //启动T0
```

5.2.2　液晶显示器

单片机能广泛地适用于工业测控和智能化仪器仪表中，由于工作需要和用户的不同要求，单片机应用系统常常需要配置键盘、显示器、打印机、模/数转换器、数/模转换器等外设。与其他类型的显示器相比，液晶显示器(LCD)具有功耗低、体积小、质量轻、超薄等诸多优点，是各种仪器、仪表、电子设备等低功耗产品的输出显示部件。点阵式LCD不仅可以显示字符、数字，还可以显示图形、曲线及汉字，并能够实现多种动画显示效果，使人机界面更加友好，使用操作也更加灵活、方便。

1. LCD显示器简介

LCD(Liquid Crystal Diodes)显示器即液晶显示器。这类显示器具有体积小、质量轻、功耗极低、显示内容丰富等特点，在单片机应用系统中有着十分广泛的应用。

液晶显示器的结构如图5-10所示。

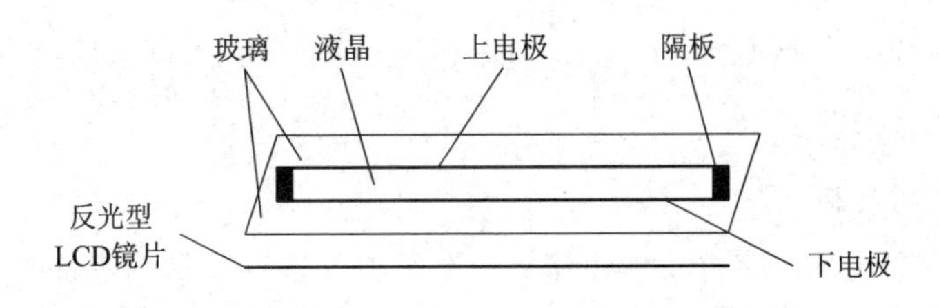

图5-10　液晶显示器的结构

LCD是通过在上、下玻璃电极之间封入液晶材料，利用晶体分子排列和光学上的偏振原理产生显示效果的。同时，上、下电极的电平状态将决定LCD的显示内容，根据需要将电极做成各种文字、数字、图形后，就可以获得各种状态显示。通常情况下，图中的上电极又称为段电极，下电极又称为背电极。

液晶显示器的分类方法有很多种。根据LCD液晶显示屏所采用的材料构造，可将液晶显示器分为TN、STN、TFT等三大类，而根据目前的技术原理又可以将它们再次分为TN、STN、FSTN、DSTN、TFT等诸多类别；按显示类型，可将液晶显示器分为正显、负显、全透、半透、放射；按显示技术，可将液晶显示器分为段式、字符式、点阵式等。除了黑白显示外，液晶显示器还有多灰度有彩色显示等。LCD 液晶显示器中线段显示、字符显示、汉字显示的基本原理如下：

1) 线段显示

点阵图形式液晶由 M×N 个显示单元组成，假设 LCD 显示屏有 64 行，每行有 128 列，每 8 列对应 1 字节的 8 位，即每行由 16 字节，共 16×8=128 个点组成，屏上 64×16 个显示单元与显示 RAM 区 1024 字节相对应，每一字节的内容和显示屏上相应位置的亮暗对应。例如屏的第一行的亮暗由 RAM 区的 000H～00FH 的 16 字节的内容决定，当(000H)=FFH 时，则屏幕的左上角显示一条短亮线，长度为 8 个点；当(3FFH)=FFH 时，则屏幕的右下角显示一条短亮线；当(000H)=FFH，(001H)=00H，(002H)=00H，…，(00EH)=00H，(00FH)=00H 时，则在屏幕的顶部显示一条由 8 段亮线和 8 条暗线组成的虚线。这就是 LCD 显示的基本原理。

2) 字符显示

用 LCD 显示一个字符时比较复杂，因为一个字符由 6×8 或 8×8 点阵组成，既要找到和显示屏幕上某几个位置对应的显示 RAM 区的 8 字节，还要使每字节的不同位为 1，其他的为 0，为 1 的点亮，为 0 的不亮。这样一来就组成某个字符。但对于内带字符发生器的控制器来说，显示字符就比较简单了，可以让控制器工作在文本方式，根据在 LCD 上开始显示的行列号及每行的列数找出显示 RAM 对应的地址，设立光标，在此送上该字符对应的代码即可。

3) 汉字显示

汉字的显示一般采用图形的方式，事先从计算机中提取要显示的汉字的点阵码(一般用字模提取软件)，每个汉字占 32 B，分左右两半，各占 16 B，左边为 1、3、5、…，右边为 2、4、6、…。根据在 LCD 上开始显示的行列号及每行的列数可找出显示 RAM 对应的地址，设立光标，送上要显示的汉字的第一个字节，光标位置加 1，送第二个字节，换行按列对齐，送第三个字节，依此类推，直到 32 B 显示完就可以在 LCD 上得到一个完整的汉字。

2. LCD1602 显示器

1) LCD1602 的结构

由于 LCD 1602 内部有字符发生存储器，方便读者进行简易的液晶显示系统设计，所以本项目中采用了 1602 型号的液晶显示器。LCD1602 是一种支持字母、数字、符号等显示的点阵型液晶模块，由 32 个 5×7 点阵字符位组成，每一个点阵字符位都可以显示一个字符。

LCD1602 液晶显示模块(其内部控制器为 HD44780 芯片)，它可以显示两行，每行 16 个字符，因此可相当于 32 个 LED 数码管，而且比数码管显示的信息还多。其采用单+5 V 电源供电，外围电路配置简单，价格便宜，具有很高的性价比。1602 字符型液晶显示器实物图如图 5-11 所示。

2) LCD1602 的基本参数及引脚功能

LCD1602 分为带背光和不带背光两种，其控制器大部分为 HD44780，带背光的比不带背光的厚，是否带背光在应用中并无差别，两者尺寸差别如图 5-12 所示。

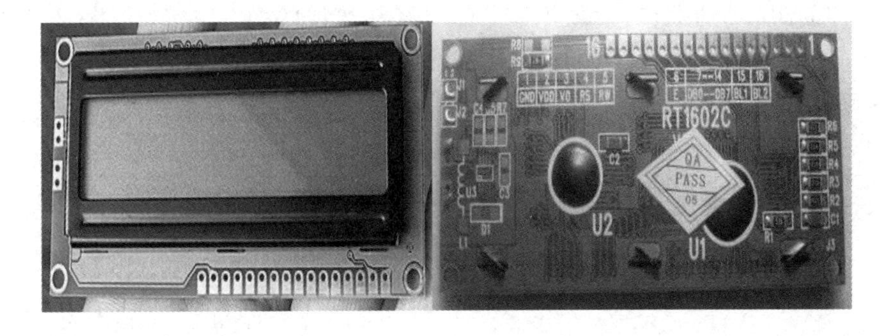

图5-11　1602字符型液晶显示器实物图

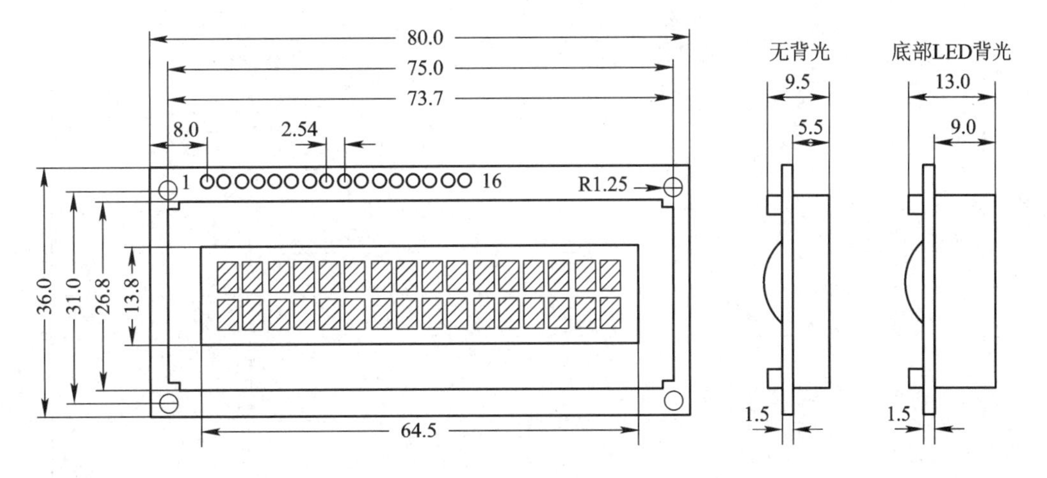

图5-12　1602LCD尺寸图

1602LCD主要技术参数：

(1) 显示容量：16×2个字符。

(2) 芯片工作电压：4.5～5.5 V。

(3) 工作电流：2.0 mA(5.0 V)；

(4) 模块最佳工作电压：5.0 V。

(5) 字符尺寸：2.95×4.35(W×H) mm。

LCD1602引脚图如图5-13所示。

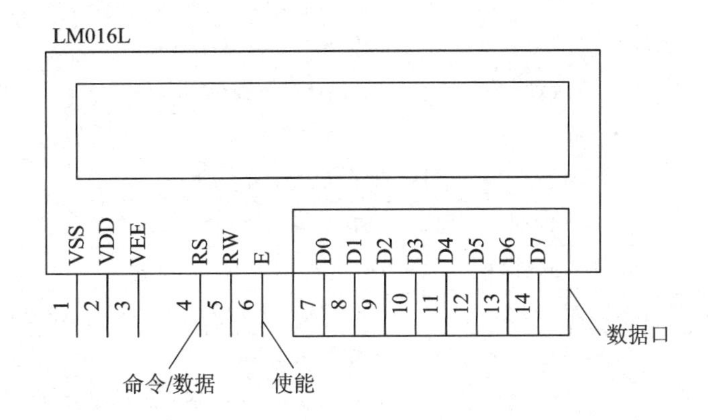

图5-13　LCD1602引脚图

字符型 LCD1602 通常有 14 条引脚线或 16 条引脚线的 LCD，多出来的 2 条线是背光电源线 VCC(15 脚)和地线 GND(16 脚)，其控制原理与 14 脚的 LCD 完全一样。引脚接口说明如表 5-2 所示。

表 5-2　引脚接口说明表

引脚号	引脚名称	状态	引脚功能描述
1	VSS		电源地
2	VDD		电源正极
3	VI		液晶显示偏压信号
4	RS	输入	寄存器选择
5	RW	输入	读写操作
6	E	输入	使能信号
7	DB0	三态	数据总线 0(LSB)
8	DB1	三态	数据总线 1
9	DB2	三态	数据总线 2
10	DB3	三态	数据总线 3
11	DB4	三态	数据总线 4
12	DB5	三态	数据总线 5
13	DB6	三态	数据总线 6
14	DB7	三态	数据总线 7(MSB)
15	LEDA	输入	背光+5V
16	LEDK	输入	背光地

3) LCD1602 的指令说明及时序

LCD1602 模块内部有 11 个控制指令，见表 5-3。其中，DDRAM 为显示数据 RAM，用来寄存待显示的字符代码；CGRAM 为用户自定义的字符图形 RAM。

表 5-3　控制命令表

指令号	指令名称	功　能
指令 1	清屏	清 DDRAM 和 AC 值
指令 2	归位	AC=0，光标、画面回 HOME 位
指令 3	输入方式设置	设置光标、画面移动方式
指令 4	显示开关控制	设置显示、光标及闪烁开、关
指令 5	光标、画面位移	光标、画面移动不影响 DDRAM
指令 6	功能设置	工作方式设置(初始化指令)
指令 7	CGRAM 地址设置	设置 CGRAM 地址。A5～A0=0～3FH
指令 8	DDRAM 地址设置	DDRAM 地址设置
指令 9	读 BF 及 AC 值	读忙标志 BF 值和地址计数器 AC 值
指令 10	写数据	数据写入 DDRAM 或 CGRAM 内
指令 11	读数据	从 DDRAM 或 CGRAM 读出数据

读写操作时序如图 5－14 所示。

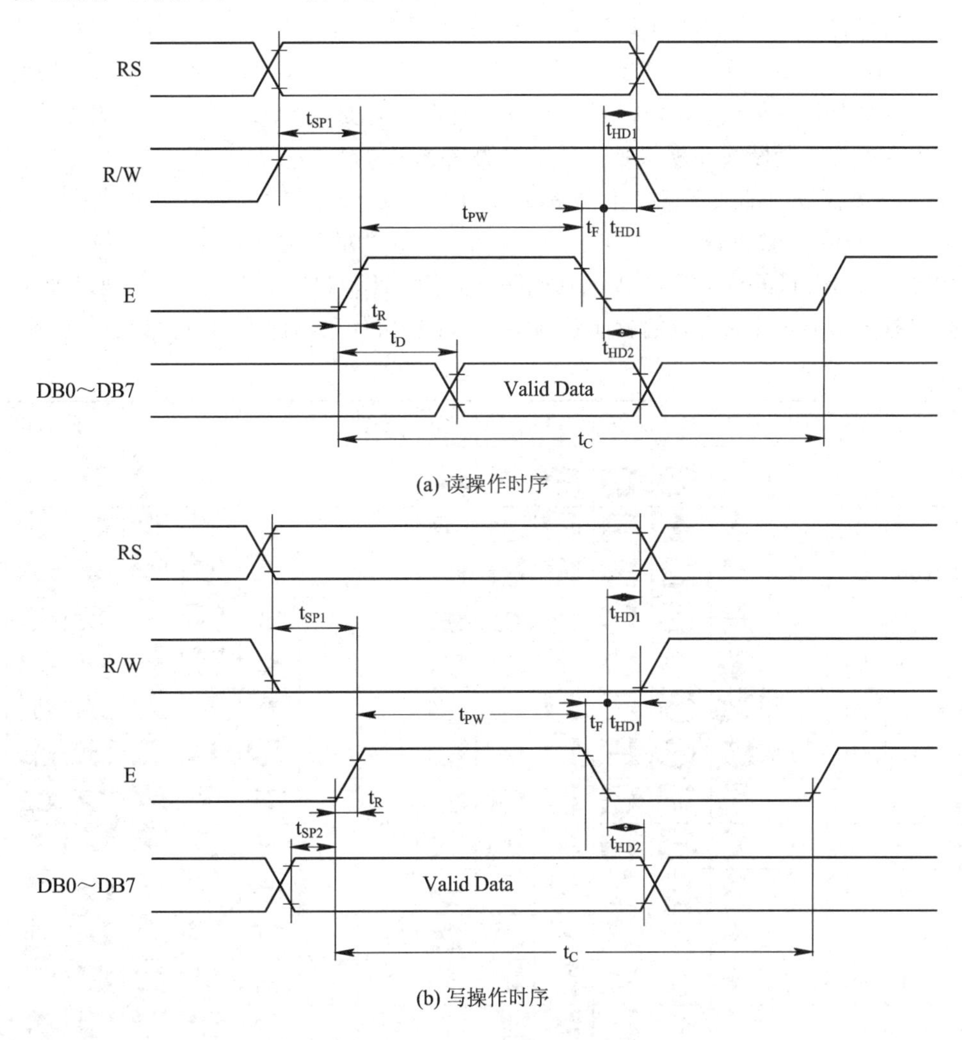

(a) 读操作时序

(b) 写操作时序

图 5－14　读写操作时序

4）LCD1602 的 RAM 地址映射及标准字库表

液晶显示模块是一个慢显示器件，所以在执行每条指令之前一定要确认模块的忙标志为低电平，表示不忙，否则此指令失效。显示字符时要先输入显示字符地址，也就是告诉模块在哪里显示字符。如图 5－15 所示为 LCD 1602 的内部显示地址。

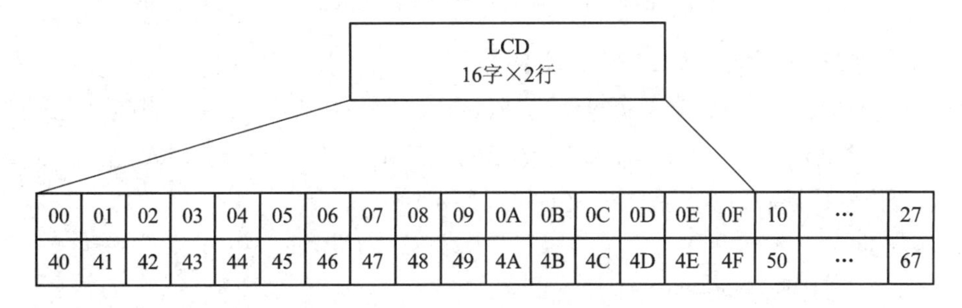

00	01	02	03	04	05	06	07	08	09	0A	0B	0C	0D	0E	0F	10	…	27
40	41	42	43	44	45	46	47	48	49	4A	4B	4C	4D	4E	4F	50	…	67

图 5－15　LCD1602 的内部显示地址

如果第二行第一个字符的地址是40H，那么直接写入40H不能将光标定位在第二行第一个字符的位置。因为写入显示地址时要求最高位D7恒定为高电平1，所以实际写入的数据应该是01000000B(40H)+10000000B(80H)=11000000B(C0H)。在对液晶模块的初始化中要先设置其显示模式，在液晶模块显示字符时光标是自动右移的，无需人工干预。每次输入指令前都要判断液晶模块是否处于忙的状态。

1602液晶模块内部的字符发生存储器(CGROM)已经存储了160个不同的点阵字符图形，这些字符有：阿拉伯数字、英文字母的大小写、常用的符号等，每一个字符都有一个固定的代码，比如大写的英文字母A的代码是01000001B(41H)，显示时模块把地址41H中的点阵字符图形显示出来，我们就能看到字母A。字符代码与图形对应图如图5-16所示。

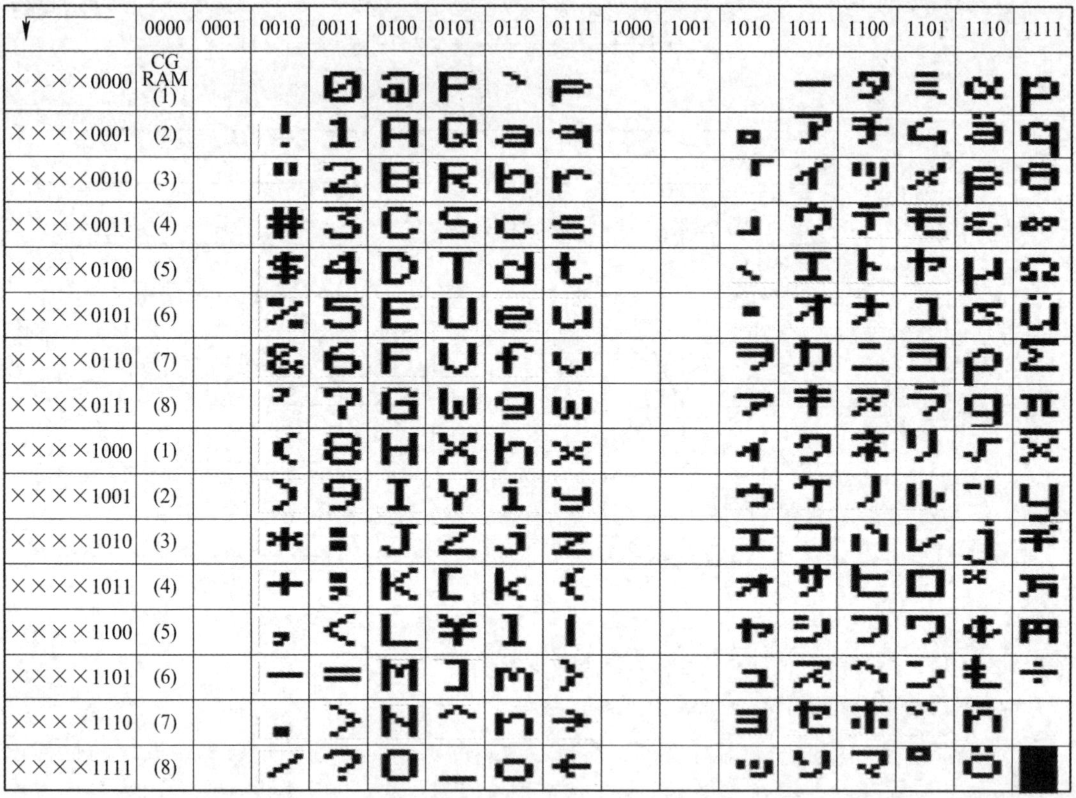

↓	0000	0001	0010	0011	0100	0101	0110	0111	1000	1001	1010	1011	1100	1101	1110	1111
××××0000	CG RAM (1)			0	@	P	`	p				ー	タ	ミ	α	p
××××0001	(2)		!	1	A	Q	a	q			。	ア	チ	ム	ä	q
××××0010	(3)		"	2	B	R	b	r			「	イ	ツ	メ	β	θ
××××0011	(4)		#	3	C	S	c	s			」	ウ	テ	モ	ε	∞
××××0100	(5)		$	4	D	T	d	t			、	エ	ト	ヤ	μ	Ω
××××0101	(6)		%	5	E	U	e	u			・	オ	ナ	ユ	σ	ü
××××0110	(7)		&	6	F	V	f	v			ヲ	カ	ニ	ヨ	ρ	Σ
××××0111	(8)		'	7	G	W	g	w			ァ	キ	ヌ	ラ	g	π
××××1000	(1)		(	8	H	X	h	x			ィ	ク	ネ	リ	√	x̄
××××1001	(2)		)	9	I	Y	i	y			ゥ	ケ	ノ	ル	⁻¹	y
××××1010	(3)		*	:	J	Z	j	z			ェ	コ	ハ	レ	j	千
××××1011	(4)		+	;	K	[	k	{			ォ	サ	ヒ	ロ	ˣ	万
××××1100	(5)		,	<	L	¥	l	|			ャ	シ	フ	ワ	¢	円
××××1101	(6)		-	=	M	]	m	}			ュ	ス	ヘ	ン	Ł	÷
××××1110	(7)		.	>	N	^	n	→			ョ	セ	ホ	゛	ñ	
××××1111	(8)		/	?	O	_	o	←			ッ	ソ	マ	゜	ö	█

图5-16　字符代码与图形对应图

5) LCD1602的一般初始化(复位)过程

液晶模块初始化主要包括：功能设定(Function Set)、显示开/关控制(Display On/Off Control)、清除显示(Clear Display)、进入点设定(Entry Mode Set)。1602通过D0～D7的8位数据端传输数据和指令。液晶模块初始化程序如下：

```
void Initialize_LCD()                        //液晶模块初始化
{   Write_LCD_Command(0x38);                 //开显示
    Delay_Ms(1);                             //写入
```

```
    Write_LCD_Command(0x01);          //清屏
    Delay_Ms(1);
    Write_LCD_Command(0x06);          //写一个指针加1
    Delay_Ms(1);
    Write_LCD_Command(0x0c);          //开显示不显示光标
    Delay_Ms(1);
}
```

任务实施

1. 硬件设计

对标准件生产线计件任务进行设置，能够计量出在一定时间内流水线上的工件数量，减少工作量，提高效率。采用定时/计数器中的计数功能，每过一个器件，计数值增加1，直至最大值再重新进行计数操作。

2. 软件设计

利用液晶显示器显示标准件生产线上工件数字，部分参考程序如下：

```
/****************************************
程序名称：program5-2.c
程序功能：计数液晶显示标准件生产线工件数
****************************************/
#include "reg51.h"                    //此文件中定义了单片机的一些特殊功能寄存器
#include "lcd.h"
typedef unsigned int u16;             //对数据类型进行声明定义
typedef unsigned char u8;
u8 Disp[]=" Pechin Science ";
void main( )
{
    u8 i;
    LcdInit();
    for(i=0; i<16; i++)
    {
        LcdWriteData(Disp[i]);
    }
    while(1);
}
#include "lcd.h"
void Lcd1602_Delay1ms(uint c)         //延时函数，延时1 ms
{
    uchar a, b;
```

```
    for (; c>0; c--)
    {
        for (b=199; b>0; b--)
        {
            for(a=1; a>0; a--);
        }
    }

}
#ifndefLCD1602_4PINS                    //当没有定义这个 LCD1602_4PINS 时
void LcdWriteCom(uchar com)             //写入命令
{
    LCD1602_E = 0;                      //使能
    LCD1602_RS = 0;                     //选择发送命令
    LCD1602_RW = 0;                     //选择写入

    LCD1602_DATAPINS = com;             //放入命令
    Lcd1602_Delay1ms(1);                //等待数据稳定

    LCD1602_E = 1;                      //写入时序
    Lcd1602_Delay1ms(5);                //保持时间
    LCD1602_E = 0;
}
#else
void LcdWriteCom(uchar com)             //写入命令
{
    LCD1602_E = 0;                      //使能清零
    LCD1602_RS = 0;                     //选择写入命令
    LCD1602_RW = 0;                     //选择写入
    LCD1602_DATAPINS = com;
    Lcd1602_Delay1ms(1);
    LCD1602_E = 1;                      //写入时序
    Lcd1602_Delay1ms(5);
    LCD1602_E = 0;
    LCD1602_DATAPINS = com << 4; //发送低四位
    Lcd1602_Delay1ms(1);
    LCD1602_E = 1;                      //写入时序
    Lcd1602_Delay1ms(5);
    LCD1602_E = 0;
}
#endif
#ifndefLCD1602_4PINS
```

```
void LcdWriteData(uchar dat)              //向 LCD 写入一个字节的数据
{
    LCD1602_E = 0;                        //使能清零
    LCD1602_RS = 1;                       //选择输入数据
    LCD1602_RW = 0;                       //选择写入
    LCD1602_DATAPINS = dat;               //写入数据
    Lcd1602_Delay1ms(1);
    LCD1602_E = 1;                        //写入时序
    Lcd1602_Delay1ms(5);                  //保持时间
    LCD1602_E = 0;
}
#else
void LcdWriteData(uchar dat)              //写入数据
{
    LCD1602_E = 0;                        //使能清零
    LCD1602_RS = 1;                       //选择写入数据
    LCD1602_RW = 0;                       //选择写入
    LCD1602_DATAPINS = dat;
    Lcd1602_Delay1ms(1);
    LCD1602_E = 1;                        //写入时序
    Lcd1602_Delay1ms(5);
    LCD1602_E = 0;
    LCD1602_DATAPINS = dat << 4;          //写入低四位
    Lcd1602_Delay1ms(1);
    LCD1602_E = 1;                        //写入时序
    Lcd1602_Delay1ms(5);
    LCD1602_E = 0;
}
#endif
#ifndefLCD1602_4PINS
void LcdInit()                            //LCD 初始化子程序
{
    LcdWriteCom(0x38);                    //开显示
    LcdWriteCom(0x0c);                    //开显示不显示光标
    LcdWriteCom(0x06);                    //写一个指针加 1
    LcdWriteCom(0x01);                    //清屏
    LcdWriteCom(0x80);                    //设置数据指针起点
}
#else
void LcdInit()                            //LCD 初始化子程序
{
    LcdWriteCom(0x32);                    //将 8 位总线转为 4 位总线
    LcdWriteCom(0x28);                    //在 4 位线下的初始化
    LcdWriteCom(0x0c);                    //开显示不显示光标
```

```
        LcdWriteCom(0x06);                    //写一个指针加 1
        LcdWriteCom(0x01);                    //清屏
        LcdWriteCom(0x80);                    //设置数据指针起点
    }
    #endif
```

3. 仿真调试

通过仿真调试可以呈现液晶显示数字的效果，在此过程中需要细心、耐心地调试程序，最终达到所要效果。液晶显示标准件生产线工件数仿真电路图如图 5-17 所示。

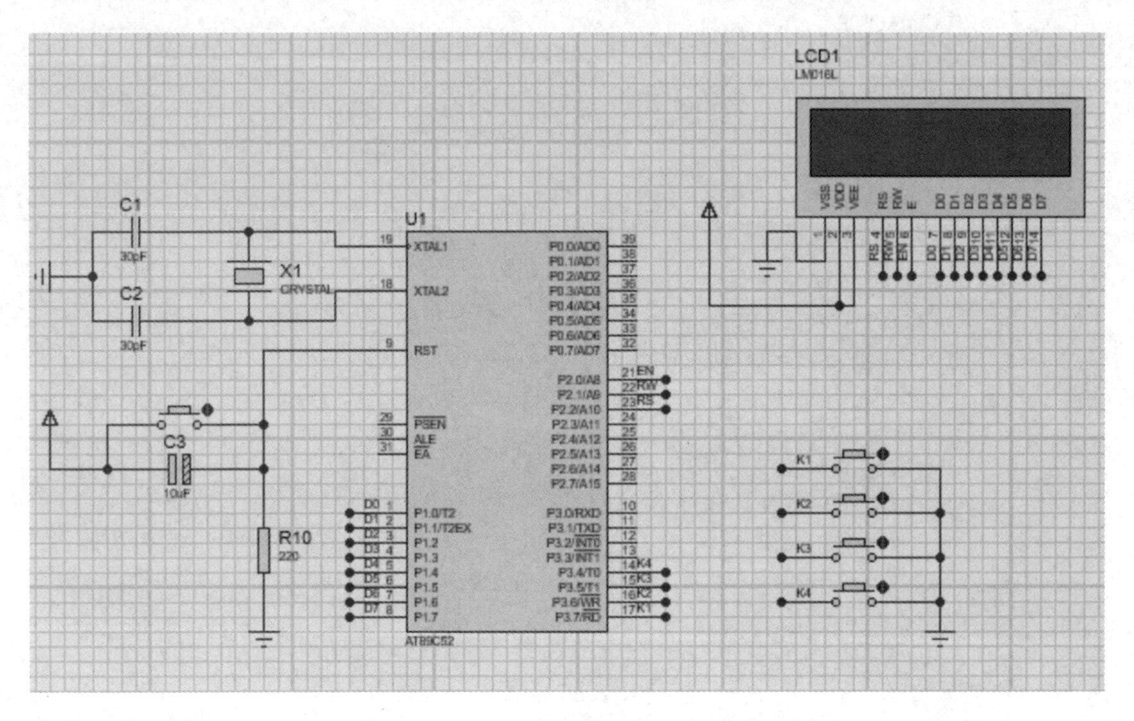

图 5-17　液晶显示标准件生产线工件数仿真电路图

4. 拓展思考

单片机中定时/计数器的应用较为广泛，除了上述应用外，还能想到在什么地方要用到定时器吗？

任务 5.3　作业限时器的设计与制作

采用倒计时，给定一个初值，进行减 1 操作，直到减到 0 为止，根据设置时间来确定循环次数。实现 60 s 倒计时用两位数码管显示，两个按键作为启动与停止、1 个蜂鸣器作为到时提醒。数码管显示电路中单片机 P0 口提供段选信号，而 P2 口提供位选信号。学习任务单附本项目最后。

任务实施

1. Proteus 设计与仿真

1）仿真电路图

通过仿真调试可以呈现时间倒计时控制，在此过程中需要严谨、耐心地调试程序，最终达到所要效果。作业限时器仿真电路图如图 5-18 所示。

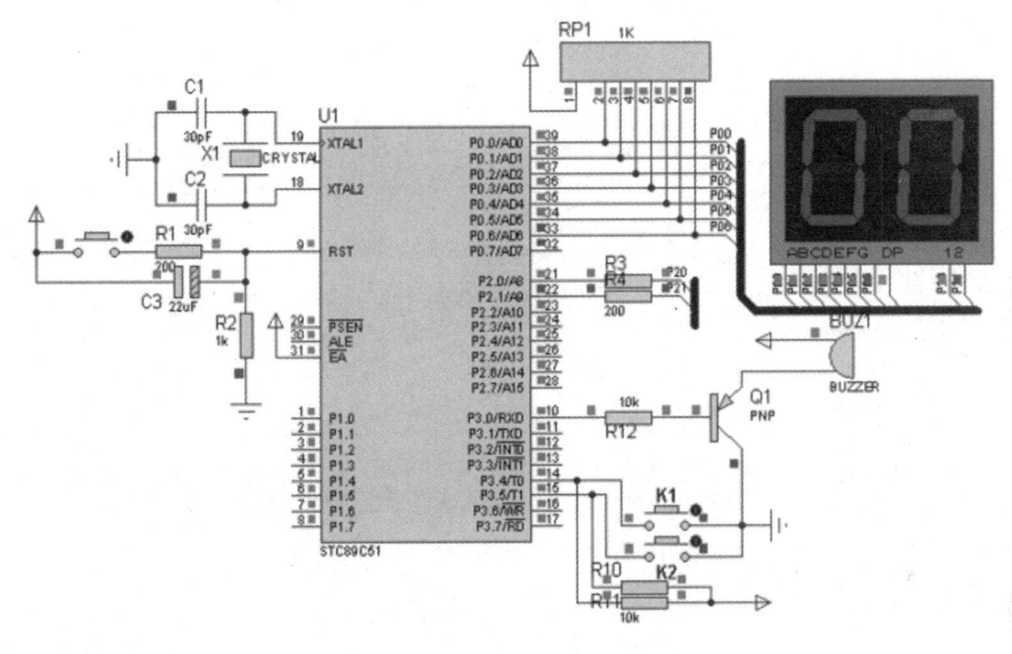

图 5-18　作业限时器仿真电路图

2）参考程序

仿真设计采用 P0 口连接数码管，参考程序如下：

```
/*****************************************
程序名称：program5-3.c
程序功能：作业限时器的控制
*****************************************/
#include "reg51.h"              //此文件中定义了单片机的一些特殊功能寄存器
typedef unsigned int u16;       //对数据类型进行声明定义
typedef unsigned char u8;
u8 code smgduan[7]={0x3f, 0x06, 0x5b, 0x4f, 0x66, 0x6d, 0x7d};    //显示 0~6 的值
u16 s;
u8 sec, mb[2];
void Timer0Init()               //定时器 0 初始化
{
    TMOD|=0X01;                 //选择为定时器 0 模式，工作方式 1，仅用 TR0 打开启动
    TH0=0XFC;
    TL0=0X18;
```

```
    TR0=1;                          //打开定时器
}
void delay(u16 i)                   //延时函数,i=1 时,大约延时 10 μs
{
    while(i--);
}
void DigDisplay()                   //数码管动态扫描函数,循环扫描 2 个数码管显示
{
    u8 i;
    for(i=0; i<2; i++)
    {   switch(i)
        {
            case(0): LSA=0; LSB=0; LSC=0; break;        //显示第 0 位
            case(1): LSA=1; LSB=0; LSC=0; break;        //显示第 1 位
        }
        P0=smgduan[mb[i]];          //发送段码
        delay(1);                   //间隔一段时间扫描
        P0=0x00;                    //消隐
    }}
void main()
{   if(k1==0)
   {delay(100);
  if(k1==0)
    {
      Timer0Init();
      while(1)
      {
        if(TF0==1)
        {
          TF0=0;
          TH0=0XFC;                 //给定时器赋初值,定时 1 ms
          TL0=0X18;
          s++;
        }
        if(s==1000)                 //到达 1 s 时间
        {
          s=0;
          sec--;
          if(sec==0)
          sec=60;                   //计时到 0 秒后重新开始
    }}}
    mb[0]=sec%10;                   //秒表个位
    mb[1]=sec/10;                   //秒表十位
    DigDisplay();
    }}
```

2. 作业限时器焊接调试

1）制作作业限时器的电路板

在确保设备、人身安全的前提下，学生按计划分工进行单片机系统的制作和生产工作。首先进行PCB制板，如学过制版课程，可自行制版；如没有学过，则使用教师提前准备好的板或采用万能板制作均可。列出所需元件清单，如表5-4所示。准备好所需元件及焊接工具(电烙铁、焊锡丝、镊子、斜口钳、万用表等)，开始制作硬件电路板，如图5-19所示。

表5-4 元件清单

序号	元件名称	规格型号	数量
1	单片机	AT89S51	1个
2	晶振	12 MHz	1个
3	电容	30 pF 瓷片电容	2个
		10 μF、16 V 电解电容	1个
4	电阻	10 kΩ	2个
		330 Ω	10个
5	数码管		2个
6	蜂鸣器		1个
7	按键	四爪微型轻触开关	3个

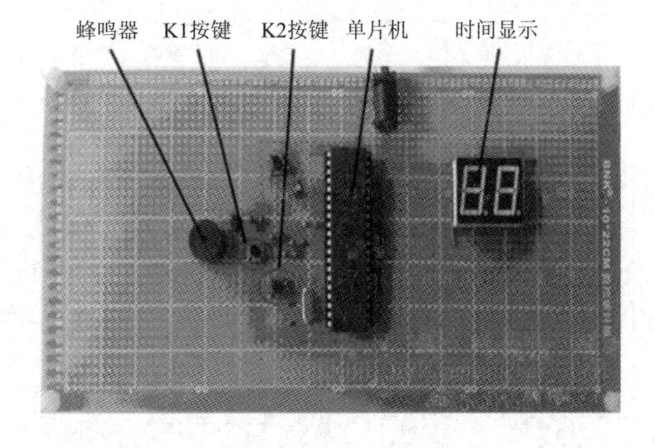

图5-19 作业限时器电路板

2）硬件电路测试

焊接完成后要进行硬件电路的测试，具体包括：

(1) 测试单片机的电源和地是否正确连接。

(2) 测试单片机的时钟电路和复位电路是否正常。

(3) 测试EA引脚是否与电源相连。

(4) 测试LED数码管显示电路是否正确。

(5) 测试下载口界限是否正确。

小组反复讨论、分析并调试好单片机系统的硬件。

3）联机调试

将已通过仿真的软件程序下载到单片机中，运行作业限时器，观察结果，看是否运行正常，如不正常，则分析可能的原因，进行软硬件的故障排查，直至运行正常。

按照操作过程，分析讲解具体操作过程中各个环节出现的现象，并记录正确的结果；同时学生提问，教师解决学生实施过程中出现的各种问题，并强调注意事项。

【项目小结】

本项目从模拟交通信号灯的控制到作业限时器的设计与制作，把单片机中定时/计数器的定时、计数功能基本知识及液晶显示等知识融入任务中，通过任务的完成，提升学习定时/计数器控制的应用能力。在本项目学习过程中应掌握单片机定时/计数器的基本结构、工作方式，液晶显示的结构、应用等知识点；还应掌握实现时间控制系统的设计与调试过程。项目中培养高效、节能意识；根据限时器任务应用场景的学习来培养学生自主学习的意识，在整个项目分析、设计及完成过程中锻炼学生刻苦钻研、精益求精的工匠精神。学习任务单见表5-5，项目考核评价表见表5-6。

【思考练习】

一、填空题

1. LCD1602可以显示________行，每行________个字符。

2. 单片机定时/计数器采用工作方式1，是________位定时器，其最大计数值为________。

3. 要允许定时器T0中断，需要设置________________。

4. 定时器采用软件启动方式，则TR0/TR1=________。

二、思考题

1. 定时/计数器用作定时时，其定时时间与哪些因素有关？作计数时，对外界计数频率有何限制？

2. 试编写程序，使定时器T0(工作方式1)定时100 ms产生一次中断，使接在P1.0的发光二极管间隔1 s亮一次，亮10次后停止。

3. 用T0的工作方式1编写2秒延时程序，实现8位LED间隔2 s的闪烁控制。要求采用查询方式来判断是否已到定时时间。

表5-5　学习任务单

<table>
<tr><td colspan="4">单片机应用技术学习任务单</td></tr>
<tr><td colspan="3">项目名称：项目5　电子时钟——精益求精</td><td>专业班级：</td></tr>
<tr><td colspan="3">组别：</td><td>姓名及学号：</td></tr>
<tr><td>任务要求</td><td colspan="3"></td></tr>
<tr><td>系统
总体设计</td><td colspan="3"></td></tr>
<tr><td>仿真调试</td><td colspan="3"></td></tr>
<tr><td>成品
制作调试</td><td colspan="3"></td></tr>
<tr><td>心得体会</td><td colspan="3"></td></tr>
<tr><td rowspan="2">项目
完成确认</td><td>学生签字</td><td colspan="2">年　月　日</td></tr>
<tr><td>教师签字</td><td colspan="2">年　月　日</td></tr>
</table>

表5-6　项目考核评价表

<table>
<tr><td colspan="5">项目考核评价表</td></tr>
<tr><td colspan="3">项目名称：项目5　电子时钟——精益求精</td><td colspan="2">专业班级：</td></tr>
<tr><td colspan="3">组别：</td><td colspan="2">姓名及学号：</td></tr>
<tr><td>考核内容</td><td colspan="2">考核标准</td><td>标准分值</td><td>得分</td></tr>
<tr><td>课程思政</td><td>育人成效</td><td>根据该同学在线上和线下学习过程中：
(1) 家国情怀是否体现；
(2) 工匠精神是否养成；
(3) 劳动精神是否融入；
(4) 职业素养是否提升；
(5) 安全责任意识是否提高；
(6) 哲学思想是否渗透。
教师酌情给出课程思政育人成效的分数</td><td>20</td><td></td></tr>
<tr><td rowspan="5">线上学习</td><td>资源学习</td><td>根据线上资源学习进度和学习质量酌情给分</td><td>10</td><td></td></tr>
<tr><td>预习测试</td><td>根据线上项目测试成绩给分</td><td>5</td><td></td></tr>
<tr><td>平台互动</td><td>根据课程答疑中的互动数量酌情给分</td><td>10</td><td></td></tr>
<tr><td>虚拟仿真</td><td>根据虚拟仿真实训成绩给分，可多次练习，取最高分</td><td>10</td><td></td></tr>
<tr><td>在线作业</td><td>应用所学内容完成在线作业</td><td>7</td><td></td></tr>
<tr><td rowspan="4">线下学习</td><td>课堂表现</td><td>(1) 学习态度是否端正；
(2) 是否认真听讲；
(3) 是否积极互动</td><td>8</td><td></td></tr>
<tr><td>学习任务单</td><td>(1) 书写是否规范整齐；
(2) 设计是否正确、完整、全面；
(3) 内容是否翔实</td><td>10</td><td></td></tr>
<tr><td>仿真调试</td><td>根据Proteus和Keil软件联合仿真调试情况，酌情给分</td><td>10</td><td></td></tr>
<tr><td>成品调试</td><td>(1) 调试顺序是否正确；
(2) 能否熟练排除错误；
(3) 调试后运行是否正确</td><td>10</td><td></td></tr>
<tr><td colspan="4">项目成绩</td><td></td></tr>
</table>

项目6　串行通信——多机互联

情境导入

随着计算机技术的快速发展和广泛应用，单片机的串行通信功能越来越重要。从智能家用电器到工业上的集散控制系统(DCS)所采用的上位机与下位机，都是基于串行通信的工作方式。本项目利用单片机串行接口完成单片机与单片机、单片机与计算机之间的串行通信，真正解决单片机和各种外部设备之间的信息交换问题。

学习目标

1. 知识目标

(1) 了解单片机串行通信的概念；
(2) 掌握单片机串行接口的内部结构及工作原理；
(3) 掌握单片机串口的工作方式；
(4) 掌握单片机串行通信的设计方法。

2. 能力目标

(1) 能够根据系统功能要求，设置相关寄存器；
(2) 能够根据功能要求，完成系统设计；
(3) 能够利用仿真软件实现串行通信仿真。

3. 素质目标

(1) 培养积极探索的精神；
(2) 培养勇于创新的精神。

任务6.1　实现双机串行通信

本任务利用AT89C52实现单片机与单片机之间点对点通信。要求按下接在甲机P2.0

口线的按键，依次向乙机发送0～9十个数字；乙机中，以中断的方式接受甲机发来的数据，并输出到接在P2口的数码管进行显示。

知识链接

随着单片机系统网络化和分布式应用系统的发展，单片机的通信功能越来越重要。通信是指单片机与外界的信息传输，既包括单片机与单片机之间的数据传输，也包括单片机与PC之间的数据传输。在通信领域内，有两种数据通信方式：并行通信和串行通信。

并行通信是指将数据的各位用多条数据线同时进行传输，每一位数据都需要一条传输线。对于单片机来说，一次传送一个字节数据，因此需要8条数据线就可以了，此外，还需要一些信号线和控制线。其优点是传送速度快，缺点是需要的传输线较多，所以并行通信适用于短距离数据传送。并行通信示意图如图6-1所示。

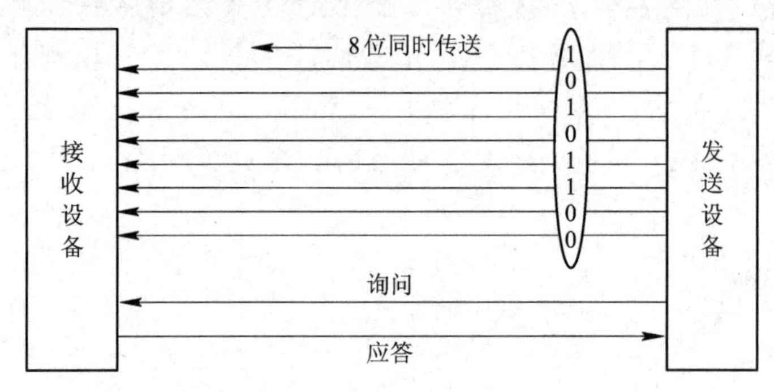

图6-1　并行通信示意图

串行通信是指将数据只用一条数据线一位一位依次传输，通过单片机的串行接口进行通信。其优点是只需一条数据线，缺点是传输速率较低。因此，串行通信特别适用于计算机与计算机、计算机与外设之间的远距离通信。串行通信示意图如图6-2所示。

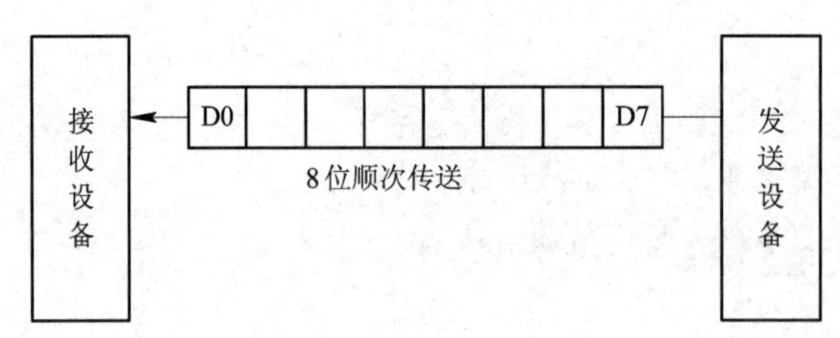

图6-2　串行通信示意图

1. 串行通信方式

按照串行数据的时钟控制方式不同，串行通信分为异步通信和同步通信。异步通信是指发送设备和接收设备使用各自的时钟控制数据发送和接收过程；而同步通信是指在通信时需要发送方对接收方的时钟的直接控制，使双方达到完全同步。

2. 串行通信制式

串行通信按数据传输方向可分为单工、半双工和全双工。

(1) 单工是指两个通信设备中一个只能发送，一个只能接收，数据传送方向是单向的，如图 6-3(a)所示。

(2) 半双工是指两个通信设备中都有一个发送器和一个接收器，相互可以发送和接收数据，但不能在两个方向上同时传送，如图 6-3(b)所示。

(3) 全双工是指两个通信设备可以同时发送和接收数据，数据传送可以在两个方向同时进行，如图 6-3(c)所示。

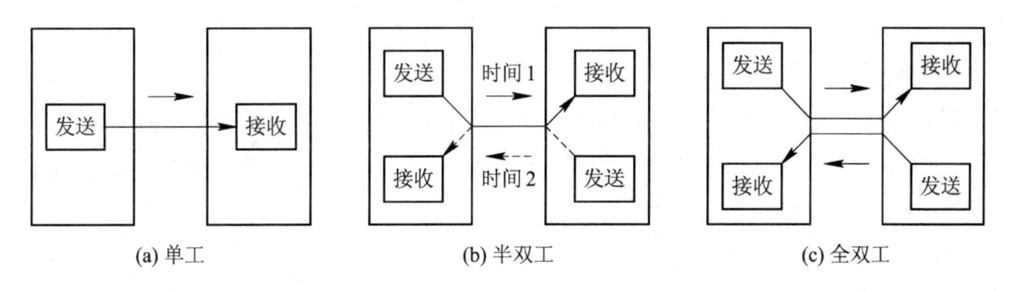

图 6-3　串行通信传输方式示意图

3. 串行口连接

根据通信距离的不同，串行口的电路连接方式也是不同的。

(1) 如果距离很近，则只需两根信号线(TXD、RXD)和一根地线(GND)就可以实现，如图 6-4 所示。

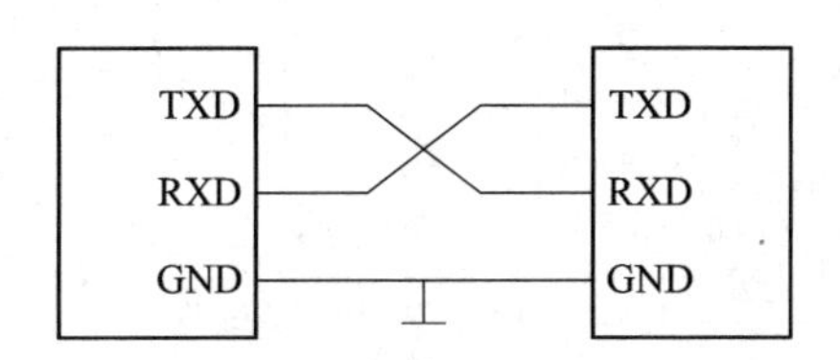

图 6-4　三线连接图

(2) 当距离在 15 米以内时，可采用 RS-232 接口实现，如图 6-5 所示。

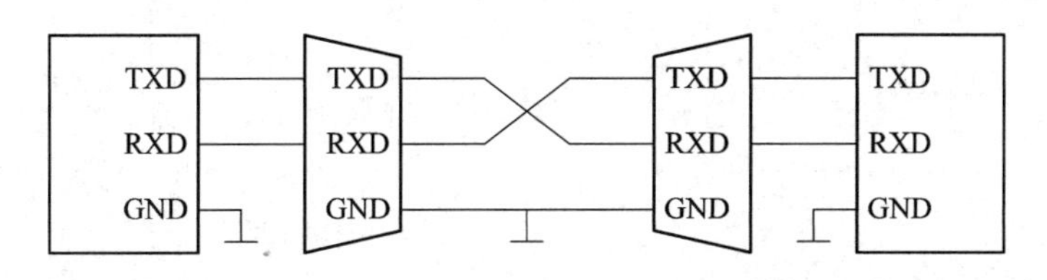

图 6-5　RS-232 接口连接图

(3) 如果是远程通信，则可通过调制解调器(Modem)进行通信互联。在远程通信中，往往借助公共电话网完成数据传送，但是公共电话网的信号是 300～3400 Hz 的音频模拟信号，而计算机通信的信号是二进制数字信号，因此，通常在发送端把数字信号转换成模拟信号，这个过程称为调制，由调制器来完成；在接收端从电话网上接收数据时，要将模拟信号再转换成数字信号，这个过程称为解调，由解调器来完成。将调制器和解调器组合在一起就构成了调制解调器，如图 6-6 所示。

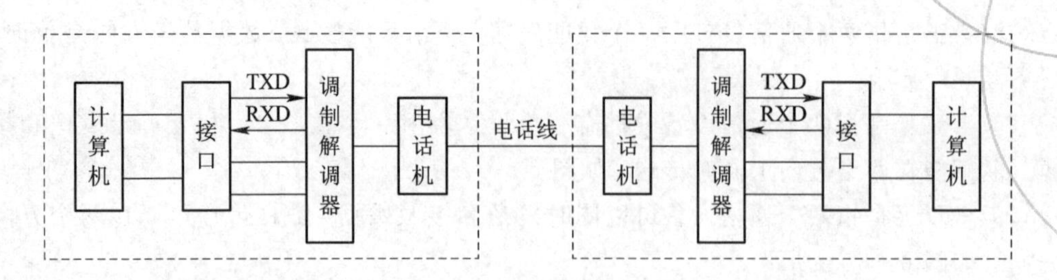

图 6-6　Modem 远程连接图

4. 51 系列单片机的串行接口

MCS-51 单片机内部有一个可编程的全双工串行通信接口。通过软件编程它可以用作通用异步接收和发送器 UART，同时接收和发送数据；也可以用作同步移位寄存器。其帧格式可有 8 位、10 位和 11 位，并能设置成多种波特率。

1）串行口的结构

MCS-51 单片机串行口结构框图如图 6-7 所示。它主要由两个数据缓冲寄存器和一个输入移位寄存器组成。发送数据缓冲器只能写入，不能读出；接收数据缓冲器只能读出，不能写入。因此，两个缓冲器共用同一个符号（SBUF），占用同一个地址（99H）。CPU 写 SBUF，一方面修改发送缓冲器，一方面启动串行发送；CPU 读 SBUF，就是读接收寄存器。此外串行口中还有两个特殊功能寄存器 SCON、PCON，分别用来控制串行口的工作方式和波特率。

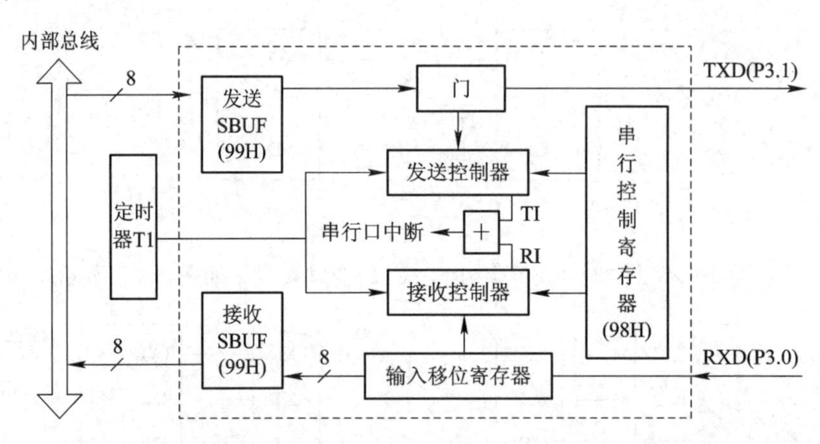

图 6-7　MCS-51 单片机串行口结构框图

MCS-51 单片机串行口通过编程可设置 4 种工作方式，3 种帧格式。

(1) 方式 0 以 8 位数据为一帧，不设起始位和停止位，先发送或接收最低位。其帧格式如图 6-8 所示。

…	D0	D1	D2	D3	D4	D5	D6	D7	…

图 6-8　方式 0 帧格式

(2) 方式 1 以 10 位数据为一帧传输，设有一个起始位“0”，8 个数据位和一个停止位“1”。其帧格式如图 6-9 所示。

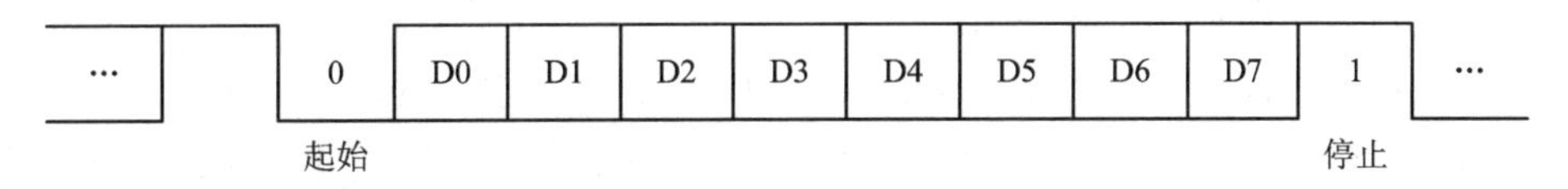

图 6－9　方式 1 帧格式

(3) 方式 2 和方式 3 以 11 位数据为一帧传输，设有一个起始位“0”，8 个数据位，1 个可编程位(第九位数据)D8 和一个停止位“1”。其帧格式如图 6－10 所示。

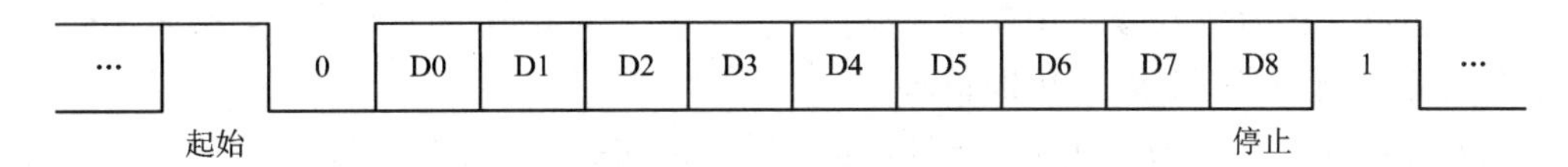

图 6－10　方式 2 和方式 3 帧格式

可编程位 D8 由软件置 1 或清 0，该位可作校验位，也可作他用。

2) 串行口控制寄存器

SCON 用于确定串行通道的工作方式选择、接收和发送控制以及串行口的状态标志。其格式如图 6－11 所示。

SCON	D7	D6	D5	D4	D3	D2	D1	D0
(98H)	SM0	SM1	SM2	REN	TB8	RB8	TI	RI

图 6－11　SCON 格式

具体功能介绍如下：

(1) SM0 和 SM1：工作方式控制位，可构成如表 6－1 所示的 4 种工作方式。

表 6－1　4 种工作方式

SM0	SM1	工作方式	功能描述	波特率
0	0	方式 0	8 位同步移位寄存器	Fosc/12
0	1	方式 1	10UART	可变
1	0	方式 2	11UAR	Fosc/64 或 Fosc/32
1	1	方式 3	11UART	可变

(2) SM2：在方式 2 和方式 3 中用于多机通信控制。当方式 2 或方式 3 处于接收时，若 SM2＝1，且接收到第 9 位 RB8 为 0 时，RI 不置 1；若 SM2＝1，且 RB8 为 1 时，则 RI 置 1。

在方式 1 中，当处于接收时，若 SM2＝1，则只有接收到有效的停止位时，RI 才置 1。

在方式 0 中，SM2 应置 0。

(3) REN：允许串行接收控制位。用软件置 1 或清 0。REN＝1 时，允许接收；REN＝0 时，禁止接收。

(4) TB8：在方式 2 和方式 3 中，它是准备发送的第 9 个数据位。根据需要可用软件置 1 或清 0。它可作为数据的奇偶校验位，或在多机通信中作为地址帧或数据帧的标志。

(5) RB8：在方式 2 和方式 3 中，它是接收到的第 9 个数据位，既可以作为约定好的奇偶校验位，也可以作为多机通信时的地址帧或数据帧的标志。

(6) TI：发送中断标志位。在工作方式 0 中，发送完 8 位数据后，由硬件置 1，向 CPU 申请发送中断。CPU 响应中断后，必须用软件清 0，在其他工作方式中，它在停止位开始发送时由硬件置 1，同样必须用软件清 0。

(7) RI：接收中断标志位。在工作方式 0 中，接收完 8 位数据后，由硬件置 1，向 CPU 申请接收中断。CPU 响应中断后，必须用软件清 0，在其他工作方式中，在接收到停止位的中间时刻由硬件置 1，向 CPU 申请中断，表示一帧数据接收结束，并已装入缓冲器，要求 CPU 取走数据。CPU 响应中断，取走数据后必须由软件清 0，解除中断请求，准备接收下一帧数据。

串行发送中断标志与接收中断标志是同一个中断源，在全双工通信时，必须用软件来判断是发送中断请求还是接收中断请求。

SCON 的地址是 98H，可以位寻址。复位时，SCON 所有位均清零。

3) 电源控制寄存器

PCON 是为了在 CHMOS 的 80C51 单片机上实现电源控制而设置的，其中只有一位 SMOD 与串行口工作有关。其格式如图 6-12 所示。

PCON	D7	D6	D5	D4	D3	D2	D1	D0
(87H)	SMOD				GF1	GF0	PD	IDL

图 6-12　PCON 的格式

具体功能介绍如下：

SMOD 称为波特率选择位。在工作方式 1、工作方式 2 和工作方式 3 时，若 SMOD=1，则波特率提高一倍；若 SMOD=0，则波特率不加倍。整机复位时 SMOD=0(串行口每秒钟发送/接收的位数称为波特率)。

4) 串行接口的工作方式

串行通信的工作方式包括工作方式 0、工作方式 1、工作方式 2 和工作方式 3。

(1) 工作方式 0。

在工作方式 0 下，串行口作同步移位寄存器使用，其波特率为 Fosc/12，即振荡器频率的 1/12，固定不变。串行数据由 RXD(P3.0)端输入或输出。同步移位脉冲由 TXD(P3.1)端送出。这种方式常用于扩展 I/O 口。

发送时，当一个数据写入发送缓冲寄存器 SBUF(99H)时，即启动发送。串行口把 8 位数据以 Fosc/12 的波特率从 RXD 送出，低位在前，高位在后，发送完置中断标志 TI 为 1。具体接线如图 6-13 所示，其中 74HC164 是串入并出移位寄存器。

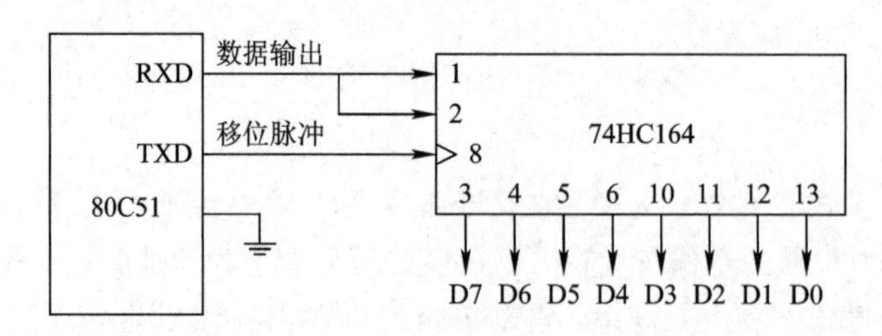

图 6-13　工作方式 0 用于 I/O 扩展输出

接收时，REN 是串行口允许接收控制位。REN=0，禁止接收；REN=1，则允许接收。当软件置 REN 为 1 时，即开始从 RXD 以 Fosc/12 的波特率输入数据(低位在前)，当接收到8位数据时，置中断标志RI为1。具体接线如图6-14所示，其中74HC165是并入串出移位寄存器。

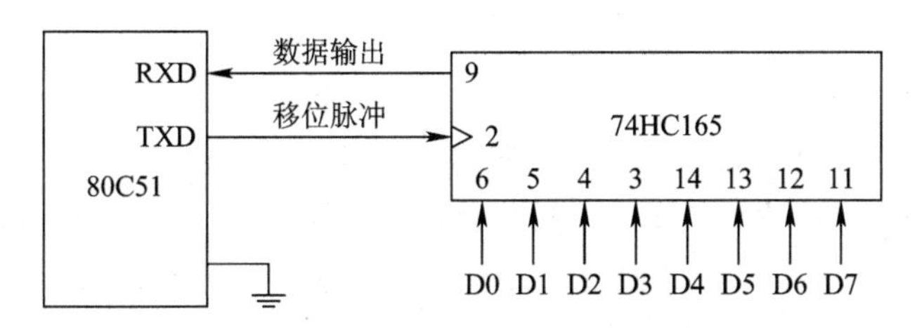

图6-14　工作方式0用于I/O扩展输入

串行控制寄存器中TB8和RB8位在工作方式0中未用。每当发送或接收完8位数据时，由硬件将发送中断TI或接收中断RI标志置位。CPU响应TI或RI中断请求后，不会清除TI或RI标志，必须由用户用软件清零。工作方式0时SM2位必须为0。

(2) 工作方式1。

在工作方式1下，串行口为10位通用异步接口。发送或接收一帧信息，包括1位起始位"0"，8位数据和1位停止位"1"。其传送波特率可调。

发送时，数据从引脚TXD(P3.1)端出，当数据写入发送缓冲寄存器SBUF时，即启动发送器发送。当发送完一帧数据后，就把TI标志置1，并申请中断。

接收时，由REN置1，允许接收。串行口采样引脚RXD(P3.0)，当采样"1"至"0"的跳变后，确认是起始位"0"，就开始接收一帧数据，当RI=0且停止位为1或者SM2=0时，停止位进入RB8位，同时置位中断标志RI；否则信息丢失。所以工作方式1接收时，应先用软件清除RI或SM2标志。

(3) 工作方式2。

在工作方式2下，串行口为11位异步通信接口。发送或接收一帧信息，包括1位起始位"0"，8位数据位，1位可编程位和1位停止位"1"。其传送波特率与SMOD有关。

发送前，先根据通信协议由软件设置TB8(如作奇偶校验位或地址/数据指针标识位)，然后将要发送的数据写入SBUF即启动发送器。

发送过程是由执行任何一条以SBUF作为目的寄存器的指令启动的。写SBUF信号，把8位数据装入SBUF，同时还把TB8装到发送移位寄存器第9位的位置上，并通知发送控制器，要求进行一次发送，然后即从TXD(P3.1)端输出一帧信息。

接收时，由REN置1，允许接收，同时将RI清0。在满足这个条件的前提下，再根据SM2的状态和所接收到的RB8的状态决定此串行口在信息到来后是否会使RI置1，并申请中断，接收数据。

当SM2=0时，不管RB8为0，还是为1，RI都置1，此串行口将接收发来的信息。

当SM2=1，且RB8为1时，表示在多机通信情况下，接收的信息为地址帧，此时RI置1。串行口将接收发来的信息。

当SM2=1，且RB8为0时，表示接收的信息为数据帧，但不是发给本从机的，此时RI不置1，因而所接收的数据帧将丢失。

(4) 工作方式3。

工作方式3为波特率可变的11位异步通信方式。除波特率外，工作方式3和工作方式

2 完全相同。

任务实施

基于工作过程系统化，制定了该项目的任务实施过程为以双机通信的设计、仿真与制作为典型工作任务，以单片机教学做一体化教室为主要学习场所，进行 51 系列单片机系统的硬件设计、软件程序设计、仿真调试等工作，以便熟练掌握使用 51 系列单片机进行系统的设计和制作的技能。

各小组集中讨论，汇总信息并整理，确定该项目的设计方案，要保证项目的可行性和可操作性。

1. 硬件电路设计

按照任务要求设计并搭建仿真环境和硬件电路，如图 6－15 所示，输出口可以任意选择。

注意：单片机控制系统中，图 6－15 中上面这片单片机甲负责发送数据，下面这片单片机乙负责接收数据，然后再进行其他电路搭建。

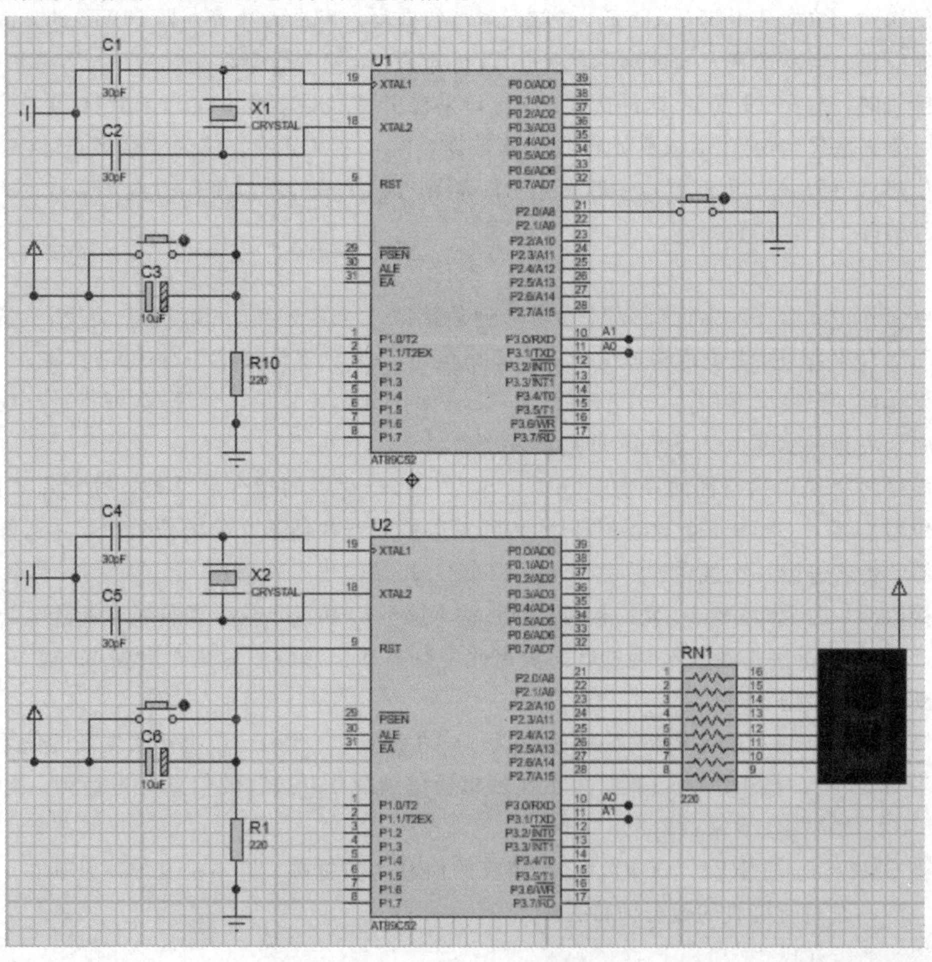

图 6－15　双机串行通信电路图

2. 软件程序设计

1）搭建软件编程环境

建立工程文件，保存在指定的文件夹内，配置工程参数，包括晶振频率12 MHz、HEX文件输出配置。新建文件并添加文件，准备编程。

2）软件设计与编程实现

甲机参考程序如下：

```
#include"reg51.h"
sbit key=P2^0;
unsigned char a;
delay()
{
    unsigned int i;
    for(i=0; i<200; i++);
}
sendB(unsigned char da)
{
    SBUF=da;
    while(!TI);
    TI=0;
}
int main()
{
    TMOD=0x20;
    TH1=0xfd;
    TL1=0xfd;
    SCON=0x40;
    TR1=1;
    while(1)
    {
        if(key==0)
        {
            delay();
            if(key==0)
            {
                sendB(a);
                a=(a+1)%10;
                while(key==0)delay();
            }
        }
    }
}
```

乙机参考程序如下：

```
#include"reg51.h"
unsigned char a;
unsigned char code seg[]={0xc0, 0xf9, 0xa4, 0xb0, 0x99, 0x92, 0x82, 0xf8, 0x80, 0x90};
int main()
{
```

```
    TMOD=0x20;
    TH1=0xfd;
    TL1=0xfd;
    SCON=0x50;
    EA=1;
    ES=1;
    TR1=1;
    while(1);
}
void serial() interrupt 4
{
    if(RI)
    {
        RI=0;
        a=SBUF;
        P2=seg[a];
    }
}
```

3. 仿真调试

仿真视频可扫二维码查看，仿真如图 6-16 所示。

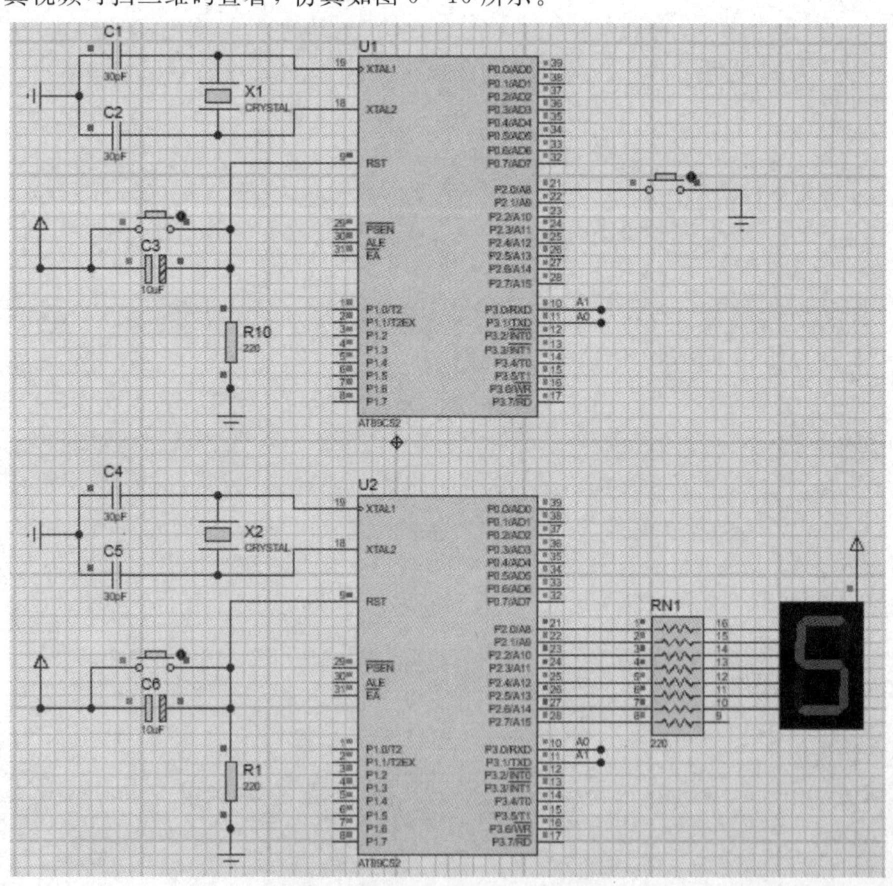

图 6-16　双机串行通信仿真图

4. 拓展思考

如果想实现单片机与计算机之间的通信，应该怎么处理？

任务6.2　实现单片机与PC之间的通信

本任务是实现单片机与PC通信，单片机可接收PC发送的数字字符，按下单片机的S1键后，单片机可向PC发送字符串。学习任务单附在本项目最后。

任务实施

基于工作过程系统化，制定了该项目的任务实施过程为以单片机与PC串行通信的设计、仿真与制作为典型工作任务，以单片机教学做一体化教室为主要学习场所，进行51系列单片机系统的硬件设计、软件程序设计、仿真调试等工作，以便熟练掌握使用51系列单片机进行系统的设计和制作的技能。

各小组集中讨论，汇总信息并整理，确定该项目的设计方案，要保证项目的可行性和可操作性。

1. Proteus设计与仿真

在Proteus环境下完成本任务时，需要安装Virtual Serial Port Driver和串口调试助手。本任务缓冲100个数字字符，缓冲满后新数字从前面开始存放(环形缓冲)。单片机与PC通信电路图如图6-17所示。

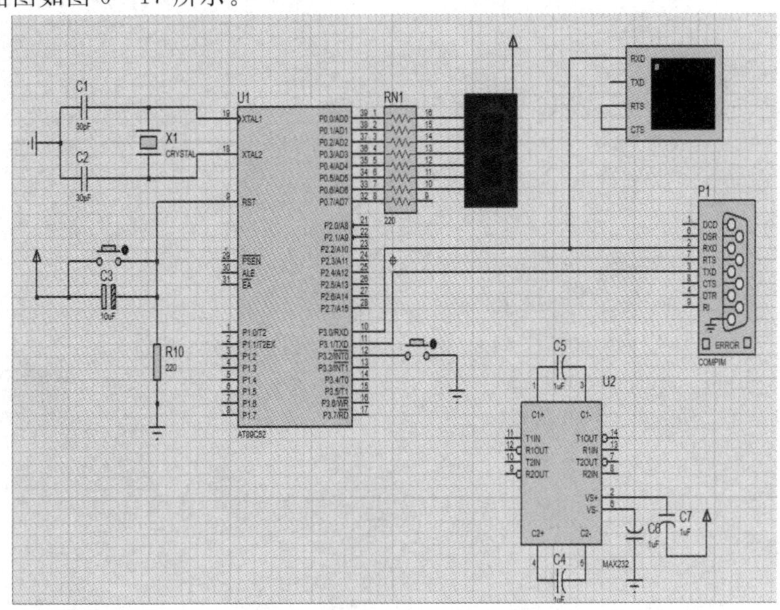

图6-17　单片机与PC通信电路图

2. 软件程序设计

源程序如下：

```
#include"reg52.h"
#define uchar unsigned char
#define uint unsigned int
uchar Receive_Buffer[101];        //接收缓冲
uchar Buf_Index=0;                //缓冲空间索引
uchar code DSY_CODE[]={0x3f, 0x06, 0x5b, 0x4f, 0x66, 0x6b, 0x7d, 0x07, 0x7f, 0x6f,
0x00};
void DelayMS(uint ms)
{
    uchar i;
    while(ms--)for(i=0; i<120; i++);
}
void main()
{
    uchar i;
    P0=0x00;
    Receive_Buffer[0]=-1;
    SCON=0x50;
    TMOD=0x20;
    TH1=0xfd;
    TL1=0xfd;
    PCON=0x00;
    EA=1; EX0=1; IT0=1;
    ES=1; IP=0x01;
    TR1=1;
    while(1)
    {
        for(i=0; i<100; i++)
        {
            if(Receive_Buffer[i]==-1)break;
            P0=DSY_CODE[Receive_Buffer[i]];
            DelayMS(200);
        }
        DelayMS(200);
    }
}
//串口接收中断函数
void Serial_INT()interrupt 4
{
```

```
    uchar c;
    if(RI==0)return;
    ES=0;
    RI=0;
    c=SBUF;
    if(c>='0'&&c<='9')
    {
        Receive_Buffer[Buf_Index]=c-'0';
        Receive_Buffer[Buf_Index+1]=-1;
        Buf_Index=(Buf_Index+1)%100;
    }
    ES=1;
}
//外部中断0
void EX_INT0()interrupt 0
{
    uchar *s="这是由8051发送的字符串! \r\n";
    uchar i=0;
    while(s[i]! ='\0')
    {
        SBUF=s[i];
        while(TI==0);
        TI=0;
        i++;
    }
}
```

【项目小结】

单片机的串行通信是51系列单片机学习的难点，总是会让人望而却步，需要学生积极探索、勇于挑战，利用所学知识完成任务，会有意想不到的收获。本项目重点介绍了串行通信的基础知识、51系列单片机的串口结构、串口控制及工作方式等内容。通过本项目的学习，学生对单片机串行接口和串行通信有了深入了解，根据所学知识解决实际问题，提高了专业技能，培养了动手能力，更培养了探索精神。

学习任务单见表6-2，项目考核评价表见表6-3。

【思考练习】

一、填空题

1. 数据通信的基本方式分为________通信和________通信两种。

2. 串行通信是指将数据________传送。串行通信的特点是：仅需________根传输线即可完成，节省传输线，串行通信的速度________；传输距离________；通信时钟频率________；抗干扰能力________；使用传输设备成本________。

3. 串行通信的制式可以分为 3 种：________、________和________。

4. 51 系列单片机内部有一个可编程________的串行接口。

5. 字符帧也叫数据帧，由________、________、________和________四部分组成。

二、思考题

1. 概述 51 系列单片机串行口各工作方式的特点。

2. 若 51 系列单片机控制系统晶振频率为 11.0592 MHz，要求串行口发送数据为 8 位，波特率为 2400 b/s，编写串行口初始化程序。

表 6-2　学习任务单

<table>
<tr><td colspan="3">单片机应用技术学习任务单</td></tr>
<tr><td colspan="2">项目名称：项目 6　串行通信——多机互联</td><td>专业班级：</td></tr>
<tr><td colspan="2">组别：</td><td>姓名及学号：</td></tr>
<tr><td>任务要求</td><td colspan="2"></td></tr>
<tr><td>系统
总体设计</td><td colspan="2"></td></tr>
<tr><td>仿真调试</td><td colspan="2"></td></tr>
<tr><td>成品
制作调试</td><td colspan="2"></td></tr>
<tr><td>心得体会</td><td colspan="2"></td></tr>
<tr><td rowspan="2">项目
完成确认</td><td>学生签字</td><td>年　　月　　日</td></tr>
<tr><td>教师签字</td><td>年　　月　　日</td></tr>
</table>

表6-3 项目考核评价表

<table>
<tr><td colspan="5">项目考核评价表</td></tr>
<tr><td colspan="3">项目名称：项目6 串行通信——多机互联</td><td colspan="2">专业班级：</td></tr>
<tr><td colspan="3">组别：</td><td colspan="2">姓名及学号：</td></tr>
<tr><td>考核内容</td><td colspan="2">考核标准</td><td>标准分值</td><td>得分</td></tr>
<tr><td>课程思政</td><td>育人成效</td><td>根据该同学在线上和线下学习过程中：
(1) 家国情怀是否体现；
(2) 工匠精神是否养成；
(3) 劳动精神是否融入；
(4) 职业素养是否提升；
(5) 安全责任意识是否提高；
(6) 哲学思想是否渗透。
教师酌情给出课程思政育人成效的分数</td><td>20</td><td></td></tr>
<tr><td rowspan="5">线上学习</td><td>资源学习</td><td>根据线上资源学习进度和学习质量酌情给分</td><td>10</td><td></td></tr>
<tr><td>预习测试</td><td>根据线上项目测试成绩给分</td><td>5</td><td></td></tr>
<tr><td>平台互动</td><td>根据课程答疑中的互动数量酌情给分</td><td>10</td><td></td></tr>
<tr><td>虚拟仿真</td><td>根据虚拟仿真实训成绩给分，可多次练习，取最高分</td><td>10</td><td></td></tr>
<tr><td>在线作业</td><td>应用所学内容完成在线作业</td><td>7</td><td></td></tr>
<tr><td rowspan="4">线下学习</td><td>课堂表现</td><td>(1) 学习态度是否端正；
(2) 是否认真听讲；
(3) 是否积极互动</td><td>8</td><td></td></tr>
<tr><td>学习任务单</td><td>(1) 书写是否规范整齐；
(2) 设计是否正确、完整、全面；
(3) 内容是否翔实</td><td>10</td><td></td></tr>
<tr><td>仿真调试</td><td>根据Proteus和Keil软件联合仿真调试情况，酌情给分</td><td>10</td><td></td></tr>
<tr><td>成品调试</td><td>(1) 调试顺序是否正确；
(2) 能否熟练排除错误；
(3) 调试后运行是否正确</td><td>10</td><td></td></tr>
<tr><td colspan="4">项目成绩</td><td></td></tr>
</table>

项目7 STM32应用——触类旁通

情境导入

STM32是STMicroelctronics推出的32位的Cortex-M内核的嵌入式微控制器系列产品。它具有高性能、低功耗、丰富的外设接口、灵活的扩展性等特点。它广泛应用于工业控制、汽车电子、智能家居、医疗设备等领域。STM32的出现给MCU用户前所未有的自由空间，也提供了全新的32位产品选项，结合高性能、实时、低功耗、低电压等特性，同时保持了高集成度和易于开发的优势，再加上丰富的外设和有竞争力的价格，得到了市场的高度认可。本项目学习STM32的基础知识和应用设计，引导大家进一步学习STM32单片机。

学习目标

1. 知识目标

(1) 认识STM32单片机；
(2) 掌握STM32单片机的内部结构；
(3) 掌握STM32单片机的系列和型号；
(4) 掌握STM32单片机的时钟树。

2. 能力目标

(1) 学会STM32单片机的工具和平台；
(2) 能完成STM32单片机的程序开发；
(3) 学会STM32单片机的设计和调试。

3. 素质目标

(1) 培养面对困难时的耐心和毅力；
(2) 培养团队合作共同进步的精神。

任务7.1 STM32点亮LED灯

本任务学习STM32单片机的内部结构和功能部件，以及典型型号、学习方法和学习平台等，完成点亮LED灯。

知识链接

7.1.1 STM32简介

STM32是意法半导体(STMicroelectronics)较早推向市场的基于Cortex-M内核的微处理器系列产品，该系列产品具有成本低、功耗低、性能高、功能多等优势，并且以系列化方式推出，方便用户选型，在市场上获得了广泛好评。

目前STM32常用的有STM32F103～107系列，简称“1系列”。后来又推出了高端系列STM32F4xx系列，简称“4系列”。前者基于Cortex-M3内核，后者基于Cortex-M4内核。

7.1.2 STM32的内部结构

STM32跟其他单片机一样，是一个单片计算机或单片微控制器，所谓单片就是在一个芯片上集成了计算机或微控制器该有的基本功能部件，这些功能部件通过总线连在一起。就STM32而言，这些功能部件主要包括：Cortex-M内核、总线、复位和时钟控制(RCC)、程序存储器(Flash)、数据存储器(SRAM)、静态存储控制器(FSMC)、输入/输出接口(GPIO)、中断系统、SD卡接口SDIO、USB接口等。其中总线包括指令总线ICode，系统总线System、AHB(高速高性能总线)和APB(高速外设总线)。AHB通过桥接1和桥接2与APB1和APB2连接，APB1与APB2总线连接USART、GPIO、ADC、DAC等外设，以及数据总线DCode和DMA。DMA1控制器有7个通道，DMA2控制器有5个通道，每个通道专门用来管理来自一个或多个外设对存储器访问的请求；静态存储控制器FSMC能够与同步或异步存储器和16位PC存储器卡连接，实现内核访问存储器。输入/输出接口GPIO包括GPIOA、GPIOB、GPIOC、GPIOD、GPIOE、GPIOF、GPIOG七组接口。中断系统包括外部中断EXTI、定时器中断TIM1～7、串行接口中断USART1～3。不同的芯片系列和型号，外设的数量和种类也不一样，常有的基本功能部件(外设)是：输入/输出接口GPIO、定时计数器TIMER/COUNTER、串行接口USART、串行总线I^2C和SPI或I^2S、SD卡接口SDIO、USB接口等。如图7-1所示为STM32F10X系统结构图。

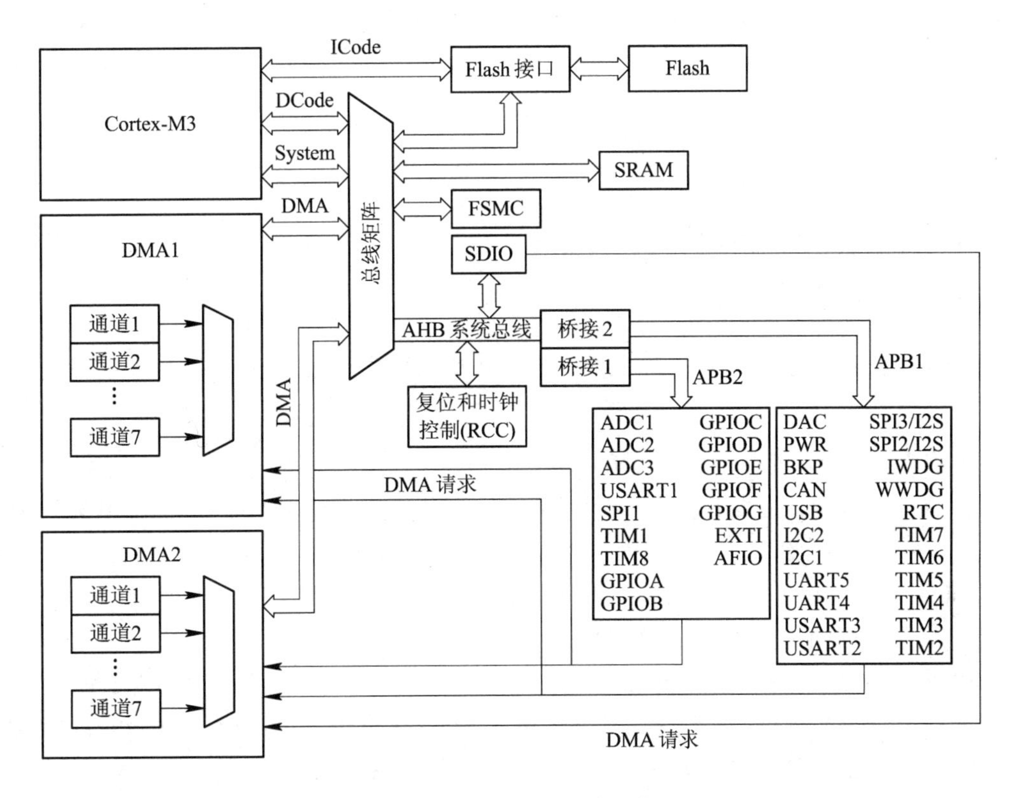

图 7-1　STM32F10X 系统结构图

7.1.3　STM32 的典型型号

根据程序存储器容量，ST 芯片分为三大类，即 LD(小于 64 KB)、MD(小于 256 KB)和 HD(大于 256 KB)。STM32F103 ZE T6 类型属于第三类，它是 STM32 系列中的一个典型型号，以下是其性能简介。

(1) 基于 ARM Cortex-M3 核心的 32 位微控制器，LQFP-144 封装。

(2) 512 KB 片内 Flash(相当于硬盘，程序存储器)，64 KB 片内 RAM(相当于内存，数据存储器)，片内 Flash 支持在线编程(IAP)。

(3) 高达 72 MHz 的系统频率，数据、指令分别走不同的流水线，以确保 CPU 运行速度达到最大化。

(4) 通过片内 BOOT 区，可实现串口的在线程序烧写(ISP)。

(5) 片内的双 RC 晶振，提供 8 MHz 和 42 kHz 的频率。

(6) 支持片外高速晶振 8 MHz 和片外低速晶振 32 kHz。其中片外低速晶振可用于 CPU 的实时时钟，带后备电源引脚，用于掉电后的时钟行走。

(7) 42 个 16 位的后背寄存器(可以理解为电池保存的 RAM)，利用外置的纽扣电池实现掉电数据保存功能。

(8) 支持 JTAG、SWD 调试。可在廉价的 J-LINK 的配合下，实现高速、低成本的开发调试方案。

(9) 多达 80 个 GPIO(大部分兼容 5V 逻辑)；4 个通用的定时器，2 个高级定时器，2 个基本定时器，3路SPI接口；2路I^2S接口；2路I^2C接口；5路USART；1个USB从设备接口；1个CAN接口；1个SDIO接口；可兼容SRAM、NOR和NAND Flash接口的16位总线的可变静态存储控制器(FSMC)。

(10) 3个共16个通道的12位ADC，2个共2通道的12位DAC，支持片外独立电压基准。ADC转换速率最高可达1 μs。

(11) CPU的工作电压范围：2.0～3.6 V。

7.1.4　STM32的时钟树

STM32的时钟系统比较复杂，但又十分重要。理解STM32的时钟树对理解STM32十分重要。

1. 内部RC振荡器与外部晶振的选择

STM32可以选择内部时钟(内部RC振荡器)，也可以选择外部时钟(外部晶振)。但如果使用内部RC振荡器而不使用外部晶振，必须清楚以下几点：

(1) 对于100脚或144脚的产品，OSC_IN应接地，OSC_OUT应悬空。

(2) 对于少于100脚的产品，有两种接法：

方法1：OSC_IN和OSC_OUT分别通过10 kΩ电阻接地。此方法可提高EMC性能。

方法2：分别重映射OSC_IN和OSC_OUT至PD0和PD1，再配置PD0和PD1为推挽输出并输出0。此方法相对于方法1，可以减小功耗并节省两个外部电阻。

(3) 内部8 MHz的RC振荡器的误差在1%左右，HSE(外部晶振)的精度通常比内部RC振荡器的精度要高十倍以上。STM32的ISP就是利用了HSI(内部RC振荡器)。

2. STM32时钟源

在STM32中有5个时钟源，分别为HSI、HSE、LSI、LSE、PLL。

(1) HSI是高速内部时钟，可接RC振荡器，频率为8 MHz。

(2) HSE是高速外部时钟，可接石英谐振器、陶瓷谐振器，或者接外部时钟源，它的频率范围为4～16 MHz。

(3) LSI是低速内部时钟，可接RC振荡器，频率为40 MHz。

(4) LSE是低速外部时钟，可接频率为32.768 kHz的石英晶体。

(5) PLL为锁相环倍频输出，其时钟输入源可选择为HSI/2、HSE或者HSE/2。倍频可选择2～16倍，但是其输出频率最大不得超过72 MHz。

7.1.5　学习STM32需要的工具和平台

1. 硬件平台

(1) J-LINK仿真器。

J-LINK是SEGGER公司为支持仿真ARM内核芯片推出的JTAG仿真器，如图7-2所示。它与众多诸如IAR EWAR、ADS、KEIL、WINARM、RealView等集成开发环境配合，可支持所有ARM7/ARM9/ARM11、Cortex M0/M1/M3/M4，CortexA5/A8/A9等内核芯片的仿真。它与IAR、KEIL等编译环境可无缝连接，因此操作方便、连接方便、简单易学，是学习开发ARM最好、最实用的开发工具。

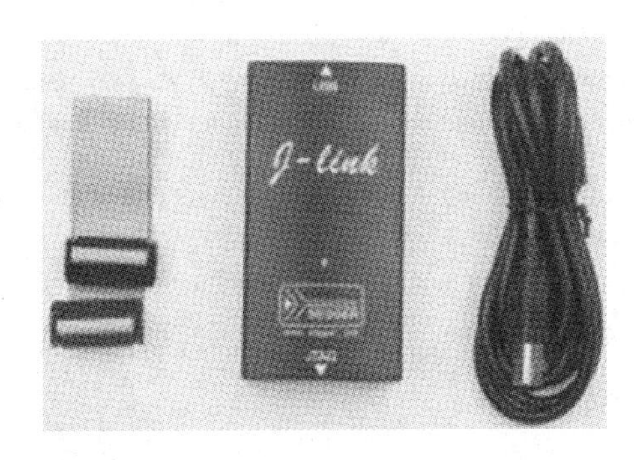

图7-2　J-LINK仿真器实物图

J-LINK具有J-LINK Plus、J-LINK Ultra、J-LINK Ultra＋、J-LINK Pro、J-LINK EDU、J-LINK等多个版本，可以根据不同的需求选择不同的产品。

J-LINK主要用于在线调试，它集程序下载器和控制器为一体，使得PC上的集成开发软件能够对ARM的运行进行控制，比如单步运行、设置断点、查看寄存器等。一般调试信息用串口“打印”出来，就如VC用printf在屏幕上显示信息一样，通过串口ARM就可以将需要的信息输出到计算机的串口界面。由于笔记本一般都没有串口，因此常用USB转串口电缆或转接头实现。

(2) STM32最小系统板(实验板)，其实物图如图7-3所示。

图7-3　STM32最小系统板实物图

2. 软件平台

从软件方面而言，必须要有一个开发平台：KEIL MDK和IAR均可。

KEIL MDK是ARM公司提供的编译环境，目前最新的版本支持自动补全关键字的功能，非常方便。KEIL MDK的使用操作也非常简单，很容易上手，因为大多数51系列单片机学习者和开发者都非常熟悉这个集成开发环境。网上关于如何用KEIL MDK进行开发的视频和资料很多，因此倾向于建议使用KEIL MDK，因为它在国内的用户最多，使用简单，资料丰富。

本书均基于KEIL MDK开发平台。图7-4采用的是KEIL MDK平台的版本信息，可见它的版本信息为5.24。

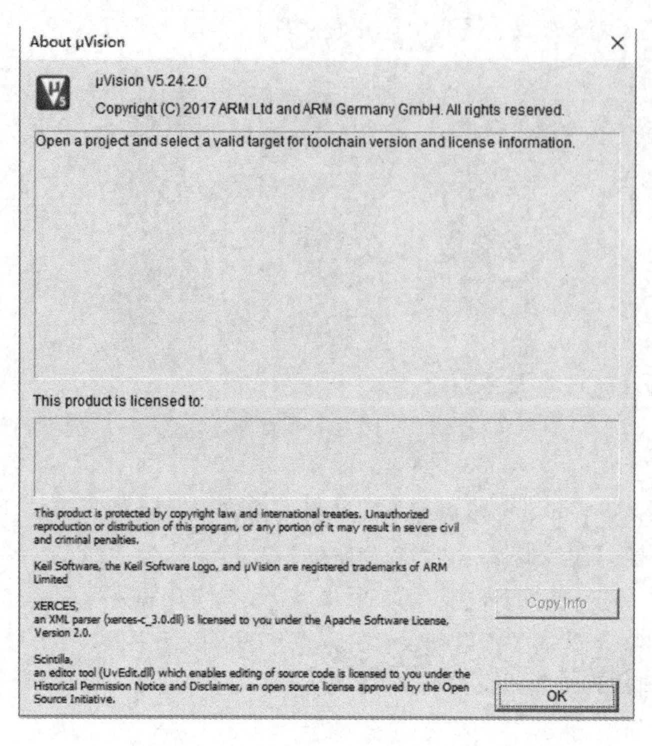

图 7-4　KEIL MDK 版本信息

7.1.6　STM32 程序开发模式

STM32 单片机系统的开发模式通常有三种：一是基于寄存器开发；二是基于 ST 公司官方提供的固件库开发；三是基于操作系统的开发。

1. 基于寄存器的开发模式

理论基础：了解各功能部件的功能，熟悉主要寄存器(控制寄存器、状态寄存器、数据寄存器、中断寄断器等)，掌握主要寄存器的功能、每个寄存器位的定义与作用，通过赋值语句来设置或获取相关寄存器的值，明确程序开发要使用的功能部件及其程序设计要点，能按照要求初始化相关寄存器、查询和设置相关寄存器。

实践基础：根据欲开发程序的功能与性能要求，合理规划程序模块，合理选择 STM32 的功能部件，根据各功能部件程序设计要点设计好各模块程序的流程图。采用分而治之的思想，先设计、调试各模块程序，最后将各模块程序有机组合，再对程序进行统调和测试。

基于寄存器的开发模式的特点包括：

(1) 与硬件关系密切，程序编写直接对底层的部件、寄存器和引脚。

(2) 要求对 STM32 的结构与原理把握得很清楚，熟练掌握 STM32 单片机的体系架构、工作原理，尤其是对寄存器及其功能的掌握。

(3) 程序代码比较紧凑、短小，代码冗余相对较少，因此源程序生成的机器码比较短小。

(4) 开发难度较大、开发周期较长，后期维护、调试比较烦琐。在编写过程中，必须十分熟悉所涉及的寄存器及其工作流程，必须按照要求完成相关设置、初始化工作，开发难度相对较大。

2. 基于 ST 固件库的开发模式

了解各功能部件，熟悉固件库中相关部件所涉及的主要库函数各自的功能、调用要领、注意事项，包括系统初始化等函数。

根据欲开发的程序功能与性能要求，合理规划程序模块，合理选择 STM32 的功能部件，根据各功能部件程序设计的要点，设计好各模块程序的流程图。采用分而治之的思想，先设计、调试各个模块的程序。最后将各模块有机组合，对程序进行统调和测试。

基于 ST 固件库的开发模式的特点包括：

(1) 与硬件关系比较疏远，由于函数的封装，使得与底层硬件接口的部分被封装，编程时不需要太关注硬件。

(2) 对 STM32 结构与原理把握的要求相对较低。只要对硬件原理有一定理解，能按照库函数的要求给定函数参数、利用返回值，即可调用相关函数，实现对某个部件、寄存器的操作。

(3) 程序代码比较烦琐、偏多。由于考虑到函数的稳健性、扩充性等因素，使得程序的冗余部分会较大。

(4) 开发难度小、开发周期较短，后期维护、调试比较容易。外围设备的参考函数比较容易获取，也比较容易修改。

3. 基于操作系统的开发模式

基于操作系统的开发模式就是程序的开发建立在系统嵌入式操作系统的基础上，通过操作系统的 API 接口函数完成系统的程序开发。基本步骤如下：

(1) 首先选择和使用合适的操作系统并将操作系统裁减后嵌入系统。

(2) 基于操作系统的 API 接口函数，完成系统所需功能的程序开发。

从理论上讲，基于操作系统的开发模块，具有快捷、高效的特点，开发的软件移植性、后期维护性、程序稳健性等都比较好。但是，不是所有系统都要基于操作系统，因为这种模式要求开发者掌握操作系统的原理，一般功能比较简单的系统，不建议使用操作系统，毕竟操作系统也占用系统资源；也不是所有系统都能使用操作系统，因为操作系统对系统硬件有一定的要求。因此通常情况下，虽然 STM32 单片机是 32 位系统，但不主张嵌入操作系统。

三种开发模式的选用建议：

(1) 基于操作系统的开发模式，对于初学者不是很适合，因为它对操作系统、多任务等理论把握的要求较高。建议大家在对嵌入式系统的开发达到一定阶段后，再开始尝试这种开发模式。

(2) 从学习的角度，可以从基于寄存器的开发模式入手，这样可以更加清晰地了解和掌握 STM32 的架构和原理。

(3) 从高效开发的角度，从学习容易上手的角度，建议使用基于 ST 固件库的开发模式，毕竟这种模式把底层比较复杂的一些原理和概念封装起来了，更容易理解。这种模式开发的程序更容易维护、移植，开发周期更短，程序出错的概率更小。

任务实施

功能与性能要求：使用固件库点亮三个发光二极管(LED)。

1. 硬件电路设计

按照任务要求设计 LED 硬件电路如图 7－5 所示，输出口可以任意选择。

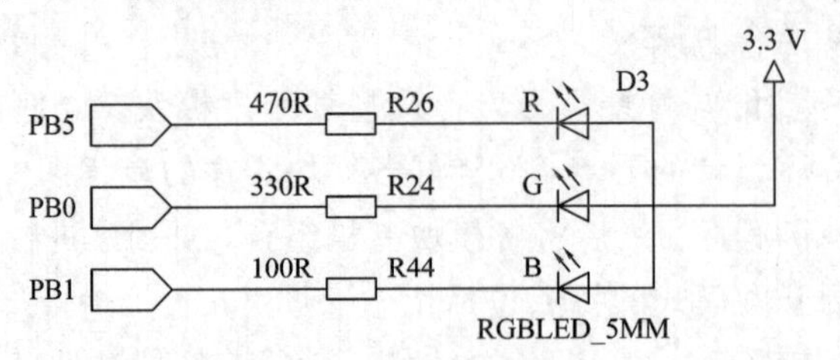

图 7－5　LED 硬件电路图

注意：这是一个 RGB 灯，里面由红、蓝、绿三个小灯构成，使用 PWM 控制时可以混合成 256 种不同颜色。

这些 LED 灯的阴极都是连接到 STM32 的 GPIO 引脚的，只要我们控制 GPIO 引脚的电平输出状态，即可控制 LED 灯的亮灭。

2. 软件程序设计

1）编程要点

使能 GPIO 端口时钟；初始化 GPIO 目标引脚为推挽输出模式；编写简单测试程序，控制 GPIO 引脚输出高、低电平。

2）代码分析

(1) LED 灯引脚宏定义。

在编写应用程序的过程中，要考虑更改硬件环境的情况，例如 LED 灯的控制引脚与当前的不一样，我们希望程序只需要做最小的修改即可在新的环境正常运行。这个时候一般把硬件相关的部分使用宏来封装，若更改了硬件环境，则只修改这些硬件相关的宏即可，这些定义一般存储在头文件中，见图 7－6 所示的代码清单。

```
1   //  R-红色
2   #define LED1_GPIO_PORT        GPIOB
3   #define LED1_GPIO CLK         RCC APB2Periph GPIOB
4   #define LED1_GPIO_PIN         GPIO_Pin_5
5   //  G-绿色
6   #define LED2_GPIO_PORT        GPIOB
7   #define LED2_GPIO CLK         RCC APB2Periph GPIOB
8   #define LED2_GPIO_PIN         GPIO_Pin_0
9   //  B-蓝色
10  #define LED3_GPIO_PORT        GPIOB
11  #define LED3_GPIO CLK         RCC APB2Periph GPIOB
12  #define LED3_GPIO_PIN         GPIO_Pin_1
```

图 7－6　代码清单

图 7－6 所示的代码分别把控制 LED 灯的 GPIO 端口、GPIO 引脚号以及 GPIO 端口时钟封装起来了。在实际控制的时候我们就直接用这些宏，以达到应用代码硬件无关的效果。其中的 GPIO 时钟宏“RCC_APB2Periph_GPIOB”是 STM32 标准库定义的 GPIO 端口时钟相关的宏，它的作用与“GPIO_Pin_x”这类宏类似，是用于指示寄存器位的，方便库函数使用，下面在初始化 GPIO 时钟的时候就可以看到它的用法。

（2）控制 LED 灯亮灭状态的宏定义。

为了方便控制 LED 灯，我们把 LED 灯常用的亮、灭及状态反转的控制也直接定义成宏，见图 7－7 所示的代码清单。

```
1   /* 直接操作寄存器的方法控制IO */
2   #define digitalHi(p, i)          {p->BSRR-i; }       //输出为高电平
3   #define digitalLo(p, i)          {p->BRR-i; }        //输出低电平
4   #define digitalToggle(p, i)      {p->ODRR ^-i; }     //输出反转状态
5
6
7   /* 定义控制IO的宏 */
8   #define LED1_TOGGLE        digitalToggle(LED1_GPIO_PORT, LED1_GPIO_PIN]
9   #define LED1 OFF           digitalHi(LED1 GPIO PORT, LED1 GPIO PIN]
10  #define LED1_ON            digitalToggle(LED1_GPIO_PORT, LED1_GPIO_PIN]
11
12  #define LED2_TOGGLE        digitalToggle(LED2_GPIO_PORT, LED2_GPIO_PIN]
13  #define LED2_OFF           digitalHi(LED2_GPIO_PORT, LED2_ GPIO_PIN]
14  #define LED2_ON            digitalToggle(LED2_GPIO_PORT, LED2_GPIO_PIN]
15
16  #define LED3_TOGGLE        digitalToggle(LED2_GPIO_PORT, LED3_GPIO_PIN]
17  #define LED3_OFF           digitalHi(LED2_GPIO_PORT, LED3_ GPIO_PIN]
18  #define LED3_ON            digitalToggle(LED2_GPIO_PORT, LED3_GPIO_PIN]
19
20  /* 基本混色，后面高级用法使用PWM可混出全彩颜色，且效果更好 */
21
22  //红
23  #define LED_RED    \
24                        LED1_ON; \
25                        LED2 OFF\
26                        LED3 OFF
27
28  //绿
29  #define LED_GREEN       \
30                        LED1_OFF; \
31                        LED2_ON\
32                        LED3_OFF
33
34  //蓝
35  #define LED_BLUE      \
36                        LED1_OFF; \
37                        LED2_OFF\
38                        LED3_ON
39
40
41  //黄(红+绿)
42  #define LED_YELLOW     \
43                        LED1_ON; \
44                        LED2_ON\
45                        LED3_OFF
46  //紫(红+蓝)
47  #define LED_PURPLE     \
48                        LED1_ON; \
49                        LED2_OFF\
50                        LED3_ON
51
```

```
52  //青(绿+蓝)
53  #define LED_CYAN   \
54                          LED1_OFF; \
55                          LED2_ON\
56                          LED3_ON
57
58  //白(红+绿+蓝)
59  #define LED_WHITE   \
60                          LED1_ON; \
61                          LED2_ON\
62                          LED3_ON
63
64  //黑(全部关闭)
65  #define LED_RGBOFF   \
66                          LED1_OFF; \
67                          LED2_OFF\
68                          LED3_OFF
```

图 7－7　代码清单

指令实现，对 BSRR 写 1 输出高电平，对 BRR 写 1 输出低电平，对 ODR 寄存器某位进行异或操作可反转位的状态。RGB 彩灯可以实现混色，如最后一段代码我们控制红灯和绿灯亮而蓝灯灭，可混出黄色效果。

(3) LED GPIO 初始化函数。

利用上面的宏，编写 LED 灯的初始化函数，见图 7－8 所示的代码清单。

```
1   void LED_GPIO_Config(void)
2   {
3       /*定义一个GPIO_InitTypeDer类型的结构体*/
4       GPIO_InitTypeDer GPIO_InitStructure;
5
6       /*开启LED相关的GPIO外设时钟*/
7       RCC APB2PeriphClochCmd( LED1 GPIO CLK|
8                               LED2_GPIO_CLK|
9                               LED3_GPIO_CLK, ENABLE);
10      /*选择要控制的GPIO引脚*/
11      GPIO_InitStructure.GPIO_Pin - LED1_BPIO_PIN;
12
13      /*设置引脚模式为通用推挽输出*/
14      GPIO_InitStructure.GPIO_Mode - GPIO_Mode_Out_PP;
15
16      /*设置引脚速率为50 MHz*/
17      GPIO_InitStructure.GPIO_Mode - GPIO_Mode_Out_PP;
18
19      /*调用库函数，初始化GPIO*/
20      GPIO_Init(LED1_GPIO_PORT, (GPIO_InitStructure);
21
22      /*选择要控制的GPIO引脚*/
23      GPIO_InitStructure.GPIO_Pin - LED2_GPIO_PIN;
24
25      /*调用库函数，初始化GPIO*/
26      GPIO_Init(LED2_GPIO_PORT, (GPIO_InitStructure);
```

```
27
28        /*选择要控制的GPIO引脚*/
29        GPIO_InitStructure.GPIO_Pin - LED3_GPIO_PIN;
30
31        /*调用库函数，初始化GPIO*/
32        GPIO_Init(LED3_GPIO_PORT, (GPIO_InitStructure);
33
34        /* 关闭所有led灯    */
35        GPIO_SetBits(LED1_GPIO_PORT, LED1_GPIO_PIN);
36
37        /* 关闭所有led灯    */
38        GPIO_SetBits(LED2_GPIO_PORT, LED2_GPIO_PIN);
39
40        /* 关闭所有led灯    */
41        GPIO_SetBits(LED3_GPIO_PORT, LED3_GPIO_PIN);
42 }
```

图 7－8　代码清单

（4）主函数。

编写完 LED 灯的控制函数后，就可以在 main 函数中测试了，见图 7－9 所示的代码清单。

```
1  #include "stm32f10x.h"
2  #include "./led/bap_led.h"
3
4  #define SOFT_DELAY Delay(0x0FFFFF);
5
6  void Delay(_IO u32 nCount);
7
8  /**
9    * @brier    主函数
10   * @param    无
11   * @retval   无
12   */
13 int main(void)
14 {
15     /* LED   端口初始化 */
16     LED_GPIO_Config();
17
18     while  (1)
19     {
20         LED1_ON;              //亮
21         SOFT_DELAY;
22         LED1_OFF;             //灭
23
24         LED2_ON;              //亮
25         SOFT_DELAY;
26         LED2_OFF;             //灭
27
28         LED3_ON;              //亮
```

```
29          SOFT_DELAY;
30          LED3_OFF;           //灭
31
32          /*轮流显示  红绿蓝黄紫青白  颜色*/
33          LED_RED;
34          SOFT_DELAY;
35
36          LED_GREEN;
37          SOFT_DELAY;
38
39          LED_BLUE
40          SOFT_DELAY;
41
42          LED_YELLOW;
43          SOFT_DELAY;
44
45          LED_PURPLE;
46          SOFT_DELAY;
47
48          LED_CYAN;
49          SOFT_DELAY;
50
51          LED_WHITE;
52          SOFT_DELAY;
53
54          LED_RGBOFF;
55          SOFT_DELAY;
56      }
57  }
58
59  void Delay(_IO uine32_t nCount)         //简单的延时函数
60  }
61      for (; nCount !* 0; nCount--);
62  }
```

图 7-9 代码清单

在 main 函数中，调用我们前面定义的 LED_GPIO_Config 初始化好 LED 的控制引脚，然后直接调用各种控制 LED 灯亮灭的宏来实现 LED 灯的控制。

3. 系统调试

把编译好的程序下载到 STM32 单片机中，可以看到 RGB 彩灯轮流显示不同的颜色。

任务 7.2 STM32 中断应用

本任务内容：按下按键时 RGB 彩灯变亮，再按下按键时 RGB 彩灯变暗(按键按下表示上升沿，按键弹开表示下降沿)。学习任务单附在本项目最后。

知识链接

STM32终端非常强大，每个外设都可以产生中断。F103在内核水平上搭载了一个异常响应系统，支持众多的系统异常和外部中断。其中系统异常有8个，外部中断有60个。

7.2.1　NVIC简介

NVIC是嵌套向量中断控制器，控制着整个芯片中断相关的功能，它跟内核紧密耦合，是内核里面的一个外设。

1. NVIC寄存器

在固件库中，NVIC的结构体定义是给每个寄存器都预留了很多位，以便将来扩展功能，如图7-10所示。

```
1   typedef struct {
2       _IO uint32_t ISER[8];          // 中断使能寄存器
3       uint32_t RESERVED0[24];
4       _IO uint32_t ICER[8];          // 中断清除寄存器
5       uint32_t RESERVED1[24];
6       _IO uint32_t ISPR[8];          // 中断使能悬起寄存器
7       uint32_t RESERVED2[24];
8       _IO uint32_t ICPR[8];          // 中断清除悬起寄存器
9       uint32_t RESERVED3[24];
10      _IO uint32_t IABR[8];          // 中断有效位寄存器
11      uint32_t RESERVED4[56];
12      _IO uint8_t IP[240];           // 中断优先级寄存器(8 bit wide)
13      uint32_t RESERVED5[644];
14      _O uint32_t STIR;              // 软件触发中断寄存器
15  }   NVIC_Type;
```

图7-10　代码清单

在配置中断的时候我们一般只用ISER、ICER和IP这三个寄存器，ISER用来使能中断，ICER用来失能中断，IP用来设置中断优先级。

2. NVIC中断配置固件库

固件库文件core_cm3.h的最后还提供了NVIC的一些函数，这些函数遵循CMSIS规则，只要是Cortex-M3的处理器都可以使用，具体如表7-1所示。

表7-1　NVIC库函数

NVIC库函数	描　　述
void NVIC_EnableIRQ(IRQn_Type IRQn)	使能中断
void NVIC_DisableIRQ(IRQn_Type IRQn)	失能中断
void NVIC_SetPendingIRQ(IRQn_Type IRQn)	设置中断悬起位
void NVIC_ClearPendingIRQ(IRQn_Type IRQn)	清除中断悬起位
unit32_t NVIC_GetPendingIRQ(IRQn_Type IRQn)	获取悬起中断编号

3. 优先级

在 NVIC 中有一个专门的寄存器：中断优先级寄存器 NVIC_IPRx，用来配置外部中断的优先级，IPR 宽度为 8 bit，原则上每个外部中断可配置的优先级为 0～255，数值越小，优先级越高。但是绝大多数 CM3 芯片都会精简设计，以致实际上支持的优先级数减少，在 F103 中，只使用了高 4 bit，如图 7-11 所示。

bit7	bit6	bit5	bit4	bit3	bit2	bit1	bit0
用于表达优先级				未使用，读回为0			

图 7-11　F103 中使用高 4 bit

优先级的分组由内核外设 SCB 的应用程序中断及复位控制寄存器 AIRCR 的 PRIGROUP[10:8]位和 PRIGROUP[2:0]位决定。F103 分为了 5 组，具体如表 7-2 所示(主优先级=抢占优先级)。

表 7-2　F103 优先级分组

PRIGROUP[2:0]	中断优先级值 PRI_N[7:4]			级　数	
	二进制点	主优先级位	子优先级位	主优先级	子优先级
0b 011	0b xxxx	[7:4]	None	16	None
0b 100	0b xxx. y	[7:5]	[4]	8	2
0b 101	0b xx. yy	[7:6]	[5:4]	4	4
0b 110	0b x. yyy	[7]	[6:4]	2	9
0b 111	0b . yyyy	None	[7:4]	None	16

设置优先级分组(见表 7-3)可调用库函数 NVIC_PriorityGroupConfig()实现，有关 NVIC 中断相关的库函数都在库文件 misc. c 和 misc. h 中。

表 7-3　优先级分组

优先组分组	主优先级	子优先级	描　述
NVIC_PriorityGrout_0	0	0～15	主—0 bit，子—4 bit
NVIC_PriorityGrout_1	0～1	0～7	主—1 bit，子—3 bit
NVIC_PriorityGrout_2	0～3	0～3	主—2 bit，子—2 bit
NVIC_PriorityGrout_3	0～7	0～1	主—3 bit，子—1 bit
NVIC_PriorityGrout_4	0～15	0	主—4 bit，子—0 bit

7.2.2　中断编程

在配置每个中断的时候一般有 3 个编程要点：

(1) 使能外设某个中断，具体由每个外设的相关中断使能位控制。比如串口有发送完成中断、接收完成中断，这两个中断都由串口控制寄存器的相关中断使能位控制。

(2) 初始化 NVIC_InitTypeDef 结构体，配置中断优先级分组，设置抢占优先级和子优先级，使能中断请求。NVIC_InitTypeDef 结构体在固件库头文件 misc.h 中定义。

(3) 编写中断服务函数。在启动文件 startup_stm32f10x_hd.s 中，我们预先为每个中断都写了一个中断服务函数，而这些中断函数都为空，只是为了初始化中断向量表。实际的中断服务函数都需要我们重新编写，为了方便管理，我们把中断服务函数统一写在 stm32f10x_it.c 这个库文件中。关于中断服务函数的函数名必须跟启动文件里面预先设置的一样，如果写错，系统就在中断向量表中找不到中断服务函数的入口，直接跳转到启动文件里面预先写好的空函数，并且在里面无限循环，导致实现不了中断。

7.2.3　EXTI 简介

EXTI(External Interrupt/Event Controller)为外部中断/事件控制器，管理了控制器的 20 个中断/事件线。每个中断/事件线都对应一个边沿检测器，可以实现输入信号的上升沿检测和下降沿检测。EXTI 可以实现对每个中断/事件线进行单独配置，可以单独配置为中断或者事件，以及触发事件的属性。

7.2.4　EXTI 功能框图

EXTI 的功能框图包含了 EXTI 最核心内容，掌握了功能框图，对 EXTI 就有了一个整体的把握，在编程时思路就非常清晰。EXTI 功能框图见图 7-12，在图中可以看到有许多在信号线上打一个斜杠并标注“20”的字样，这表示在控制器内部类似的信号线路有 20 个，这与 EXTI 总共有 20 个中断/事件线是吻合的。所以说，我们只要明白其中一个的原理，则其他 19 个线路的原理也就知道了。

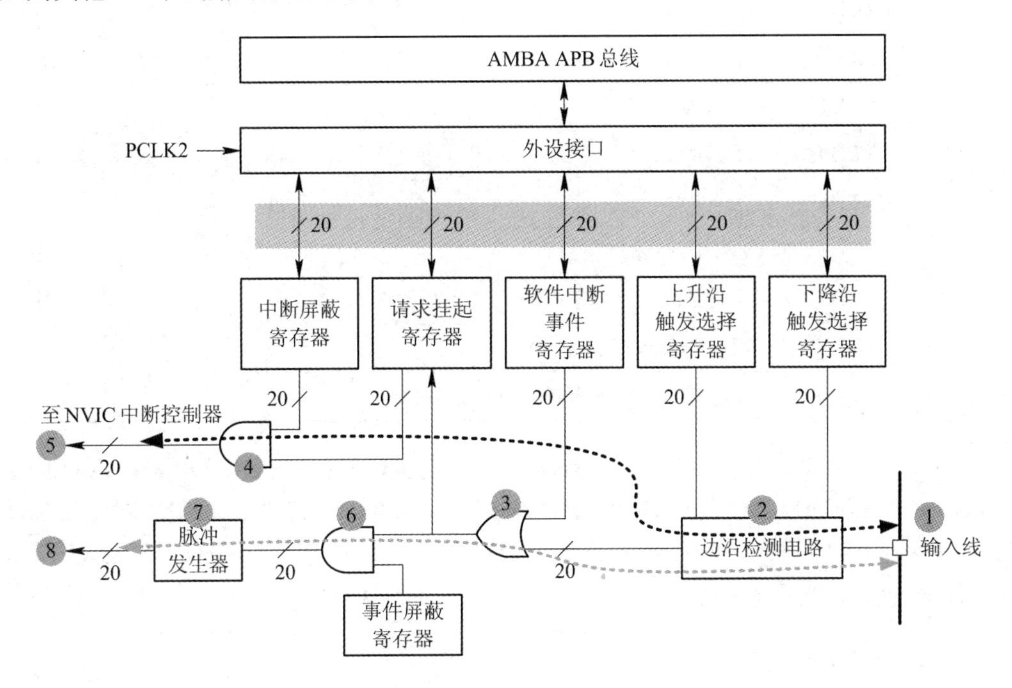

图 7-12　EXTI 功能框图

7.2.5 中断/事件线

EXTI有20个中断/事件线，如表7-4所示。每个GPIO都可以被设置为输入线，占用EXTI0至EXTI15，EXTI16连接到PVD输出，EXTI17连接到RTC闹钟事件，EXTI18连接到USB唤醒事件，EXTI19连接到以太网唤醒事件中，每个中断设有状态位，每个中断/事件都有独立的触发和屏蔽设置。

表7-4 EXTI中断/事件线

中断/事件线	输 入 源
EXTI0	PX0(其中X可以替换为A，B，C，D，E，F，G，H，I,下同)
EXTI1	PX1
EXTI2	PX2
EXTI3	PX3
EXTI4	PX4
EXTI5	PX5
EXTI6	PX6
EXTI7	PX7
EXTI8	PX8
EXTI9	PX9
EXTI10	PX10
EXTI11	PX11
EXTI12	PX12
EXTI13	PX13
EXTI14	PX14
EXTI15	PX15
EXTI16	PVD输出
EXTI17	RTC闹钟事件
EXTI18	USB唤醒事件
EXTI19	以太网唤醒事件(只适用互联型)

EXTI0至EXTI15用于GPIO，通过编程控制可以实现任意一个GPIO作为EXTI的输入源。EXTI0可以通过AFIO的外部中断配置寄存器1(AFIO_EXTICR1)的EXTI0[3:0]位选择配置为PA0、PB0、PC0、PD0、PE0、PF0、PG0、PH0或者PI0。其他EXTI线(EXTI中断/事件线)使用配置都是类似的。

7.2.6 EXTI初始化结构体

标准库函数对每个外设都建立了一个初始化结构体，比如EXTI_InitTypeDef。结构体成员用于设置外设工作参数，并由外设初始化配置函数，比如EXTI_Init()调用。这些设定参数将会设置外设相应的寄存器，达到配置外设工作环境的目的。

初始化结构体和初始化库函数配合使用是标准库的精髓所在，理解了初始化结构体每个成员的意义基本上就可以对该外设运用自如了。初始化结构体定义在stm32f4xx_exti.h文件中，初始化库函数定义在stm32f4xx_exti.c文件中，编程时我们可以结合这两个文件内的注释使用。

任务实施

中断在嵌入式应用中占有非常重要的地位，几乎每个控制器都有中断功能。中断对保证紧急事件得到第一时间处理是非常重要的。我们设计使用外接的按键来作为触发源，使得控制器产生中断，并在中断服务函数中实现控制RGB彩灯的任务。

各小组集中讨论，汇总信息并整理，确定该项目的设计方案，要保证项目的可行性和可操作性。

1. 硬件电路设计

轻触按键在按下时会使得引脚接通，通过电路设计可以使得按下时产生电平变化。搭建的硬件电路如图7-13所示。

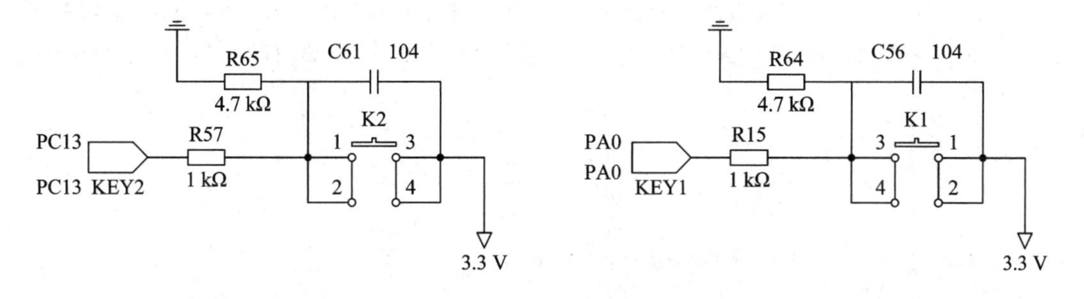

图7-13 硬件电路

2. 软件程序设计

这里我们只讲解核心的部分代码，有些变量的设置、头文件的包含等并没有涉及，完整的代码请参考本书配套的工程。先创建两个文件：bsp_exti.c和bsp_exti.h。文件用来存放EXTI驱动程序及相关宏定义，中断服务函数放在stm32f10x_it.h文件中。

1）编程要点

（1）初始化用来产生中断的GPIO。

（2）初始化EXTI。

（3）配置NVIC。

（4）编写中断服务函数。

2）软件分析

按键和EXTI定义如图7-14所示。

```
1  //引脚定义
2  #define KEY1_INT_GPIO_PORT              GPIOA
3  #define KEY1_INT_GPIO_CLK               (RCC_APB2Periph_GPIOA\
4                                          |RCC_APB2Periph_AFIO)
5  #define KEY1_INT_GPIO_PIN               GPIO_Pin_0
6  #define KEY1_INT_EXTI_PORTSOURCE        GPIO_PortSourceGPIOA
7  #define KEY1_INT_EXTI_PINSOURCE         GPIO_PinSource0
8  #define KEY1_INT_EXTI_LINE              EXTI_Line0
9  #define KEY1_INT_EXTI_IRQ               EXTI0_IRQn
10
11 #define KEY1_IRQHandler                 EXTI0_IRQHandler
12
13
14 #define KEY2_INT_GPIO_PORT              GPIOC
15 #define KEY2_INT_GPIO_CLK               (RCC_APB2Periph_GPIOC\
16                                         |RCC_APB2Periph_AFIO)
17 #define KEY2_INT_GPIO_PIN               GPIO_Pin_13
18 #define KEY2_INT_EXTI_PORTSOURCE        GPIO_PortSourceGPIOC
19 #define KEY2_INT_EXTI_PINSOURCE         GPIO_PinSource13
20 #define KEY2_INT_EXTI_LINE              EXTI_Line13
21 #define KEY2_INT_EXTI_IRQ               EXTI5_10_IRQn
```

图 7-14 按键和 EXTI 定义

使用宏定义方法指定与硬件电路设计相关配置，这对于程序移植或升级非常有用。

在上面的宏定义中，我们除了打开 GPIO 的端口时钟外，还打开了 AFIO 的时钟，这是因为在接下来配置 EXTI 信号源的时候需要用到 AFIO 的外部中断控制寄存器 AFIO_EXTICRx。

嵌套向量中断控制器 NVIC 配置如图 7-15 所示。

```
1  static void NVIC_Configuration(void)
2  {
3      NVIC_InitTypeDef NVIC_InitStructure;
4
5      /* 配置NVIC为优先级组1 */
6      NVIC_PriorityGroupConfig(NVIC_PriorityGroup_1);
7
8      /* 配置中断源：按键1 */
9      NVIC_InitStructure.NVIC_IRQChannel=KEY1_INT_EXT1_IRQ;
10     /* 配置抢占优先级：1 */
11     NVIC_InitStructure.NVIC_IRQChannelPreemptionPriority=1;
12     /* 配置子优先级：1 */
13     NVIC_InitStructure.NVIC_IRQChannelSubPriority=1;
14     /* 配置中断通道 */
15     NVIC_InitStructure.NVIC_IRQChannelCmd=ENABLE;
16     NVIC_Init(&NVIC_InitStructure);
17
18     /* 配置中断源：按键2，其他使用上面相关配置 */
19     NVIC_InitStructure.NVIC_IRQChannel=KEY2_INT_EXT1_IRQ;
20     NVIC_Init(&NVIC_InitStructure);
21 }
```

图 7-15 嵌套向量中断控制器 NVIC 配置

EXTI 中断配置如图 7－16 所示。

```
1   void EXTI_Key_Config(void)
2   {
3       GPIO InitTypeDef GPIO InitStructure;
4       EXTI InitTypeDef EXTI InitStructure;
5
6       /* 开启按键GPIO口的时钟 */
7       RCC APB2PeriphClockCmd(KEY1 INT GPIO CLK, ENABLE);
8
9       /* 配置NVIC中断 */
10      NVIC Configuration();
11
12      /* -------------------------KEY1配置------------------------- */
13      /* 选择按键用到的GPIO */
14      GPIO_InitStructure.GPIO_Pin=KEY1_INT_GPIO_PIN;
15      /* 配置为浮空输入 */
16      GPIO_InitStructure.GPIO_Mode=GPIO_Mode_IN_FLOATING;
17      GPIO_Init(KEY1_INT_GPIO_PORT, &GPIO_InitStructure);
18
19      /* 选择EXTI的信号源 */
20      GPIO EXTILineConfig(KEY1 INT EXTI PORTSOURCE, \
21                          KEY1 INT EXTI PORTSOURCE);
22      EXTI InitStructure.EXTI Line=KEY1 INT EXTI LINE;
23
24      /* EXTI为中断模式 */
25      EXTI InitStructure.EXTI_Mode=EXTI_Mode_Interrupt;
26      /* 上升沿中断 */
27      EXTI InitStructure.EXTI_Trigger=EXTI_Trigger_Rising;
28      /* 使能中断 */
29      EXTI InitStructure.EXTI LineCmd=ENABLE;
30      EXTI Init(&EXTI_InitStructure);
31
32      /* -------------------------KEY2配置------------------------- */
33      /* 选择按键用到的GPIO */
34      GPIO_InitStructure.GPIO_Pin=KEY2_INT_GPIO_PIN;
35      /* 配置为浮空输入 */
36      GPIO_InitStructure.GPIO_Mode=GPIO_Mode_IN_FLOATING;
37      GPIO_Init(KEY2_INT_GPIO_PORT, &GPIO_InitStructure);
38
39      /* 选择EXTI的信号源 */
40      GPIO EXTILineConfig(KEY2 INT EXTI PORTSOURCE, \
41                          KEY2 INT EXTI PORTSOURCE);
42      EXTI InitStructure.EXTI Line=KEY1 INT EXTI LINE;
43
44      /* EXTI为中断模式 */
45      EXTI InitStructure.EXTI_Mode=EXTI_Mode_Interrupt;
46      /* 下降沿中断 */
47      EXTI InitStructure.EXTI_Trigger=EXTI_Trigger_Falling;
48      /* 使能中断  */
49      EXTI_InitStructure.EXTI_LineCmd=ENABLE;
50      EXTI_Init(&EXTI_InitStructure);
51  }
```

图 7－16　EXTI 中断配置

首先，使用GPIO_InitTypeDef和EXTI_InitTypeDef结构体定义两个用于GPIO和EXTI初始化配置的变量。

EXTI中断服务函数如图7-17所示。

```
1  void KEY1_IRQHandler(void)
2  {
3      //确保是否产生了EXTI Line中断
4      if (EXTI_GetITStatus(KEY1_INT_EXTI_LINE) !=RESET) {
5          //LED1取反
6          LED1_TOGGLE;
7          //清除中断标志位
8          EXTI_ClearITPendingBit(KEY1_INT_EXTI_LINE);
9      }
10 }
11
12 void KEY2_IRQHandler(void)
13 {
14     //确保是否产生了EXTI Line中断
15     if (EXTI_GetITStatus(KEY2_INT_EXTI_LINE) !=RESET) {
16         //LED2取反
17         LED2_TOGGLE;
18         //清除中断标志位
19         EXTI_ClearITPendingBit(KEY2_INT_EXTI_LINE);
20     }
21 }
```

图7-17　EXTI中断服务函数

当中断发生时，对应的中断服务函数被执行，可以在中断服务函数实现一些控制。一般为确保中断确实发生，我们会在中断服务函数中调用中断标志位状态读取函数读取外设中断标志位并判断标志位状态。

主函数如图7-18所示。

```
1  int main(void)
2  {
3      /* LED端口初始化 */
4      LED_GPIO_Config();
5
6      /* 初始化EXTI中断，按下按键会触发中断
7      /* 触发中断会进入stm32f4xx_it.c文件中的函数
8      /* KEY1_IRQHandler和KEY2_IRQHandler，处理中断，反转LED灯
9      */
10     EXTI_Key_Config();
11
12     /* 等待中断，由于使用中断方式，CPU不用轮询按键 */
13     while(1){
14     }
15 }
```

图7-18　主函数

主函数非常简单，只有两个任务函数。LED_GPIO_Config函数定义在bsp_led.c文件

内，完成RGB彩灯的GPIO初始化配置。EXTI_Key_Config函数完成两个按键的GPIO和EXTI配置。

3. 系统调试

进行系统调试时，要保证硬件连接正确，并且把编译好的程序下载到开发板。此时RGB彩色灯是暗的，如果我们按下开发板上的按键1，则RGB彩灯变亮，再按下按键1，RGB彩灯又变暗；如果我们按下开发板上的按键2并弹开，则RGB彩灯变亮，再按下开发板上的KEY2并弹开，则RGB彩灯又变暗。按键按下表示上升沿，按键弹开表示下降沿，这跟我们的软件设置是一样的。

【项目小结】

本项目引导大家从51系列单片机过渡到32系列单片机，从STM32简介开始，学习STM32的内部结构、典型信号STM32F103ZET6、STM32的时钟，以及STM32所需的工具和平台，最后以两个任务为载体学习STM32的硬件设计、程序开发和调试过程。通过本项目的学习，学生对STM32单片机基础知识和应用设计有了进一步了解，同时能够应用自己所学知识解决实际问题，从而提高专业技能，培养动手能力。由于STM32结构原理复杂，因此需要在学习过程中潜心钻研，相互交流同进步，互学互鉴共提升。

学习任务单见表7-5，项目考核评价表见表7-6。

【思考练习】

一、选择题

1. STM32F103ZET6这个型号单片机的引脚数为(　　)。

A. 48　　B. 64　　C. 100　　D. 144

2. STM32F103ZET6这款单片机的封装类型为(　　)。

A. BGA　　B. LQFP　　C. VFQFPN

3. 下列开发软件中，不能用来开发STM32的程序的是(　　)。

A. EWARM　　B. MDK　　C. JDK

4. 下列时钟源中不可以用来驱动系统时钟的是(　　)。

A. HSE　　B. HSI　　C. LSI

5. STM32F103ZET6的SYSCLK最高为(　　)。

A. 48 MHz　　B. 72 MHz　　C. 168 MHz

6. 在标准库中，如果某个 GPIO 作为数字量输入口，则应配置为(　　)。

A. GPIO_Mode_AF　　B. GPIO_Mode_IN　　C. GPIO_Mode_AN

7. 在 STM32F103ZET6 中，NVIC 可用来表示优先权等级的位数可配置为(　　)。

A. 2　　B. 4　　C. 6　　D. 8

8. 每个 I/O 端口位可以自由地编程，但是 I/O 端口寄存器必须以(　　)的方式访问。

A. 16 位字　　B. 16 位字节　　C. 32 位字节　　D. 32 位字

9. 固件库中的功能状态(Functional State)类型被赋予(　　)两个值。

A. ENABLE 或者 DISABLE　　B. SET 或者 RESTE

C. YES 或者 NO　　D. SUCCESS 或者 ERROR

二、思考题

1. 什么是 STM32？STM32 内部结构一般由哪几部分构成？

2. STM32 共有哪几种基本时钟信号？

3. STM32 的 GPIO 的配置模式有哪几种？如何进行配置模式的配置？

表 7－5　学习任务单

<table>
<tr><td colspan="4">单片机应用技术 学习任务单</td></tr>
<tr><td colspan="2">项目名称：项目 7　STM32 应用——触类旁通</td><td colspan="2">专业班级：</td></tr>
<tr><td colspan="2">组别：</td><td colspan="2">姓名及学号：</td></tr>
<tr><td>任务要求</td><td colspan="3"></td></tr>
<tr><td>系统
总体设计</td><td colspan="3"></td></tr>
<tr><td>仿真调试</td><td colspan="3"></td></tr>
<tr><td>成品
制作调试</td><td colspan="3"></td></tr>
<tr><td>心得体会</td><td colspan="3"></td></tr>
<tr><td rowspan="2">项目
完成确认</td><td>学生签字</td><td colspan="2">年　　月　　日</td></tr>
<tr><td>教师签字</td><td colspan="2">年　　月　　日</td></tr>
</table>

表 7-6 项目考核评价表

<table>
<tr><td colspan="5">项目考核评价表</td></tr>
<tr><td colspan="3">项目名称：项目 7 STM32 应用——触类旁通</td><td colspan="2">专业班级：</td></tr>
<tr><td colspan="3">组别：</td><td colspan="2">姓名及学号：</td></tr>
<tr><td>考核内容</td><td colspan="2">考 核 标 准</td><td>标准分值</td><td>得分</td></tr>
<tr><td>课程思政</td><td>育人成效</td><td>根据该同学在线上和线下学习过程中：
(1) 家国情怀是否体现；
(2) 工匠精神是否养成；
(3) 劳动精神是否融入；
(4) 职业素养是否提升；
(5) 安全责任意识是否提高；
(6) 哲学思想是否渗透。
教师酌情给出课程思政育人成效的分数</td><td>20</td><td></td></tr>
<tr><td rowspan="5">线上学习</td><td>资源学习</td><td>根据线上资源学习进度和学习质量酌情给分</td><td>10</td><td></td></tr>
<tr><td>预习测试</td><td>根据线上项目测试成绩给分</td><td>5</td><td></td></tr>
<tr><td>平台互动</td><td>根据课程答疑中的互动数量酌情给分</td><td>10</td><td></td></tr>
<tr><td>虚拟仿真</td><td>根据虚拟仿真实训成绩给分，可多次练习，取最高分</td><td>10</td><td></td></tr>
<tr><td>在线作业</td><td>应用所学内容完成在线作业</td><td>7</td><td></td></tr>
<tr><td rowspan="4">线下学习</td><td>课堂表现</td><td>(1) 学习态度是否端正；
(2) 是否认真听讲；
(3) 是否积极互动</td><td>8</td><td></td></tr>
<tr><td>学习任务单</td><td>(1) 书写是否规范整齐；
(2) 设计是否正确、完整、全面；
(3) 内容是否翔实</td><td>10</td><td></td></tr>
<tr><td>仿真调试</td><td>根据 Proteus 和 Keil 软件联合仿真调试情况，酌情给分</td><td>10</td><td></td></tr>
<tr><td>成品调试</td><td>(1) 调试顺序是否正确；
(2) 能否熟练排除错误；
(3) 调试后运行是否正确</td><td>10</td><td></td></tr>
<tr><td colspan="4">项目成绩</td><td></td></tr>
</table>

附　　录

附录 A　常用电气图形符号

电阻器、电容器、电感器和变压器的图形符号如附表 1 所示，半导体管图形符号如附表 2 所示，其他电气图形符号如附表 3 所示。

附表 1　电阻器、电容器、电感器和变压器图形符号

图形符号	名称与说明	图形符号	名称与说明
	电阻器一般符号		电感器、线圈、绕组或扼流圈（注：符号中半圆数不得少于 3 个）
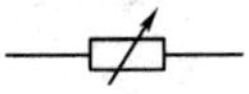	可变电阻器或可调电阻器	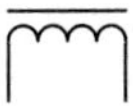	带磁芯（铁芯）的电感器
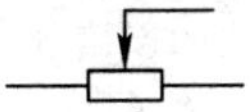	带滑动触点的电位器		带磁芯（铁芯）连续可调的电感器
 +	极性电容器	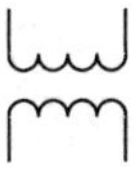	双绕组变压器（注：可增加绕组数目）
	可变电容器或可调电容器	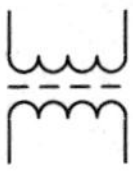	绕组间有屏蔽的双绕组变压器（注：可增加绕组数目）
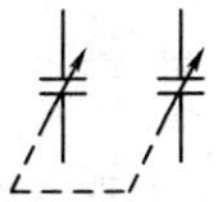	双联同调可变电容器（注：可增加同调联数）	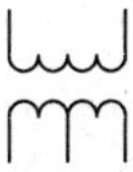	在一个绕组上有抽头的变压器
	微调电容器		

附表2 半导体管图形符号

图形符号	名称与说明	图形符号	名称与说明
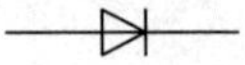	二极管的一般符号	(1) 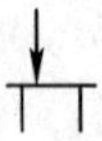 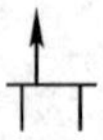	JFET结型场效应晶体管
	发光二极管	(2)	(1) N沟道 (2) P沟道
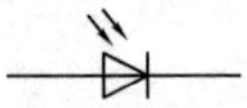	光电二极管	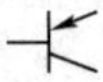	PNP型晶体管
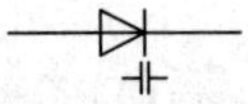	变容二极管	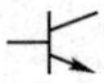	NPN型晶体管
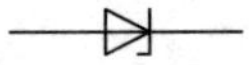	稳压二极管		双向击穿二极管

附表3 其他电气图形符号

图形符号	名称与说明	图形符号	名称与说明
	具有两个电极的压电晶体(注：电极数目可增加)	或	接机壳或底板
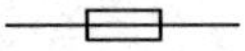	熔断器的一般符号	或	导线的连接
	指示灯及信号灯		导线、电缆、母线的一般符号
	扬声器	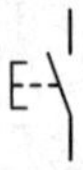	按钮(不闭锁)，常开
	蜂鸣器	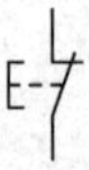	按钮(闭锁)，常闭

附录 B　常用芯片介绍

1. 模拟集成电路命名方法(国产)

模拟集成电路命名方法(国产)如附表 4 所示。

附表 4　器件型号的组成

第 0 部分		第一部分		第二部分	第三部分		第四部分	
用字母表示器件符合国家标准		用字母表示器件的类型		用阿拉伯数字表示器件的系列和品种代号	用字母表示器件的工作温度范围		用字母表示器件的封装	
符号	意义	符号	意义		符号	意义	符号	意义
C	中国制造	T	TTL		C	0～70℃	W	陶瓷扁平
		H	HTL		E	−40～85℃	B	塑料扁平
		E	ECL		R	−55～85℃	F	全封闭扁平
		C	CMOS		M	−55～125℃	D	陶瓷直插
		F	线性放大器		…	…	P	塑料直插
		D	音响、电视电路		…		J	黑陶瓷直插
		W	稳压器				K	金属菱形
		J	接口电路				T	金属圆形

示例如附图 1 所示。

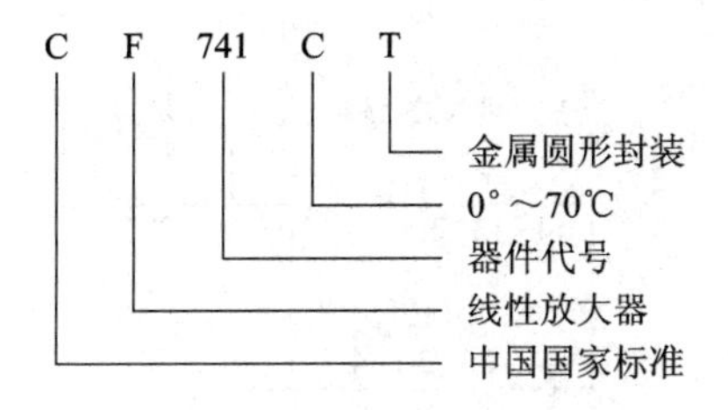

附图 1　示例

2. 国外部分公司及产品代号

国外部分公司及产品代号如附表 5 所示。

附表 5　国外部分公司及产品代号

公司名称	产品代号	公司名称	产品代号
RCA(美国无线电公司)	CA	SIC(美国悉克尼特公司)	NE
NSC (美国国家半导体公司)	LM	NEC(日本电气电子公司)	PC
MOTA(美国摩托罗拉公司)	MC	Hitachi(日本日立公司)	RA
Fairchild(美国仙童公司)	A	Toshiba(日本东芝公司)	TA
TI(美国德克萨斯仪器仪表公司)	TL	Sanyo(日本三洋公司)	LA,LB
ADI(美国模拟器件公司)	AD	Panasonic(日本松下公司)	AN
Intel(美国英特尔公司)	IC	Mitsubishi(日本三菱公司)	M

3. 部分模拟集成电路引脚排列

(1) 运算放大器，如附图 2 所示。

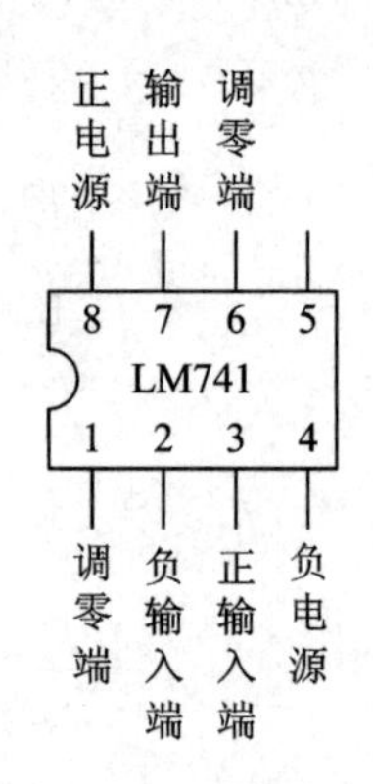

附图 2　运算放大器

(2) 音频功率放大器，如附图 3 所示。

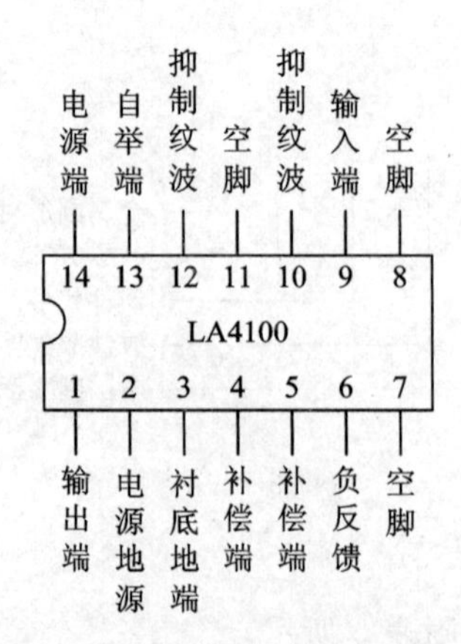

附图 3　音频功率放大器

(3) 集成稳压器，如附图 4 所示。

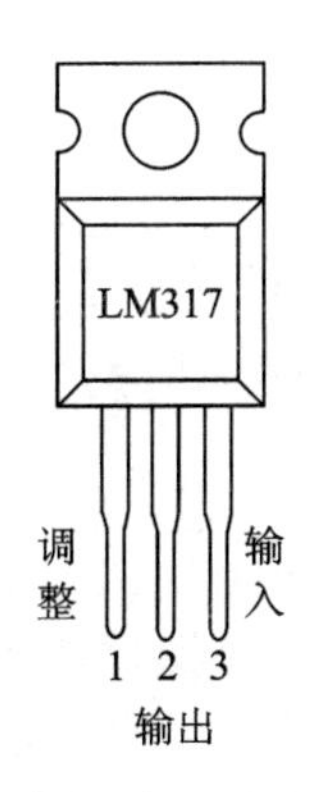

附图 4　集成稳压器

4. 部分模拟集成电路主要参数

(1) μA741 运算放大器的主要参数如附表 6 所示。

附表 6　μA741 的主要参数

电源电压 $+U_{CC}$ $-U_{EE}$	+3 V～+18 V，典型值+15 V −3 V～−18 V，典型值−15 V	工　作　频　率	10 kHz
输入失调电压 U_{IO}	2 mV	单位增益带宽积 A_u · BW	1 MHz
输入失调电流 I_{IO}	20 nA	转换速率 S_R	0.5 V/μS
开环电压增益 A_{uo}	106 dB	共模抑制比 CMRR	90 dB
输入电阻 R_i	2 MΩ	功率消耗	50 mW
输出电阻 R_o	75 Ω	输入电压范围	±13 V

(2) LA4100、LA4102 音频功率放大器的主要参数。

(3) CW7805、CW7812、CW7912、CW317 集成稳压器的主要参数如附表 7 所示。

附表 7　CW7805、CW7812、CW7912、CW317 主要参数

参数名称/单位	CW7805	CW7812	CW7912	CW317
输入电压/V	+10	+19	−19	≤40
输出电压范围/V	+4.75～+5.25	+11.4～+12.6	−11.4～−12.6	+1.2～+37
最小输入电压/V	+7	+14	−14	$+3\leqslant V_i-V_o\leqslant+40$
电压调整率/mV	+3	+3	+3	0.02%/V
最大输出电流/A	加散热片可达 1 A			1.5

附录 C　ASCII(美国标准信息交换码)表

ASCII 完整字符代码表如附表 8 所示。

附表 8　ASCII(美国标准信息交换码)表

高 4 位 低 4 位	0000(0H)	0001(1H)	0010(2H)	0011(3H)	0100(4H)	0101(5H)	0110(6H)	0111(7H)
0000(0H)	NUL	DLE	SP	0	@	P	、	p
0001(1H)	SOH	DC1	!	1	A	Q	a	q
0010(2H)	STX	DC2	”	2	B	R	b	r
0011(3H)	ETX	DC3	#	3	C	S	c	s
0100(4H)	EOT	DC4	$	4	D	T	d	t
0101(5H)	ENQ	NAK	%	5	E	U	e	u
0110(6H)	ACK	SYN	&	6	F	V	f	v
0111(7H)	BEL	ETB	，	7	G	W	g	w
1000(8H)	BS	CAN	(	8	H	X	h	x
1001(9H)	HT	EM	)	9	I	Y	i	y
1010(AH)	LF	SUB	*	:	J	Z	j	z
1011(BH)	VT	ESC	+	;	K	[	k	{
1100(CH)	FF	FS	，	<	L	\	l	|
1101(DH)	CR	GS	—	=	M	]	m	}
1110(EH)	SO	RS	.	>	N	Ω①	n	~
1111(FH)	SI	US	/	?	O	—②	o	DEL

表中：① 取决于使用这种代码的机器，它的符号可以是弯曲符号、向上箭头或“—”标记。

② 取决于使用这种代码的机器，它的符号可以是在下面划线、向下箭头或心形。

附表 9 中所示为控制字符表，用于控制某些外围设备(如打印机)的控制字符或者通信专用字符，它们没有特定图形显示(即不显示)。

附表 9　控制字符表

字　符	含　义	字　符	含　义
NUL	空	DC1	设备控制 1
SOH	标题开始	DC2	设备控制 2
STX	正文结束	DC3	设备控制 3
ETX	本文结束	DC4	设备控制 4
EOT	传输结果	NAK	否定
ENQ	询问	SYN	空转同步
ACK	承认	ETB	信息组传送结束
BEL	报警符	CAN	作废
BS	退一格	EM	纸尽
HT	横向列表	SUB	减
LF	换行	ESC	换码
VT	垂直制表	FS	文字分隔符
FF	走纸控制	GS	组分隔符
CR	回车	RS	记录分隔符
SO	移位输出	US	单元分隔符
SI	移位输入	DEL	作废
SP	空间(空格)		
DEL	数据链换码		

附录 D 课程评价表

课程考核评价表如附表 10 所示。

附表 10 课程考核评价表

<table>
<tr><th colspan="5">课程考核评价表</th></tr>
<tr><td colspan="3">课程名称：单片机应用技术</td><td colspan="2">专业班级：</td></tr>
<tr><td colspan="3">组别：</td><td colspan="2">姓名及学号：</td></tr>
<tr><td>考核项</td><td colspan="2">考 核 内 容</td><td>标准分值</td><td>得分</td></tr>
<tr><td rowspan="8">过程考核</td><td rowspan="8">根据各个项目考核评价成绩给出</td><td>项目 0 基础知识——蓄势待发</td><td>7</td><td></td></tr>
<tr><td>项目 1 霓虹点亮——夯实基础</td><td>7</td><td></td></tr>
<tr><td>项目 2 数码显示——拾级而上</td><td>8</td><td></td></tr>
<tr><td>项目 3 抢答控制——稳扎稳打</td><td>8</td><td></td></tr>
<tr><td>项目 4 报警控制——非同小可</td><td>8</td><td></td></tr>
<tr><td>项目 5 电子时钟——精益求精</td><td>8</td><td></td></tr>
<tr><td>项目 6 串行通信——多机互联</td><td>7</td><td></td></tr>
<tr><td>项目 7 STM32 应用——触类旁通</td><td>7</td><td></td></tr>
<tr><td rowspan="3">期末考核</td><td>课程思政考核</td><td>调查问卷或实践活动等</td><td>10</td><td></td></tr>
<tr><td>线上期末考试</td><td>理论考试和虚拟仿真平台的实操考试</td><td>15</td><td></td></tr>
<tr><td>线下期末考试</td><td>教学做一体教室的实操考试</td><td>15</td><td></td></tr>
<tr><td colspan="4">课程成绩</td><td></td></tr>
</table>

参考文献

[1] 孙立书. 51单片机应用技术项目教程：C语言版[M]. 北京：清华大学出版社，2015.
[2] 吴险峰. 51单片机项目教程：C语言版[M]. 北京：人民邮电出版社，2016.
[3] 刘波. 51单片机应用开发典型范例：基于Proteus仿真[M]. 北京：电子工业出版社，2014.
[4] 杨旭方. C语言单片机控制及应用项目教程[M]. 北京：电子工业出版社，2017.
[5] 龚安顺，吴房胜. 单片机应用技术项目教程[M]. 北京：清华大学出版社，2017.
[6] 汤荣生，陈震. 51单片机项目化教程[M]. 北京：机械工业出版社，2018.
[7] 徐国华，刘春艳. 单片机技术项目教程：C语言版[M]. 北京：北京师范大学出版社，2018.
[8] 栾秋平，宋维. 单片机技术及应用项目教程[M]. 北京：电子工业出版社，2019.
[9] 徐萍，张晓强. 单片机技术项目教程：C语言版[M]. 2版. 北京：机械工业出版社，2019.
[10] 周坚. 单片机项目教程：C语言版[M]. 2版. 北京：北京航空航天大学出版社，2019.